新版 キャビテーション
―― 基礎と最近の進歩 ――

加藤洋治 編著

森北出版株式会社

―――――― 執筆者および分担 (執筆順) ――――――

加 藤 洋 治	（東洋大学）	1章，3章，5章　5.1
藤 川 重 雄	（北海道大学）	2章　2.1.1〜2.1.7，9章
松 本 洋一郎	（東京大学）	2章　2.1.8, 2.3
高比良裕之	（大阪府立大学）	2章　2.2
右 近 良 孝	（船舶技術研究所）	3章，8章　8.4
神 山 新 一	（秋田県立大学）	4章
上條謙二郎	（東北大学）	4章，8章　8.2.7
山 口 　 一	（東京大学）	5章　5.1
中 武 一 明	（九州大学）	5章　5.2
安 東 　 潤	（九州大学）	5章　5.2
井小萩利明	（東北大学）	5章　5.3
大 島 　 明	（三菱重工業(株)）	6章
岡 田 庸 敬	（福井大学）	7章　7.1, 7.3〜7.5, 7.7, 7.8
服 部 修 次	（福井大学）	7章　7.1, 7.3〜7.5, 7.7, 7.8
祖 山 　 均	（東北大学）	7章　7.2, 7.6, 7.9, 9章
古 川 明 徳	（九州大学）	8章　8.1.1, 8.2.1〜8.2.3, 8.2.8
浦 西 和 夫	（(株)電業社）	8章　8.1.2, 8.2.4
斎 藤 純 夫	（(株)荏原製作所）	8章　8.1.3, 8.2.5
岡 村 共 由	（(株)日立製作所）	8章　8.2.6
長 藤 友 建	（名古屋大学）	8章　8.3
星 野 徹 二	（三菱重工業(株)）	8章　8.4

序

「キャビテーション」の本を槇書店から初めて出版したのは 20 年前のことでした．10 年経って，その増補版を出させていただきました．そのとき以来また 10 年が経ち，最近の進歩を取り入れた「キャビテーション」の本を出したいと考えるようになりました．

キャビテーションは液体が急な低圧にさらされて気泡が発生するという現象で，一世紀あまり前に発見されました．それ以来，ポンプやプロペラなどに悪影響を与える現象として研究されてきました．相変化を伴うこと，現象が大変急に変化することなどから，まだ十分に解明されたとは言えません．現在も世界中で多くの研究がなされています．

さらに最近，このキャビテーションを有効に活用しようとする研究も活発になってきました．気泡がつぶれるときに超高圧，超高温が発生するという，その特異な特性を生かして使おうという研究です．

新しい「キャビテーション」の本には，このような最近の進歩や動きを取り入れたいと考えました．このような広範囲な分野について最近の発展を的確に取り入れるためには，現在第一線で活躍している方々にそれぞれのご専門の事柄を分担してご執筆いただくのがよいと考えました．幸いにして 21 人の方にご執筆いただくことが出来ました．考えられる最適任，最高の方々です．そのお名前を扉裏に掲げます．ご多忙にも関わらず執筆していただきましたこれらの方々に厚くお礼申し上げます．

この「新版キャビテーション：基礎と最近の進歩」は，キャビテーションについて基礎的なことを分かりやすく解説するとともに，最近の研究の成果についてそれぞれの専門家が評価を加えながら述べたものです．これから研究を始めようとする学生や大学院の方々，キャビテーションの問題を解決しようと奮闘しているメーカーの方々，キャビテーションを新しい分野に活用しようと考えている方々に最適の本であると考えます．是非ご一読いただけたら幸いで

す．

　槇書店の厚美武宏さんには 20 年前に最初の本を出版させていただいた時から
らお世話になっております．このような専門書の出版をご快諾いただいた槇書
店の山本恒雄社長，厚美武宏さんに深く感謝いたします．

　　　　1999 年 8 月

　　　　　　　　　　　　　　　　　　　　　　　　　　　　　　　加藤洋治

本書は，1999 年 10 月に槇書店から出版されたものを，森北出版から
継続して発行することになったものです．

目　次

1. 序　論 ··· 1

　1.1　キャビテーション ··· 1

　1.2　キャビテーションの様子と分類 ····································· 3

　1.3　キャビテーションを支配するファクタ ····························· 5

　1.4　キャビテーション・タンネル ····································· 8

　参考文献 ··· 15

2. 気泡と気泡力学 ·· 21

　2.1　気泡力学の基礎 ·· 21

　　2.1.1　キャビテーションにおける気泡力学の役割 ··················· 21

　　2.1.2　単一球形気泡の力学の基礎方程式 ··························· 22

　　2.1.3　Rayleigh-Plesset の方程式 ······························· 26

　　2.1.4　キャビテーション初生の動的条件 ··························· 28

　　2.1.5　圧縮性液体中の気泡の膨張・収縮の方程式 ··················· 32

　　2.1.6　気体拡散による気泡の膨張・収縮の方程式 ··················· 35

　　2.1.7　熱拡散による気泡の膨張・収縮の方程式 ····················· 38

　　2.1.8　気泡内熱・物質輸送現象と気泡の膨張・収縮運動 ············· 39

　2.2　気泡群の力学について ·· 46

　　2.2.1　球面調和関数を用いた理論解析 ····························· 46

　　2.2.2　キャビテーション気泡の数値解析 ··························· 55

　2.3　気泡クラウド ·· 61

　　2.3.1　気泡を含む液体中の圧力波の挙動 ··························· 62

　　2.3.2　気泡クラウドの挙動解析 ··································· 63

　　2.3.3　気泡クラウドとキャビテーション・エロージョン ············· 70

　参考文献 ··· 72

3. キャビテーションの発生 ･･････････････････････････75

3.1 キャビテーション発生の条件 ･･････････････････75
3.2 キャビテーション発生の検知 ･･････････････････79
3.3 気泡核の計測 ･･････････････････････････････････81
3.4 気泡核の影響 ･･････････････････････････････････85
3.5 初生キャビテーション数 ･･････････････････････86
3.6 キャビテーション発生の寸法効果 ･･････････････90
3.7 粗さの影響 ･･････････････････････････････････97
参考文献 ･･････････････････････････････････････100

4. 特殊液体のキャビテーション ･･････････････････103

4.1 キャビテーションに及ぼす熱力学的効果 ･･･････103
4.2 液体金属のキャビテーション現象 ･････････････112
4.3 非ニュートン流体のキャビテーション ･････････114
参考文献 ･･････････････････････････････････････116

5. 翼のキャビテーションと理論解析 ･･････････････119

5.1 キャビテーション流れの構造 ･････････････････119
5.2 ポテンシャル流近似による理論解析 ･･･････････130
5.3 キャビテーション流れの数値解析 ･････････････140
参考文献 ･･････････････････････････････････････157

6. キャビテーションによる騒音 ･･････････････････163

6.1 キャビテーション騒音の特徴 ･････････････････163
6.2 単一気泡崩壊時の騒音 ･･････････････････････165
6.3 キャビテーション騒音の推定 ･････････････････168
6.4 キャビテーション騒音の計測 ･････････････････175
6.5 キャビテーション騒音の低減 ･････････････････183
参考文献 ･･････････････････････････････････････186

7. キャビテーションによる壊食 ································189

7.1 壊食の概要 ································189
7.2 壊食試験法 ································193
7.3 気泡の崩壊 ································199
7.4 崩壊圧の大きさと分布 ································203
7.5 壊食のミクロ的な機構 ································209
7.6 液体パラメータ ································214
7.7 材料パラメータ ································223
  7.7.1 物理的性質（弾性係数） ································223
  7.7.2 機械的性質（硬さ，歪みエネルギ，破壊靭性値，疲労強度） ·········224
  7.7.3 金属学的性質（組織，結晶粒，結晶構造，結晶方位，加工硬化性，相変態） ································227
7.8 材料の耐壊食性 ································229
  7.8.1 金属材料の耐壊食性 ································229
  7.8.2 セラミックスの耐壊食性 ································236
  7.8.3 高分子材料の耐壊食性 ································237
7.9 壊食量の予測 ································239
参考文献 ································243

8. 流体機械のキャビテーション ································249

8.1 管路，オリフィス，バルブ ································249
  8.1.1 管 路 ································249
  8.1.2 オリフィスとベンチュリ管 ································251
  8.1.3 バルブ ································258
8.2 ポンプ ································265
  8.2.1 ポンプの形式 ································265
  8.2.2 キャビテーションと $NPSH$ ································266
  8.2.3 キャビテーションの相似則 ································269
  8.2.4 キャビテーションの発生状況 ································272
  8.2.5 キャビテーション特性 ································281
  8.2.6 キャビテーションによる損傷 ································295

8.2.7 キャビテーションによる脈動・非定常現象 ……………305
8.2.8 キャビテーションの回避・防止策 …………………314
8.3 水車およびポンプ水車 ………………………………………319
8.3.1 水車のキャビテーション …………………………320
8.3.2 模型によるキャビテーション試験 …………………324
8.3.3 キャビテーション予測技術 …………………………332
8.3.4 キャビテーション壊食と対策 ……………………338
8.4 船舶プロパルサ ………………………………………………340
8.4.1 船舶プロパルサのキャビテーション ………………340
8.4.2 プロペラ性能とキャビテーション …………………348
8.4.3 キャビテーションの推定 …………………………355
8.4.4 キャビテーション・エロージョン …………………368
8.4.5 船尾振動 ……………………………………………374
8.4.6 プロペラ・キャビテーション騒音 …………………385
8.4.7 ウォータ・ジェット・ポンプのキャビテーション …391
8.4.8 舵のキャビテーション ……………………………393
参考文献 ……………………………………………………………396

9. キャビテーションの有効利用 …………………………………407

9.1 洗浄・バリ取り ………………………………………………407
9.2 化 合 …………………………………………………………410
9.3 材料の改質 ……………………………………………………412
9.4 医 療 …………………………………………………………418
9.5 海 洋 …………………………………………………………419
9.6 建 設 …………………………………………………………419
参考文献 ……………………………………………………………420

索 引 ………………………………………………………………423

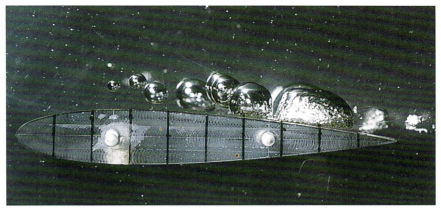

バブル・キャビテーション(NACA 0015, $\alpha=2$ deg, $U=5$ m/s, $\sigma=0.26$)

クラウド・キャビテーションを伴うシート・キャビテーション(EN翼型, $\alpha=4.19$ deg, $U=8$ m/s, $\sigma=0.87$)

剝離領域内のキャビテーション:網目構造の渦キャビティと微小な気泡が生じている (NACA 0015, $\alpha=19$ deg, $U=5$ m/s, $\sigma=1.67$)

2次元翼に発生するキャビテーション(提供:東京大学)

遠心ポンプに生じる高壊食性キャビテーション（本文，図7-35 参照）（提供：東北大学）

模型フランシス水車ランナ出口に生じるらせん状の渦キャビテーション（部分負荷運転，ガイドベーン開度70%）（提供：㈱日立製作所）

スーパ・キャビテーティング・プロペラ（$n=40$ rps, $\sigma_v=0.4$, $J=1.1$）
（提供：運輸省船舶技術研究所）

1章 序　　論

1.1 キャビテーション

　ある温度の液体の圧力が，その温度によって決まる蒸気圧より低くなると，そこで液体が蒸発し蒸気の泡が生じる．ポンプやプロペラの流れは，場所により加速され圧力が低くなるので，条件によっては常温でも液体が蒸発し気泡となる現象が起きる．この現象をキャビテーション（Cavitation）と呼ぶ．空洞現象と呼ぶこともある．その場所の圧力が蒸気圧よりどれほど低くなるとキャビテーションが発生するかは，研究の大きな課題のひとつで，3章で詳しく述べられる．

　キャビテーションは液相が気相に相変化する現象であるので，沸騰現象（Boiling）と物理的には同じ現象である．しかし，沸騰現象が液体を加熱し，液体の温度がその圧力の蒸発温度より高くなったときに発生するのに対し，キャビテーションは系の温度は一定で，液体の加速により，圧力が下がったために蒸発が起きるという違いがある．状態図の上に描けば，図1-1のようになっ

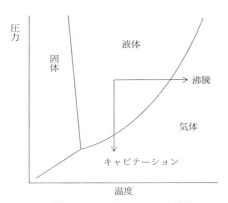

図1-1　キャビテーションと沸騰

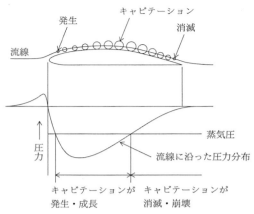

図 1-2 翼まわりの流れとキャビテーション

ている．

　キャビテーションは，ポンプやプロペラの翼面のように局所的に低圧が生じる所で発生する．図 1-2 は翼型を例にしてそれを模式的に描いたもので，翼面の近くを通る流線に沿った圧力の変化を下図に示している．

　この流線に乗って小さな空気泡が流れてくると，低圧部ではその空気泡を核にしてキャビテーションが発生し成長する．しかし翼の後半部では圧力は再び上昇し，キャビテーションは消滅する（崩壊とも呼ぶ）．2 章で詳しく述べるように，この消滅の速さはきわめて大きく，最終段階で局所的に数万気圧というきわめて高い圧力を発生する．この大変特異な現象のために，翼の表面に壊食（エロージョン，Erosion）が生じたり，大きな騒音が発生したりして，キャビテーションは流体機械の設計者の頭をなやます原因となっている．

　一方，この現象を活用しようという試みも行われている．超音波洗浄機や切断機，外科用のメス，さらには高圧・高温が発生することを化学反応の促進に利用しようという工夫など，多方面にわたっている．これについては 9 章で詳しく述べる．また，キャビテーションは液体ヘリウムから溶融金属まで，あらゆる液体で発生する．

　ビールの栓を抜いたとき液中から炭酸ガスの泡が発生する．これは圧力が下がったため液中の炭酸ガスが過飽和になり，発生するものである．見た様子が

似ているためキャビテーションと混同され，ガス・キャビテーションと呼ばれることがあるが，物理的には全く異なった現象である．

このような気泡は液中の気体分子の拡散により支配されるので，一般に気泡の成長・崩壊の速さは小さく，壊食や大きな騒音を発生することはない．

現象の発見

キャビテーションは19世紀末，その当時建造された駆逐艦デアリング号（HMS Dearing）が予想された速力を得られないことから発見された．蒸気タービンの発明者としても有名なパーソンス（Persons）は，蒸気タービンを初めて搭載した試験艇タービニア号（SS Turbinia）のプロペラの設計に当たって，模型プロペラのキャビテーションを観察できる実験装置を考案した．これが世界初のキャビテーション・タンネル（Cavitation tunnel）で，1895年のことであった．

キャビテーションの影響

主として次の3つがある．

（1）　流体機械の性能が劣化する

一般に流体機械はキャビテーションが発生しないとき最高性能を発揮するよう設計されており，キャビテーションが発生すると，図1-2に見られるように流れが変化し一般に性能が劣化する．キャビテーションでおおわれた翼面の圧力は蒸気圧になるから，その影響として考えてもよい．

（2）　機器の表面に壊食が起きる

先に述べたように，キャビテーション気泡の崩壊時に，きわめて高い圧力が発生し，それにより固体面が破壊される．

（3）　振動や騒音が発生する

非定常なキャビテーションが発生すると，それにより流場が変動するから，圧力の変動が生じ，振動や低周波の騒音の原因となる．また，キャビテーション気泡の崩壊時に発生する高い圧力ピークは，高周波騒音の原因となる．

1.2　キャビテーションの様子と分類

図1-3は，実験用の翼に発生したキャビテーションの写真である．（a）は普

(a) 普通の照明による

(b) ストロボライトによる

図1-3 キャビテーショの様子

通の照明による写真で，肉眼で見るとキャビテーションは白い雲のように見える．これをストロボライトで見たのが(b)で，肉眼で雲のように見えたのは気泡のかたまりであることがわかる（(a)と(b)は同じ条件でのキャビテーションであるが，別々に撮影されている．したがって，厳密には異なったキャビテーションを見ている）．このようなキャビテーション気泡のかたまりをキャビティ（Cavity）と呼ぶ．キャビティは小さな気泡の集合であることもあるし，透明な1つの大きな気泡（気膜と呼ぶ方がよいかもしれない）のこともある．

キャビティの様子は流れの条件によって大きく変化し，単に様子が異なるだけでなく，その影響も異なる．キャビテーションを次のように分類することが多い．

（1）　バブル・キャビテーション（Bubble cavitation）（図1-4(a)）

ほぼ球形のキャビテーション気泡群が，主流に乗って流れながら成長・崩壊するもの．気泡が大きいと半球状になる．トラベリング・キャビテーション（Travelling cavitation）とも呼ばれる．

（2）　シート・キャビテーション（Sheet cavitation）（図1-4(b)）

翼の表面に付着して見えるシート状のキャビテーション．1つの大きな気膜の場合と小さな気泡群の集合の場合がある．フィックスド・キャビテーション(Fixed cavitation)とも呼ばれる．なお図1-4(b)では，翼端からボルテックス・キャビテーションが発生している．

（3）　クラウド・キャビテーション（Cloud cavitation）（図1-4(c)）

小さなキャビテーション気泡群が多数集まってストロボで見ても雲状に見えるもの．写真は不安定なシート・キャビテーションの下流に発生したものであるが，ボルテックス・キャビテーションが崩壊したときにも発生する．壊食や高い騒音を引き起こす危険性が大きい．

（4）　ボルテックス・キャビテーション（Vortex cavitation）

翼端渦などの渦のコア部に発生したキャビテーション．他のキャビテーションに比べ安定なことが特徴である．図1-4(b)(c)などに見られる．

1.3　キャビテーションを支配するファクタ

キャビテーションを支配するファクタとしての次のものが考えられる．

（1）　物体の形状，表面の粗さ．

（2）　流れの圧力と速度，乱れ度．

（3）　液体の性質，特に蒸気圧，表面張力，粘性（動粘性係数），圧縮性など．

（4）　液体に含まれる気体（溶解しているものと気泡となっているもの）とその性質．微小な気泡（空気泡であることが多い）は，しばしば気泡核

(a) バブル・キャビテーション

(b) シート・キャビテーションとボルテックス・キャビテーション

(c) クラウド・キャビテーションとボルテックス・キャビテーション

図1-4 キャビテーションの分類

（Nuclei）とも呼ばれる.

キャビテーションは前に述べたように相変化を伴う現象であるから，状態によっては，熱的条件が重要なファクタとなることがある．その場合は，

（5）　液体の熱的性質，特に比熱，熱伝導率，蒸発潜熱.

などが重要となる.

キャビテーションは，液体が加速され，局所的な圧力がその液体の蒸気圧より低くなったとき発生するものであるから，（1）（2）が重要なことはすぐわかる.

このことを考慮して，キャビテーション状態を表す基本的な無次元数，キャビテーション数（Cavitation number）σ が次のように定義される.

$$\sigma = \frac{p_\infty - p_v}{\frac{1}{2}\rho U_\infty^2} \tag{1.1}$$

ここで，p_∞，U_∞：一般流の圧力および流速

p_v，ρ：流体の蒸気圧と密度

キャビテーション数が大きいということは，その流れ場がキャビテーションが発生しにくい状態にあるということ，すなわちキャビテーションに対する余裕が大きいということである.

1.2 節で述べたキャビテーションのパターンの違いは，キャビテーション数の他に，キャビテーションが発生する面の境界層の特性（層流か乱流か，または剥離しているかなど）と流れの中の微小な気泡（気泡核）の性質によって生ずるものであるから，先に述べた（3）（4）が重要なファクタとなることがわかる.

また，キャビテーション気泡が崩壊する最終段階では，きわめて高圧になるため，気体の圧縮性ばかりでなく液体の圧縮性が重要になってくる.

表 1-1 に各種流体の蒸気圧を示す．表 1-2 に水の物性値のうち，キャビテーションに関係のあるものを示す．なお，添字の L，V はそれぞれ液相，気相を表している．また，比エンタルピの差から蒸発潜熱が求められる.

1.4 キャビテーション・タンネル

キャビテーションの研究のためには，試験部の静圧と流速を自由に変えることができ，起きている現象を観察できる回流水槽が必要である．これをキャビテーション・タンネルと呼んでいる．

図1-5は，先に述べたパーソンスにより初めて作られたキャビテーション・タンネルの写真で，現在でもイギリスのニューキャッスル大学で見ることができる．

図1-5 パーソンスによる世界最初のキャビテーション・タンネル

その後，種々のキャビテーション・タンネルが作られ，その種類も，基礎実験用のもの，ポンプや水車の試験用のもの，舶用プロペラの試験用のものなどがある．

基礎実験用のタンネル

最近のタンネルは，試験部に流入する水について，微小な空気泡（気泡核）の混入を防ぐことに注意を払って設計されたものが多い．これは気泡核の量や大きさにより，キャビテーションの発生の様子が全く異なってしまうことが知られて来たためである．

図1-6は，1984年にスイスのローザンヌ工科大学に設置された翼型等を試

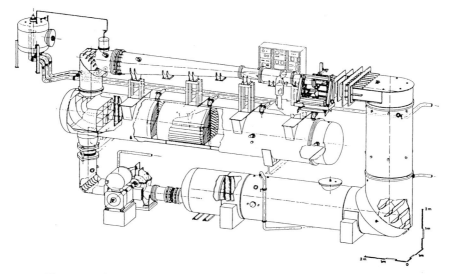

図1-6 基礎実験用のキャビテーション・タンネル（スイス，ローザンヌ工科大学）[1]

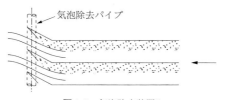

図1-7 気泡除去装置[1]

験する実験用のもので，水中の気泡のコントロールに注意が払われている[1]．試験部断面寸法は150 mm×150 mmとやや小さいが，エロージョンの試験ができるよう最大流速は50 m/sになっている．ポンプはヘッド36.5 m，流量1.125 m³/sのもので，駆動モータは500 kWである．

　図の右上の試験部でキャビテーションが発生すると，その後流には，多数の微小空気泡が混入する．直径100 μm以上の比較的大きな空気泡は，図1-6の中段にある空気除去タンクで取り除かれる．タンク内には12枚の山形をしたステンレス板が入っており，水がその間を流れていくうちに，浮力により上方に集められ除去される．その様子を図1-7に示す．

直径 100 μm より小さな空気泡は，ポンプより下流に設けられた L 字形のリゾルバ・タンクの中で水に再溶解する．このとき高圧で長時間かければより大きな空気泡まで溶解させることができる．

一方，気泡核を増やしたいときには，リゾルバ・タンクの出口付近に設けられたパイプから飽和水を噴き出す．パイプの先端には数個のノズルがつけられ，そこでキャビテーションが発生し，キャビテーションが消滅した後に，数 10 μm の大きさの多量の空気泡が残り，これが試験部へ流入する．

このような大きな気泡除去タンクやリゾルバ・タンクを設けることは，さらに大きなタンネルでも取り入れられ，1987 年に完成したパリ水槽のタンネルは全長 71.5 m，水量 3600 m³ という巨大なものになっている[2)3)]．このような巨大なタンネルは最近ドイツ[4)5)]やアメリカ[6)]でも建造された．

一方，図 1-8 は東京大学に設置されている小型のタンネルである．模型プロペラ実験用の試験部と翼型の基礎実験用の試験部を交換して使用できるようになっている．キャビテーション・タンネルは駆動ポンプからキャビテーション

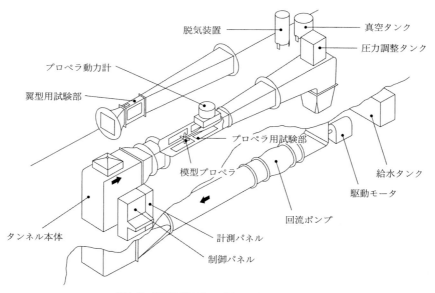

図 1-8　東京大学のキャビテーション・タンネル

が発生しないよう，ポンプはできるだけ試験部の下方に設置して，静水圧差を利用できるよう工夫されている．このためタンネルの形状は背の高いものになってしまうことが多い．図1-8に示したものは，上下の管路の高さの差は2.7 mと比較的小さく設計されている．そのかわり，試験状態に応じて水中の空気含有量を変化させ，間接的に気泡核をコントロールしている．空気含有量を減らすためには，あらかじめ真空容器の中で水を流下させ，実験に使用する水を脱気している．空気含有量を増すには水道水（空気がほぼ飽和，場合によっては過飽和状態になっている）を加えればよい．

ポンプのキャビテーション試験装置

図1-9は，荏原製作所に設置されているポンプ試験用のキャビテーション試験装置で，試験するポンプは図の中央の立軸電気動力計（50 kW，750〜1500 rpm）で駆動される．横軸の動力計をつけることもできる．流量計測用のベン

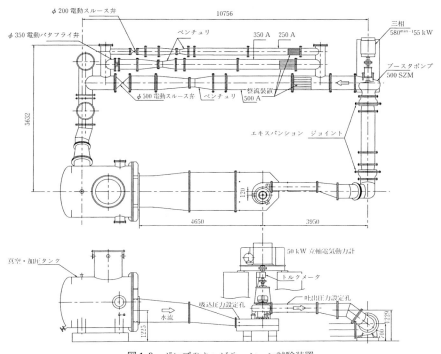

図1-9 ポンプのキャビテーション試験装置

チュリは容量の異なった3種類が用意されており（平面図の上方），試験流量によって使い分けることができる．平面図の右上にあるブースタ・ポンプとベンチュリの下流の弁の開閉によって流量をコントロールできる．最大流量は45 m³/min である．系の圧力は図の左下の真空・加圧タンクの静圧を調整して行う．

ポンプ水車のキャビテーション試験装置

図1-10は，日立製作所に設置された模型ポンプ水車のキャビテーション試験装置の配管の系統図で，水車として試験する場合を示している．試験するポンプ水車の模型は図の上方中央の電気動力計（400 kW，800〜300 rpm）に取り付けられる．模型の寸法は，反動水車（フランシス水車，カプラン水車）で出口側直径 350 mm，フランシス型可逆ポンプ水車で入口側直径 490 mm に統一している．運転条件の調整は，動力計の回転数と2つの循環ポンプ（図の下方中央）の回転数および揚程調整弁（図の左方）の開度で行う．実際の試験落差は，フランシス型可逆ポンプ水車で 50〜80 m，フランシス水車で 20〜40

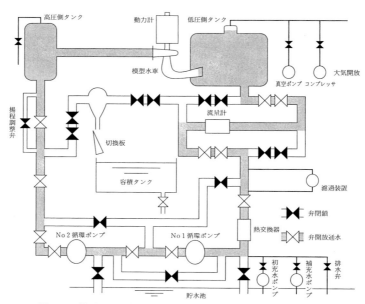

図1-10　模型ポンプ水車のキャビテーション試験装置（水車運転時）

m，カプラン水車で 10〜20 m である．

　系の圧力の調整は，図の右上の真空ポンプまたはコンプレッサにより低圧側タンク内の空気圧を変えて行う．水質を保つため熱交換器と濾過装置が取り付けられている．

　模型水車のランナに発生したキャビテーションの観察は，ストロボを水車の回転に同期させて発光させ，ランナがあたかも止まっているように見える状態で行うことができる．

舶用プロペラ試験用のタンネル

　図 1-11 は，船舶技術研究所の舶用プロペラ試験用のタンネルである．試験部は 2 つあって，ひとつは断面が 75 cm 径の円形のもので，主として模型プロペラ単独の試験に使用される．最大流速 20 m/s，最大圧力と最小圧力はそれぞれ 196 kPa，9.6 kPa で，355 kW のモータで駆動される．2 つ目は図 1-11 の上方に描かれているもので，2.8 m×0.38 m の長方形断面，長さが 8 m の試験部で，模型船にプロペラを取り付け，実際の船の場合と同じように，船体の伴流の中でプロペラ・キャビテーションを試験できる．この場合，最大流速は 6.5 m/s となる．

　模型船の長さが 6〜8 m と大きい場合には，試験部の断面の大きさは必ずし

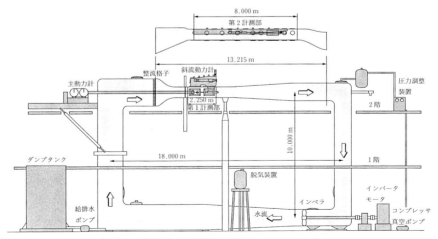

図 1-11　舶用プロペラ用キャビテーション・タンネル

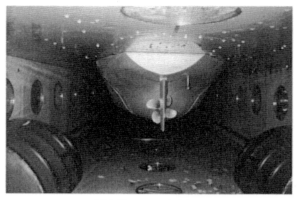

図1-12　フローライナー

も十分でなく，試験部の側壁の影響で伴流の分布が大きくゆがんでしまうことがある．このようなときには，模型船の船尾付近のタンネルのコーナに図1-12に示すような一対のフローライナ[7)8)]（軸対称体を4分の1に切ったように見えるもの）をつけて，模型船のまわりの流れが実船と相似になるようにするなどの工夫が施される．

減圧曳航水槽

船体の後に置かれたプロペラのキャビテーション状態を試験するのに，キャビテーション・タンネルの中に模型船を入れるものひとつの方法であるが，模型船の抵抗試験や自航試験を行う長水槽を真空にしてやってもよいはずである．こうすれば，自航試験といっしょにキャビテーション試験を行うことができ，きわめて有効である．このような野心的な減圧曳航水槽（Vacu-tank）が1972年にオランダ海事研究所（MARIN）で建設された．図1-13[9)]はそのスケッチである．水槽本体の大きさは240 m×18 m×8 mで，模型船を曳航するための気密室式の曳航台車（重量80 t）が設置されている．台車の最高速度は4 m/sで，端部にセットされたリールでワイヤを引くことにより走行する．真空中では熱放散が悪いため，直接モータで駆動することはできない．水槽は絶対圧で4 kPaまで減圧でき，模型船の出し入れは二重ドア式のロックにより

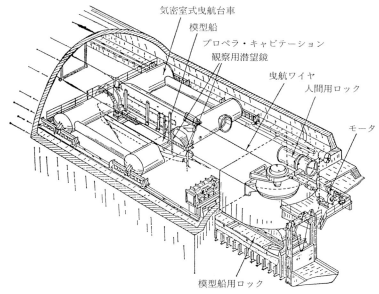

図 1-13　減圧曳航水槽（MARIN，オランダ）[9]

参考文献

1) Avellan, F., et al. : "A New High-Speed Cavitation Tunnel for Cavitation Studies in Hydraulic Machinery", Int. Symp. Cav. Res. Fac. and Tech. -1987, ASME FED-Vol. 57, 49-60
2) Bovis, A. J., et al. : "The Future Large Hydrodynamic Tunnel (GTH) of Bassin d'Essais des Carenes", 17th ITTC, Göteborg, Vol. 2 (1984) 302-304
3) Lecoffre, Y., et al. : "Le Grand Tunnel Hydrodynamique (GTH) : France's New Large Cavitation Tunnel for Naval Hydrodynamics Research", Int. Symp. Cav. Res. Fac. and Tech. -1987, ASME FED-Vol. 57, 1-10
4) Weitendorf, E.-A., et al. : "Considerations for the New Hydrodynamics and Cavitation (HYKAT) of the Hamburg Ship Model Basin (HSVA)", Int. Symp. Cav. Res. Fac. and Tech.-1987, ASME FED-Vol. 57, 79-89
5) Payer, H. G., et al. : "Hydrodynamic Considerations in the Design of HYKAT", 19th ITTC, Madrid, Vol. 2 (1990) 428-439
6) Morgan, W. B. : "Devid Taylor Research Center's Large Cavitation Channel",

19th ITTC, Madrid, Vol. 2 (1990) 419-427

7) Ukon, Y., et al. : "Comparative Model Measurements on Pressure Fluctuations Induced by Propeller Cavitation", Int. Symp. on Cavitation Noise and Erosion in Fluid Systems-1989, ASME, FED-Vol. 88, San Francisco, 11-17

8) 右近良孝："船尾変動圧力の推定に関する研究"，船研報告，Vol. 28，No. 4 (1991)

9) Kuiper, G. : "Cavitation Testing of Marine Propellers in The NSMB Depressurised Towing Tank", Conference on Cavitation, IME (Sep. 1974)

10) 日本機械学会：技術資料「流体の熱物性値集」

表 1-1　各種流体の蒸気圧

ヘリウム		水　素		窒　素		酸　素		二酸化炭素	
温　度 T (K)	飽和圧力 p_s (MPa)	温　度 T (K)	飽和圧力 p_s (MPa)	温　度 T (K)	飽和圧力 p_s (MPa)	温　度 T (K)	飽和圧力 p_s (MPa)	温　度 T (K)	飽和圧力 p_s (MPa)
2.177	0.005035	14	0.007384	63.148	0.0125	54.359	0.0001	216.58	0.5180
2.30	0.006717	15	0.01266	67	0.0243	55	0.0002	220	0.5996
2.50	0.01021	16	0.02043	70	0.0386	57	0.0003	225	0.7357
2.60	0.01235	17	0.03132	72	0.0513	60	0.0007	230	0.8935
2.70	0.01479	18	0.04605	74	0.0670	63	0.0015	235	1.0752
2.80	0.01735	19	0.06533	76	0.0862	65	0.0023	240	1.2830
2.90	0.02060	20	0.08992	78	0.1094	67	0.0035	245	1.5190
3.00	0.02402	21	0.1206	80	0.1370	70	0.0063	250	1.7856
3.10	0.02780	22	0.1581	82	0.1696	73	0.0105	255	2.0849
3.20	0.03197	23	0.2034	84	0.2078	75	0.0145	260	2.4194
3.30	0.03655	24	0.2570	86	0.2519	77	0.0197	265	2.7913
3.40	0.04155	25	0.3201	88	0.3028	80	0.0301	270	3.2034
3.50	0.04699	26	0.3932	90	0.3608	83	0.0445	272	3.3801
3.60	0.05289	27	0.4773	92	0.4266	85	0.0568	274	3.5638
3.70	0.05927	28	0.5733	94	0.5007	87	0.0716	276	3.7549
3.80	0.06614	29	0.6820	96	0.5837	90	0.0993	278	3.9533
3.90	0.07354	30	0.8043	98	0.6763	93	0.1347	280	4.1595
4.00	0.08147	30.5	0.8747	100	0.7790	95	0.1631	282	4.3737
4.10	0.08995	31	0.9455	102	0.8925	100	0.2540	284	4.5960
4.20	0.09902	31.5	1.020	104	1.0174	105	0.3786	286	4.8269
4.30	0.1087	32	1.100	106	1.1543	110	0.5434	288	5.0665
4.40	0.1190	32.5	1.184	108	1.3040	115	0.7555	290	5.3152
4.50	0.1299	33	1.273	110	1.4673	120	1.0221	292	5.5734
4.60	0.1416	33.23	1.316	112	1.6448	125	1.3506	294	5.8415
4.70	0.1539			114	1.8373	130	1.7489	296	6.1198
4.80	0.1670			116	2.0457	135	2.2253	298	6.4090
4.90	0.1808			118	2.2708	140	2.7883	300	6.7095
5.00	0.1954			120	2.5135	145	3.4477	302	7.0220
5.10	0.2109			123	2.9133	150	4.2166	304	7.3475
5.201	0.2275			126.200	3.4000	154.581	5.0430	304.21	7.3825

18　　　　　　　　　　　1章　序　論

メタン		プロパン		メタノール		エタノール	
温　度 T (K)	飽和圧力 p_s (MPa)	温　度 T (K)	飽和圧力 p_s (MPa)	温　度 T (K)	飽和圧力 p_s (MPa)	温　度 T (K)	飽和圧力 p_s (MPa)
90.680	0.011719	235	0.119	260	0.00158	270	0.00130
95	0.01988	240	0.147	270	0.00316	273.15	0.00163
100	0.03448	245	0.179	273.15	0.00388	280	0.00260
105	0.05655	250	0.216	280	0.00597	290	0.00492
110	0.08839	255	0.259	290	0.01071	300	0.00885
115	0.13259	260	0.308	300	0.01836	310	0.01528
120	0.19193	265	0.364	310	0.03022	320	0.02536
125	0.26938	270	0.427	320	0.04799	330	0.04069
130	0.36804	273.15	0.471	330	0.07378	340	0.06327
135	0.49111	275	0.498	340	0.1103	350	0.09567
140	0.64191	280	0.578	350	0.1607	360	0.1410
145	0.82387	285	0.667	360	0.2285	370	0.2031
150	1.0403	290	0.765	370	0.3182	380	0.280
155	1.2950	295	0.874	380	0.4345	390	0.385
160	1.5916	298.15	0.948	390	0.5828	400	0.517
165	1.9342	300	0.993	400	0.7701	410	0.681
170	2.3269	305	1.12	410	1.003	420	0.883
175	2.7745	310	1.27	420	1.289	430	1.13
180	3.2827	315	1.43	430	1.632	440	1.43
185	3.8586	320	1.60	440	2.045	450	1.78
190	4.5153	325	1.78	450	2.535	460	2.21
190.555	4.5950	330	1.98	460	3.112	470	2.70
		335	2.20	470	3.786	480	3.29
		340	2.44	480	4.567	490	3.97
		345	2.69	490	5.473	500	4.76
		350	2.96	500	6.524	510	5.66
		355	3.25	510	7.747	516.3	6.38
		360	3.57	512.58	8.096		
		365	3.90				

（日本機械学会：技術資料「流体の熱物性値集」より抜粋）

表 1-2 水の物性値

温度 T (K)	飽和圧力 p_s (MPa)	密度 ρ_L	密度 ρ_V	比エンタルピ h_L	比エンタルピ h_V	定圧比熱 c_{pL}	音速 c_L	表面張力 T
		(kg/m³)		(kJ/kg)		kJ/(kg·K)	(m/s)	(mN/m)
273.16	0.0006112	999.78	0.004851	0.00	2501.6	4.217	1412.3	75.65
280	0.0009911	999.93	0.007674	28.79	2514.1	4.199	1442.2	74.68
290	0.0019186	998.87	0.01435	70.71	2532.4	4.184	1478.4	73.21
300	0.0035341	996.62	0.02556	112.53	2550.7	4.179	1505.4	71.69
310	0.0062261	993.42	0.04362	154.33	2568.7	4.179	1523.9	70.11
320	0.010537	989.43	0.07158	196.13	2586.6	4.180	1535.3	68.47
330	0.017198	984.75	0.1135	237.95	2604.2	4.184	1540.9	66.79
340	0.027164	979.44	0.1742	279.81	2621.5	4.188	1541.8	65.04
350	0.041644	973.59	0.2600	321.72	2638.5	4.194	1538.8	63.25
360	0.062136	967.21	0.3783	363.71	2655.0	4.202	1532.5	61.41
370	0.090452	960.37	0.5375	405.79	2671.1	4.212	1523.2	59.52
380	0.12873	953.08	0.7478	447.98	2686.5	4.224	1511.5	57.59
390	0.17948	945.36	1.0206	490.32	2701.4	4.239	1497.6	55.61
400	0.24555	937.22	1.3687	532.82	2715.6	4.257	1481.7	53.58
410	0.33016	928.67	1.8066	575.53	2729.0	4.278	1463.8	51.52
420	0.43691	919.70	2.3507	618.48	2741.6	4.302	1444.2	49.42
430	0.56974	910.32	3.0187	661.69	2753.2	4.329	1422.9	47.28
440	0.73300	900.51	3.8309	705.21	2763.9	4.360	1399.8	45.11
450	0.93134	890.26	4.8094	749.07	2773.5	4.395	1375.0	42.90
460	1.1698	879.55	5.9795	793.32	2781.8	4.435	1348.5	40.66
470	1.4537	868.36	7.3691	838.00	2789.0	4.481	1320.2	38.40
480	1.7888	856.66	9.0100	883.18	2794.7	4.533	1290.1	36.11
490	2.1811	844.41	10.938	928.91	2798.9	4.592	1258.1	33.81
500	2.6370	831.57	13.195	975.27	2801.5	4.661	1224.1	31.48
520	3.7663	803.90	18.897	1070.2	2801.2	4.833	1149.8	26.79
540	5.2340	773.06	26.622	1168.9	2792.3	5.074	1066.7	22.09
560	7.1030	738.18	37.134	1272.7	2772.1	5.426	974.2	17.41
580	9.4433	697.79	51.687	1383.6	2737.3	5.983	871.3	12.81
600	12.337	649.30	72.683	1505.4	2681.9	6.980	753.8	8.39
610	14.037	620.23	87.336	1573.1	2641.4	7.844	686.6	6.28
620	15.906	586.47	106.38	1646.8	2587.8	9.328	609.3	4.28
630	17.977	544.05	133.02	1733.8	2514.8	12.802	530.5	2.43
640	20.277	481.96	176.96	1841.2	2401.4	25.239	438.6	0.82
647.30	22.120	315.46	315.46	2107.4	2107.4		0.0	0.0

1章　序　論

温度 T (K)	飽和圧力 p_s (MPa)	粘性係数 η_L (μPa·s)	動粘性係数 ν_L (mm²/s)	熱伝導率 λ_L (mW/(m·K))	温度伝導率 a_L (mm²/s)	プラントル数 Pr_L
273.16	0.0006112	1791.4	1.792	561.9	0.1333	13.44
280	0.0009911	1435.4	1.435	576.0	0.1372	10.46
290	0.0019186	1085.3	1.087	594.3	0.1422	7.641
300	0.0035341	854.4	0.8573	610.4	0.1466	5.850
310	0.0062261	693.7	0.6983	624.5	0.1504	4.642
320	0.010537	577.2	0.5834	636.9	0.1540	3.788
330	0.017198	489.9	0.4974	647.6	0.1572	3.165
340	0.027164	422.5	0.4314	656.8	0.1601	2.694
350	0.041644	369.4	0.3794	664.6	0.1628	2.331
360	0.062136	326.7	0.3378	671.0	0.1651	2.046
370	0.090452	291.8	0.3039	676.1	0.1671	1.818
380	0.12873	263.0	0.2759	680.0	0.1689	1.634
390	0.17948	238.8	0.2527	682.7	0.1704	1.483
400	0.24555	218.5	0.2331	684.2	0.1715	1.359
410	0.33016	201.1	0.2165	684.6	0.1723	1.257
420	0.43691	186.2	0.2024	684.0	0.1729	1.171
430	0.56974	173.3	0.1903	682.3	0.1731	1.100
440	0.73300	162.0	0.1799	679.6	0.1731	1.039
450	0.93134	152.2	0.1710	675.9	0.1727	0.990
460	1.1698	143.5	0.1632	671.2	0.1721	0.948
470	1.4537	135.9	0.1564	665.4	0.1710	0.915
480	1.7888	129.0	0.1506	658.7	0.1696	0.888
490	2.1811	122.8	0.1454	651.0	0.1679	0.866
500	2.6370	117.2	0.1409	642.3	0.1657	0.850
520	3.7663	107.3	0.1335	621.8	0.1600	0.834
540	5.2340	98.7	0.1276	597.0	0.1522	0.839
560	7.1030	90.8	0.1230	567.5	0.1417	0.868
580	9.4433	83.3	0.1193	532.6	0.1276	0.936
600	12.337	75.6	0.1165	491.7	0.1085	1.073
620	15.906	67.2	0.1145	444.2	0.0812	1.411
640	20.277	55.0	0.1142	404.1	0.0332	3.44

（日本機械学会：技術資料「流体の熱物性値集」より抜粋）

2章　気泡と気泡力学

2.1　気泡力学の基礎

2.1.1　キャビテーションにおける気泡力学の役割

　キャビテーションは液体の圧力が低下したときに液体中に気泡が発生する現象である．このため，キャビテーションを扱う上で気泡の挙動を理解することが重要となり，これを扱う分野が気泡力学として発展し，今日に至っている．気泡力学研究の起源をたどると1世紀以上も前にさかのぼり，1859年にBesant[1]が著書の中で気泡の挙動に関する理論的研究の端緒となる問題の設定を行い，1917年にRayleigh[2]がこの問題を解いて気泡力学の理論的研究の口火を切った．

　気泡力学は，キャビテーションが流体機械等に発生してこれらの損傷や性能低下を引き起こすことから，気泡（気泡群を含めて）の生成や崩壊機構，特に崩壊の際に発生する高衝撃圧力の発生機構の解明が重要な課題であった．近年，こうした工学的な問題にとどまらず，様々な分野で新たな問題が提起されている．医学の分野では，衝撃波フォーカシングによる体内結石破砕の際に衝撃波背後に現われる膨張波によりキャビテーションが発生し，生体組織を損傷させることが指摘されている[3]．また物理学の分野では，音場中でのキャビテーション・ノイズが気泡振動の強い非線形性からカオス的挙動をとることが指摘されている[4]．この他にも，音場中でのキャビテーションを利用した超音波洗浄や，キャビテーション気泡の半径が非常に小さくなりその後再膨張する際の局所的な液体の高温・高圧を利用して化学反応を促進させること[5]などが行われている．

　気泡力学は，こうしたキャビテーション気泡に起因する様々な現象を理解するための理論的な基礎を与えるものである．しかし，厳密に気泡の運動を解析

するためには，連続，運動量，エネルギ方程式等を，気泡境界面を境界とする自由境界のもとで解かねばならない．そのため，その解析は非常に困難なものとなり，現象に応じた適切なモデルの設定が必要となる．以下ではこれらの点を踏まえて，これまでに行われた気泡力学に関する研究を概説することとする．

2.1.2 単一球形気泡の力学の基礎方程式

単一球形気泡の膨張・収縮運動を扱うにあたり，気泡を図 2-1 に示すようにモデル化する．気泡は静止していて，気泡内には空気のような非凝縮性気体と周囲液体の蒸気が入っているとする．以下，b は単位質量当りの体積力，D は気体拡散係数，e は単位質量当りの内部エネルギ，k はボルツマン定数，m は 1 分子の質量，n は数密度，p は圧力，q は単位時間・単位体積当りに発生する熱量，r は気泡中心からの距離，R は気泡の半径，$\dot{R} = dR/dt$，t は時間，u は速度，α はヘンリーの定数，β は体積粘性係数，λ は剪断粘性係数，ρ は密度，σ は表面張力である．気泡内部の物理量にはプライム（$'$）を付け，外部の物理量には付けないものとし，非凝縮性気体には下添字 g，蒸気には v，液体には l を付け，トータルな物理量には何も付けないものとする．この場合，気泡の膨張・収縮運動を支配する基礎方程式は，気泡内部の混合気体，外部の液体，気液境界面に対して，それぞれ以下のように与えられる[6]．

（1） 気泡内部の混合気体に対して

$$\frac{\partial \rho_g'}{\partial t} + \frac{\partial}{\partial r}(\rho_g' u_g') + \frac{2\rho_g' u_g'}{r} = 0 \tag{2.1}$$

$$\frac{\partial \rho_v'}{\partial t} + \frac{\partial}{\partial r}(\rho_v' u_v') + \frac{2\rho_v' u_v'}{r} = 0 \tag{2.2}$$

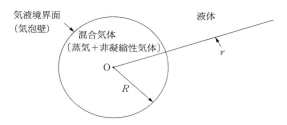

図 2-1 気泡のモデルと座標系

$$\frac{\partial \rho'}{\partial t} + \frac{\partial}{\partial r}\left(p'u'\right) + \frac{2\rho'u'}{r} = 0 \tag{2.3}$$

$$\frac{\partial u'}{\partial t} + u'\frac{\partial u'}{\partial r} = -\frac{1}{\rho'}\frac{\partial p'}{\partial r} + \frac{1}{\rho'}\left(\frac{4\mu'}{3} + \beta'\right)\frac{\partial}{\partial r}\left(\frac{\partial u'}{\partial r} + \frac{2u'}{r}\right) + b'$$
$$\tag{2.4}$$

$$\rho'\left(\frac{\partial e'}{\partial t} + u'\frac{\partial e'}{\partial r}\right) = -p'\left(\frac{\partial u'}{\partial r} + \frac{2u'}{r}\right) + \frac{4\mu'}{3}\left(\frac{\partial u'}{\partial r} - \frac{u'}{r}\right)^2$$
$$+ \beta'\left(\frac{\partial u'}{\partial r} + \frac{2u'}{r}\right)^2 - \frac{\partial h'}{\partial r} - \frac{2h'}{r} + \rho'q' \tag{2.5}$$

ここに

$$h' = -\lambda\frac{\partial T'}{\partial r} + \frac{5}{2}kT'(n_g'u_g' + n_v'u_v' - n'u') \tag{2.6}$$

$$u_g' - u_v' = \frac{n'^2}{n_g'n_v'}D_{gv'}\left\{\frac{\partial}{\partial r}\left(\frac{n_v'}{n'}\right) + \frac{n_g'n_v'(m_g - m_v)}{n'\rho'p'}\frac{\partial p'}{\partial r}\right\} \tag{2.7}$$

また，非凝縮性気体，蒸気，混合気体に対して次の状態方程式が成り立つ．

$$p_g' = n_g'kT', \quad p_v' = n_v'kT', \quad p' = n'kT' \tag{2.8}$$

さらに，ρ'，ρ_g'，ρ_v'，n'，n_g'，n_v'，u'，u_g'，u_v' の間には

$$\rho' = \rho_g' + \rho_v', \quad n' = n_g' + n_v', \quad \rho'u' = \rho_g'u_g' + \rho_v'u_v' \tag{2.9}$$

の関係がある．

（2） 気泡周囲の液体に対して

$$\frac{\partial \rho_g}{\partial t} + u_l\frac{\partial \rho_g}{\partial r} + \rho_g\left(\frac{\partial u_l}{\partial r} + \frac{2u_l}{r}\right) = \frac{D}{r^2}\frac{\partial}{\partial r}\left\{\rho r^2\frac{\partial}{\partial r}\left(\frac{\rho_g}{\rho}\right)\right\} \tag{2.10}$$

$$\frac{\partial \rho_l}{\partial t} + \frac{\partial}{\partial r}\left(\rho_l u_l\right) + \frac{2\rho_l u_l}{r} = 0 \tag{2.11}$$

$$\frac{\partial \rho}{\partial t} + \frac{\partial}{\partial r}\left(\rho u\right) + \frac{2\rho u}{r} = 0 \tag{2.12}$$

$$\frac{\partial u}{\partial t} + u\frac{\partial u}{\partial r} = -\frac{1}{\rho}\frac{\partial p}{\partial r} + \frac{1}{\rho}\left(\frac{4\mu}{3} + \beta\right)\frac{\partial}{\partial r}\left(\frac{\partial u}{\partial r} + \frac{2u}{r}\right) + b \tag{2.13}$$

$$\rho\left(\frac{\partial e}{\partial t} + u\frac{\partial e}{\partial r}\right) = -p\left(\frac{\partial u}{\partial r} + \frac{2u}{r}\right) + \frac{4\mu}{3}\left(\frac{\partial u}{\partial r} - \frac{2u}{r}\right)^2$$
$$+ \beta\left(\frac{\partial u}{\partial r} + \frac{2u}{r}\right)^2 + \lambda\left(\frac{\partial^2 T}{\partial r^2} + \frac{2}{r}\frac{\partial T}{\partial r}\right) + \rho q \tag{2.14}$$

また

$$\rho = \rho_g + \rho_l, \quad n = n_g + n_l, \quad \rho u = \rho_g u_g + \rho_l u_l \tag{2.15}$$

が成り立つ．ただし，(2.10)式の D は液体中での非凝縮性気体の拡散係数である．

（3）　気液境界面に対して

$$\rho_g(u_l - \dot{R}) - D\rho\frac{\partial}{\partial r}\left(\frac{\rho_g}{\rho}\right) = \rho_g{}'(u_g{}' - \dot{R}) \tag{2.16}$$

$$\rho_l(u_l - \dot{R}) = \rho_v{}'(u_v{}' - \dot{R}) \tag{2.17}$$

$$\rho(u - \dot{R}) = \rho'(u' - \dot{R}) \tag{2.18}$$

$$p + \frac{2\sigma}{R} = p' + \rho'(u' - \dot{R})(u' - u) + \frac{4\mu}{3}\left(\frac{\partial u}{\partial r} - \frac{u}{r}\right)$$
$$+ \beta\left(\frac{\partial u}{\partial r} + \frac{2u}{r}\right) - \frac{4\mu'}{3}\left(\frac{\partial u'}{\partial r} - \frac{u'}{r}\right) - \beta'\left(\frac{\partial u'}{\partial r} + \frac{2u'}{r}\right) \tag{2.19}$$

$$\lambda\frac{\partial T}{\partial r} + h' = \rho'(\dot{R} - u')\Big\{L + \frac{4\mu}{3\rho}\left(\frac{\partial u}{\partial r} - \frac{\partial}{r}\right) + \frac{\beta}{\rho}\left(\frac{\partial u}{\partial r} + \frac{2u}{r}\right)$$
$$- \frac{4\mu'}{3\rho'}\left(\frac{\partial u'}{\partial r} - \frac{u'}{r}\right) - \frac{\beta'}{\rho'}\left(\frac{\partial u'}{\partial r} + \frac{2u'}{r}\right)$$
$$- \frac{1}{2}(\dot{R} - u)^2 + \frac{1}{2}(\dot{R} - u')^2\Big\} \tag{2.20}$$

ここで，

$$L = e' + \frac{p'}{\rho'} - e - \frac{p}{\rho} \tag{2.21}$$

さらに，温度および溶存気体に対して次の式が成り立つ．

$$T = T' \tag{2.22}$$

$$\rho_g = \alpha p_g{}' \tag{2.23}$$

結局，液体中の1個の球形気泡の膨張・収縮運動は(2.1)式〜(2.23)式の方程式によって記述される．厳密にいうと，これらの方程式以外に液体の状態方程式や初期条件等を必要とするが，以後必要に応じて導入することにする．

気泡内の混合気体の密度，温度，圧力等が一様な場合には，上の方程式系は以下のように簡単になる．(2.1)式〜(2.3)式から，

$$u_g' = -\frac{r}{3\rho_g'}\frac{d\rho_g'}{dt}, \quad u_v' = -\frac{r}{3\rho_v'}\frac{d\rho_v'}{dt}, \quad u' = -\frac{r}{3\rho'}\frac{d\rho'}{dt} \qquad (2.24\,\text{a})$$

さらに，(2.5)式から，

$$h' = -r\left(\frac{\rho'}{3}\frac{de'}{dt} - \frac{p'}{3\rho'}\frac{d\rho'}{dt}\right) \qquad (2.24\,\text{b})$$

を得る．この場合には，(2.4)式を解く必要はない．解析を簡単にするため，さらに次の仮定を置く：（ⅰ）体積力は働かない，（ⅱ）体積粘性係数は0，（ⅲ）粘性と圧縮性の相互作用は考慮しない，（ⅳ）$u = u_l$，$\rho = \rho_l$，$r = R$ で $u = u_l = \dot{R}$，（ⅴ）$\dfrac{1}{\rho_l}\dfrac{D\rho_l}{Dt} \ll \dfrac{1}{\rho_g}\dfrac{D\rho_g}{Dt}$，（ⅵ）$\dot{R}^2 \ll \dfrac{p'}{\rho'}$．

以上の仮定の下では，気泡の膨張・収縮運動を支配する方程式系は以下のようになる．

$$\frac{\partial \rho_g}{\partial t} + u\frac{\partial \rho_g}{\partial r} = D\left(\frac{\partial^2 \rho_g}{\partial r^2} + \frac{2}{r}\frac{\partial \rho_g}{\partial r}\right) \qquad (2.25)$$

$$\frac{\partial \rho}{\partial t} + \frac{\partial}{\partial r}(\rho u) + \frac{2\rho u}{r} = 0 \qquad (2.26)$$

$$\frac{\partial u}{\partial t} + u\frac{\partial u}{\partial r} = -\frac{1}{\rho}\frac{\partial p}{\partial r} \qquad (2.27)$$

$$\rho\left(\frac{\partial e}{\partial t} + u\frac{\partial e}{\partial r}\right) = -p\left(\frac{\partial u}{\partial r} + \frac{2u}{r}\right) + \frac{4\mu}{3}\left(\frac{\partial u}{\partial r} - \frac{u}{r}\right)^2$$
$$+ \lambda\left(\frac{\partial^2 T}{\partial r^2} - \frac{2}{r}\frac{\partial T}{\partial r}\right) + \rho q \qquad (2.28)$$

気液境界面（$r = R$）では，

$$u = \dot{R} \qquad (2.29)$$

$$D\frac{\partial \rho_g}{\partial r} = \frac{1}{4\pi R^2}\frac{d}{dt}\left(\frac{4}{3}\pi R^3\rho_g'\right) \qquad (2.30)$$

$$p + \frac{2\sigma}{R} = p' + \frac{4\mu}{3}\left(\frac{\partial u}{\partial r} - \frac{u}{r}\right) \qquad (2.31)$$

$$\lambda\frac{\partial T}{\partial r} = \frac{1}{4\pi R^2}\frac{d}{dt}\left(\frac{4}{3}\pi R^3\rho'\right)\left\{L + \frac{4\mu}{3\rho}\left(\frac{\partial u}{\partial r} - \frac{u}{r}\right)\right\} + \frac{\rho'R}{3}\frac{de'}{dt} + p'\dot{R}$$
$$(2.32)$$

$$T = T' \qquad (2.33)$$

$$\rho_g = a p_g' \tag{2.34}$$

2.1.3 Rayleigh-Plesset の方程式

気泡内部の状態は一様とし，液体の圧縮性，気液境界面（以下，気泡壁と呼ぶ）を通しての熱・物質の出入りは考えないものとする．この場合，気泡の膨張・収縮運動は 2.1.2 項の (2.26) 式および (2.27) 式で記述される．

$$\frac{\partial \rho}{\partial t} + \frac{\partial}{\partial r}(\rho u) + \frac{2\rho u}{r} = 0 \tag{2.26}$$

$$\frac{\partial u}{\partial t} + u\frac{\partial u}{\partial r} = -\frac{1}{\rho}\frac{\partial p}{\partial r} \tag{2.27}$$

気泡壁（$r = R$）での境界条件は (2.29) 式および (2.31) 式で与えられる．

$$u = \dot{R} \tag{2.29}$$

$$p + \frac{2\sigma}{R} = p' + \frac{4\mu}{3}\left(\frac{\partial u}{\partial r} - \frac{u}{r}\right) \tag{2.31}$$

(2.31) 式における p' は，厳密には，2.1.8 項で述べるように気液境界面を通しての熱・物質輸送を考慮して求められる．液体は非圧縮性（$\rho =$ 一定）であることから，(2.27) 式，(2.29) 式より次式を得る．

$$u = \frac{R^2 \dot{R}}{r^2} \tag{2.35}$$

$$p = p_\infty(t) + \rho\left(\frac{R^2\ddot{R} + 2R\dot{R}^2}{r} - \frac{R^4\dot{R}^2}{2r^4}\right) \tag{2.36}$$

ここで，$p_\infty(t)$ は $r \to \infty$ のところの液体の圧力である．(2.35) 式，(2.36) 式を (2.31) 式に代入し，$r = R$ とすると，

$$R\ddot{R} + \frac{3}{2}\dot{R}^2 = \frac{1}{\rho}\left\{p'(R) - p_\infty(t) - \frac{4\mu\dot{R}}{R} - \frac{2\sigma}{R}\right\} \tag{2.37}$$

を得る．この式は Rayleigh-Plesset の式[7]と呼ばれており，気泡の膨張・収縮運動を扱う際に最も基礎となる式である．

いま，半径 R_0 の気泡が周囲液体圧力 $p_{\infty 0}$（$p_{\infty 0} =$ 一定）の下で平衡状態にあったとき，その後周囲の圧力が変化して，この気泡が膨張あるいは収縮する問題に対して (2.37) 式を適用してみる．半径 R_0 のときの気泡内の非凝縮性気体の圧力を p_{g0}'，蒸気圧を p_v' とし，$p_v' =$ 一定とする．気泡が最初平衡状態にある条件は (2.31) 式で与えられる．この場合，右辺第 2 項は 0 となる．

(2.31)式で $p = p_{\infty 0}$, $R = R_0$, $p' = p_{g0}' + p_v'$ と置くと,

$$p_{\infty 0} + \frac{2\sigma}{R_0} = p_{g0}' + p_v' \tag{2.38}*$$

を得る. 周囲液体の圧力変化 $p_\infty(t)$ に従って気泡が膨張・収縮運動をすると
き, 気泡内の非凝縮性気体の圧力 p_g' がポリトロープ変化するとし, ポリトロ
ープ指数を γ とするなら,

$$p_g'\left(\frac{4}{3}\pi R^3\right)^\gamma = p_{g0}'\left(\frac{4}{3}\pi R_0^3\right)^\gamma \tag{2.39}$$

となり, 気泡内の圧力 p' は次のように表される.

$$p' = p_g' + p_v' = p_{g0}'\left(\frac{R_0}{R}\right)^{3\gamma} + p_v'$$

$$= \left(p_{\infty 0} - p_v' + \frac{2\sigma}{R_0}\right)\left(\frac{R_0}{R}\right)^{3\gamma} + p_v' \tag{2.40}$$

(2.40)式を(2.37)式に代入すると,

$$R\ddot{R} + \frac{3}{2}\dot{R}^2 = \frac{1}{\rho}\Bigg\{\left(p_{\infty 0} - p_v' + \frac{2\sigma}{R_0}\right)\left(\frac{R_0}{R}\right)^{3\gamma} - p_\infty(t)$$

$$+ p_v' - \frac{4\mu\dot{R}}{R} - \frac{2\sigma}{R}\Bigg\} \tag{2.41}$$

を得る. (2.41)式を与えられた液体圧力 $p_\infty(t)$ に対して数値計算することによ
り, 気泡半径の時間変化を求めることができる.

いま, (2.41)式で気泡が非凝縮性気体を含まず, $p_v' = $ 一定, $p_\infty = $ 一定(p_∞
$> p_v'$), $\mu = 0$, $\sigma = 0$ の特別な場合について考える. $p_\infty > p_v'$ は気泡がつぶ
れる場合に対する条件である. このとき, (2.41)式は積分できて,

$$\dot{R}^2 = \frac{2}{3}\left(\frac{p_\infty - p_v'}{\rho}\right)\left(\frac{R_0^3}{R^3} - 1\right) \tag{2.42}$$

---

* この式の意味は以下のようである.

$$\underbrace{p_{g0}' + p_v'}_{\text{気泡内圧力}} \quad \underbrace{- p_{\infty 0}}_{\text{気泡外圧力}} = \quad \underbrace{\frac{2\sigma}{R_0}}_{\text{表面張力による圧力}}$$

球形の気泡が液体中にある場合, 表面張力による分だけ気泡内圧力 ($p_{g0}' + p_v'$) が気泡外圧力 p_∞ よ
りも大きくなっている. 気泡の半径が小さいときは, この差は大きく, 例えば水中の半径 $1\,\mu$m の気
泡の内圧は, 20℃のとき 1.46×10^5 Pa だけまわりの圧力よりも大きい. (2.38)式はラプラスの方程式
と呼ばれている.

となる．この式をもう一度積分すると，半径が零となるまでの時間，

$$\tau = 0.915 R_0 \left(\frac{\rho}{p_\infty - p_{v'}} \right)^{1/2} \tag{2.43}$$

を得る[2]．ちなみに，$R_0 = 10^{-3}\,\mathrm{m}$，$p_\infty - p_{v'} = 10^2\,\mathrm{kPa}$，$\rho = 10^3\,\mathrm{kg/m^3}$ とすると，$\tau = 9.15 \times 10^{-5}\,\mathrm{s}$ となる．気泡はきわめて短時間のうちにつぶれてしまうことがわかる．

次に，上のような状況における気泡周囲の液体中に発生する圧力について調べてみる．液体中の圧力は(2.36)式で与えられ，(2.41)式，(2.42)式を考慮すると，

$$\Pi(r, t) = \frac{p - p_\infty}{p_\infty - p_{v'}} = \frac{R}{3r}\left(\frac{R_0^3}{R^3} - 4 \right) - \frac{R^4}{3r^4}\left(\frac{R_0^3}{R^3} - 1 \right) \tag{2.44}$$

を得る．上式は次のような性質を有している．

- $t = 0$ で $\Pi \cong -R/r$
- r/R が大きい場合，$\Pi \cong \dfrac{R}{3r}\left(\dfrac{R_0^3}{R^3} - 4 \right)$，また $R_0/R < \sqrt[3]{4} \cong 1.587$ では

  $\Pi < 0$
- $r/R = \left\{ 4\left(1 - \dfrac{R^3}{R_0^3} \right) \middle/ \left(1 - \dfrac{4R^3}{R_0^3} \right) \right\}^{1/3}$ で Π は極大値を有し，

  $$\Pi_{\mathrm{max}} = \frac{p_{\mathrm{max}} - p_\infty}{p_\infty - p_{v'}} = \frac{1}{4^{4/3}} \frac{R_0^3}{R^3}\left(1 - \frac{4R^3}{R_0^3} \right)^{4/3} \middle/ \left(1 - \frac{R^3}{R_0^3} \right)^{1/3}$$

となる．$R/R_0 \to 0$ のとき，

$$\Pi_{\mathrm{max}} \cong \frac{1}{4^{4/3}}\left(\frac{R_0}{R} \right)^3$$

となる．

例えば，$p_\infty - p_{v'} = 10^2\,\mathrm{kPa}$ の圧力差で静止状態からつぶれていく気泡に対して，液体中の最大圧力は，半径が初期半径の $1/10$ 倍，収縮速度が $260\,\mathrm{m/s}$ のときに約 $16\,\mathrm{MPa}$ に達し，気泡がつぶれていくにつれてどんどん大きくなっていく．図 2-2 に (2.44) 式を図示化して示す．

2.1.4 キャビテーション初生の動的条件

図 2-3 に示すように，半径 R_0 の気泡が液体圧力 $p_{\infty 0}$ の下で平衡状態にあっ

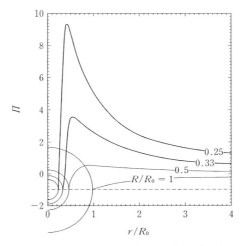

図 2-2 収縮している気泡周囲の液中圧力分布

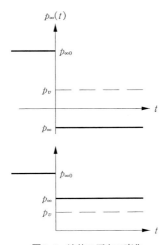

図 2-3 液体の圧力の変化

たとし,その後この気泡が液体圧力の変化($p_{\infty 0} \to p_\infty (p_\infty < p_{\infty 0})$)にさらされたときの気泡の膨張・収縮運動について調べる[8]. 気泡が際限なく大きくなる場合をキャビテーションの初生と呼ぶことにする. 簡単のために蒸気圧 p_v' を一定とし,粘性の影響を無視する. この場合,(2.41)式は次のように書ける.

$$R\ddot{R} + \frac{3}{2}\dot{R}^2 = \frac{1}{\rho}\left\{\left(p_{\infty 0} - p_v' + \frac{2\sigma}{R_0}\right)\left(\frac{R_0}{R}\right)^{3\gamma} - p_\infty(t) + p_v' - \frac{2\sigma}{R}\right\} \quad (2.45)$$

液体圧力 $p_\infty(t)$ が気泡の固有振動の周期よりもはるかに大きな時間スケールで変化する場合（準静的変化），(2.45)式の左辺はゼロと近似でき，いま，$\gamma = 1$ の場合を考えると，

$$p_\infty = p_v' + \left(p_{\infty 0} - p_v' + \frac{2\sigma}{R_0}\right)\left(\frac{R_0}{R}\right)^3 - \frac{2\sigma}{R} \quad (2.46)$$

となる．この式から気泡が爆発的に膨張する条件を求めると，

$$R_{cs} = R_0\left\{3\left(\frac{p_{\infty 0} - p_v'}{2\sigma}R_0 + 1\right)\right\}^{1/2} \quad (2.47)$$

$$p_{cs} \equiv p_\infty(R_{cs}) = p_v' - \frac{4\sigma}{3R_{cs}} \quad (2.48)$$

を得る．R_{cs} および p_{cs} は，それぞれ準静的な気泡の臨界半径および液体の臨界圧力と呼ばれている．これらの式は圧力 $p_{\infty 0}$ の液体中にある半径 R_0 の気泡は，液体の圧力が p_{cs} にまで準静的に低下すると半径 R_{cs} にまで膨張し，液圧がそれ以下に低下するとその後際限なく膨張することを意味している．

一方，液体圧力が気泡の固有振動の周期程度かそれよりも小さな時間スケールで変化する場合，時間を $1/f$ で無次元化すると(2.45)式は次のように表される．

$$\frac{4\rho f^2\sigma^2}{(p_\infty - p_v')^3}\left(\omega\ddot{\omega} + \frac{3}{2}\dot{\omega}^2\right) = \left(\alpha + \frac{1}{\omega^*}\right)\left(\frac{\omega^*}{\omega}\right)^{3\gamma} - 1 - \frac{1}{\omega} \quad (2.49)$$

ここに，

$$\omega = \frac{p_\infty - p_v'}{2\sigma}R \geq -1, \quad \omega^* = \frac{p_\infty - p_v'}{2\sigma}R_0, \quad \alpha = \frac{p_{\infty 0} - p_v'}{p_\infty - p_v'} \quad (2.50)$$

で，ω および ω^* はウェーバー数に相当する無次元数である．(2.49)式で左辺の係数が 1 となるように f を選ぶと，

$$f = \frac{1}{2\sigma}\left(\frac{|p_\infty - p_v'|^3}{\rho}\right)^{1/2} \quad (2.51)$$

となる．このとき，(2.49)式は次のようになる．

$$\pm\left(\omega\ddot{\omega} + \frac{3}{2}\dot{\omega}^2\right) = \left(\alpha + \frac{1}{\omega^*}\right)\left(\frac{\omega^*}{\omega}\right)^{3\gamma} - 1 - \frac{1}{\omega} \quad (2.52)$$

ここで，正の符号は $p_\infty > p_v'$ の場合，負の符号は $p_\infty < p_v'$ の場合に対応している．(2.52)式を積分すると次の式を得る．

$$\pm \dot{\omega}^2 = -\frac{2}{3(\gamma - 1)}\left(\alpha + \frac{1}{\omega^*}\right)\left(\frac{\omega^*}{\omega}\right)^{3\gamma} - \frac{1}{\omega} - \frac{2}{3} + \frac{C}{\omega^3} \tag{2.53}$$

初期条件を $\dot{\omega} = 0$ として積分定数 C を求めると，

$$C = \frac{2}{3(\gamma - 1)}(1 + \alpha\omega^*)\omega^{*2} + \frac{2}{3}\omega^{*3} + \omega^{*2} \tag{2.54}$$

となる．

いま，(2.53)式において $p_\infty < p_v'$ の場合を考えると，一般的には次の3つの場合が考えられる：（i）ただ1つの根 ω^* を有する場合，これは気泡が初期半径 R_0 からどこまでも膨張する場合に相当している．（ii）3根を有する場合，これは ω^* と他の2根のうちで小さい方の根の間で振動する場合に相当している．（iii）1つの根 ω^* と二重根を有する場合，これは（i），（ii）の運動の臨界条件を与える．したがって，気泡の動的な臨界条件は次の式で与えられる．

$$\dot{\omega}^2 = 0 \text{ かつ } d\dot{\omega}^2/d\omega = 0 \tag{2.55 a}$$

あるいは，

$$\dot{\omega} = 0 \text{ かつ } \ddot{\omega} = 0 \tag{2.55 b}$$

上の条件を考慮すると，(2.52)式は，

$$\pm\left(\omega\ddot{\omega} + \frac{3}{2}\dot{\omega}^2\right) = \left(\alpha + \frac{1}{\omega^*}\right)\left(\frac{\omega^*}{\omega}\right)^{3\gamma} - 1 - \frac{1}{\omega} = 0 \tag{2.56}$$

となり，このときの ω，ω^* をそれぞれ ω_{cd}，$\omega_{cd}{}^*$ とすると，(2.56)式の右辺は次のように表される．

$$(1 + \omega_0)\left(\frac{\omega_{cd}{}^*}{\omega_{cd}}\right)^{3\gamma} - \omega_{cd}{}^*\left(1 + \frac{1}{\omega_{cd}}\right) = 0 \tag{2.57}$$

ここに，

$$\omega_0 = \frac{p_{\infty 0} - p_v'}{2\sigma}R_0 \geq -1$$

(2.56)式は $\gamma = 1$ の場合(2.46)式に帰着する．このことは Rayleigh-Plesset 式が臨界半径付近で準静的にふるまうことを意味している．この場合，(2.53)

式は次のようになる．

$$-\frac{2}{3(\gamma-1)}\left(a+\frac{1}{\omega_{cd}}\right)\left(\frac{\omega_{cd}{}^{*}}{\omega_{cd}}\right)^{3\gamma}-\frac{1}{\omega_{cd}}-\frac{2}{3}+\frac{C}{\omega_{cd}{}^{3}}=0 \quad (2.58)$$

ここに，

$$C=\frac{2}{3(\gamma-1)}(1+a\omega_{cd}{}^{*})\omega_{cd}{}^{*2}+\frac{2}{3}\omega_{cd}{}^{*3}+\omega_{cd}{}^{*2} \quad (2.59)$$

(2.57)式と(2.58)式から ω_{cd} を消去することにより，初期条件 ω_0 の関数として ω^* の臨界値 $\omega_{cd}{}^*$ を求めることができる．なお，次の関係がある．

$$R_{cd}=R_0\frac{\omega_{cd}}{\omega_{cd}{}^{*}} \quad (2.60)$$

R_{cd} は気泡の動的な臨界半径である．図2-4は，水温20℃で初期液体圧力 $p_{\infty 0}=1.01325\times 10^5$ Pa の場合の気泡核半径 R_0 と臨界圧力 p_{cs}，$p_{cd}\equiv p_{\infty}(R_{cd})$ の関係を示したものである．動的な臨界圧力 p_{cd} と静的な臨界圧力 p_{cs} の間に大きな違いがあることがわかる．

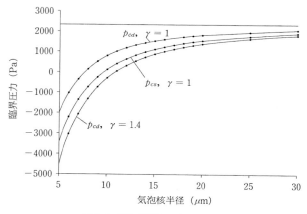

図 2-4 気泡核半径と臨界圧力の関係[8]

2.1.5 圧縮性液体中の気泡の膨張・収縮の方程式

気泡が膨張・収縮する場合，気泡壁の速度が液体の音速に近づくと液体の圧縮性の効果が現れてくる．ここでは液体の圧縮性の効果を考慮して気泡の膨張・収縮の方程式を導く[9]．気泡周囲の液体の運動は2.1.2項の(2.26)式，

(2.27)式により記述される.

$$\frac{\partial \rho}{\partial t} + \frac{\partial}{\partial r}\left(\rho u\right) + \frac{2\rho u}{r} = 0 \tag{2.26}$$

$$\frac{\partial u}{\partial t} + u\frac{\partial u}{\partial r} = -\frac{1}{\rho}\frac{\partial \rho}{\partial r} \tag{2.27}$$

液体の状態変化を等エントロピ的と仮定すると, 音速 c およびエンタルピ h を次のように表すことができる.

$$\frac{dp}{d\rho} = c^2, \quad h = \int_{p\infty}^{p}\frac{dp}{\rho} \tag{2.61}$$

ここで p_∞ は基準圧力で十分遠方の一定の値である. 気泡周囲の流れは球対称であることから速度ポテンシャル ϕ が存在し, 速度は $u = \partial\phi/\partial r$ で表される. このとき (2.26)式, (2.27)式から次の式を得る.

$$\frac{1}{c^2}\left(\frac{\partial h}{\partial t} + u\frac{\partial h}{\partial r}\right) + \nabla^2\phi = 0 \tag{2.62}$$

$$\frac{\partial \phi}{\partial t} + \frac{1}{2}u^2 + h = 0 \tag{2.63}$$

さらに, h および $1/c^2$ をテーラー展開して次のように表す.

$$h = \int_{p\infty}^{p}\left(\frac{1}{\rho_\infty} - \frac{p' - p_\infty}{\rho_\infty{}^2 c_\infty{}^2} + \cdots\right)dp'$$

$$= \frac{p - p_\infty}{\rho_\infty}\left(1 - \frac{1}{2}\frac{p - p_\infty}{\rho_\infty c_\infty{}^2} + \cdots\right) \tag{2.64}$$

$$\frac{1}{c^2} = \frac{1}{c_\infty{}^2}\left\{1 - 2\frac{p - p_\infty}{c_\infty}\left(\frac{dc}{dp}\right)_\infty + \cdots\right\} \tag{2.65}$$

(2.64)式, (2.65)式を (2.62)式, (2.63)式に代入すると,

$$\nabla^2\phi + \frac{1}{\rho_\infty c_\infty{}^2}\left(\frac{\partial p}{\partial t} + u\frac{\partial p}{\partial r}\right)$$

$$\times \left[1 - \left\{1 + 2\rho_\infty c_\infty\left(\frac{dc}{dp}\right)_\infty\right\}\frac{p - p_\infty}{\rho_\infty c_\infty{}^2} + \cdots\right] = 0 \tag{2.66}$$

$$\frac{\partial \phi}{\partial t} + \frac{1}{2}u^2 + \frac{p - p_\infty}{\rho_\infty}\left(1 - \frac{p - p_\infty}{2\rho_\infty c_\infty{}^2} + \cdots\right) = 0 \tag{2.67}$$

を得る. 特に, $c_\infty \to \infty$ とすると, (2.66)式, (2.67)式は,

$$\nabla^2 \phi = 0, \quad \frac{\partial \phi}{\partial t} + \frac{1}{2}u^2 + \frac{p - p_\infty}{p_\infty} = 0 \tag{2.68}$$

となる．上式は気泡壁のごく近傍において有効であるが，気泡壁から離れた所での圧力波の伝播現象を考慮する場合，(2.66)式，(2.67)式を線形化した次の式を用いる．

$$\nabla^2 \phi + \frac{1}{\rho_\infty c_\infty{}^2}\frac{\partial p}{\partial t} = 0, \quad \frac{\partial \phi}{\partial t} + \frac{p - p_\infty}{\rho_\infty} = 0 \tag{2.69}$$

これら2式から次の波動方程式を得る．

$$\nabla^2 \phi - \frac{1}{c_\infty{}^2}\frac{\partial^2 \phi}{\partial t^2} = 0 \tag{2.70}$$

Keller らは(2.68)式を境界条件として(2.70)式を解いて，次のような気泡壁の運動方程式を導いた[10]．

$$\left(1 - \frac{\dot{R}}{c_\infty}\right)R\ddot{R} + \frac{3}{2}\left(1 - \frac{1}{3}\frac{\dot{R}}{c_\infty}\right)\dot{R}^2$$
$$= \left(1 + \frac{\dot{R}}{c_\infty}\right)\frac{p(R,\ t) - p_s(t + R/c_\infty)}{\rho_\infty} + \frac{R}{\rho_\infty c_\infty}\frac{dp(R,\ t)}{dt} \tag{2.71}$$

ここに $p_s\left(t + \dfrac{R}{c_\infty}\right)$ は液体の静圧 p_∞ と変動圧の和で，後者は気泡がないとしたときの気泡中心の位置での液体の変動圧である．また，$p(R,\ t)$ は気泡壁の所の液体圧で，次の式で与えられる（(2.31)式）．

$$p(R,\ t) = p'(t) - \frac{1}{R}(2\sigma + 4\mu\dot{R}) \tag{2.72}$$

(2.71)式は $c_\infty \to \infty$ とすると，Rayleigh-Plesset の式（(2.37)式）に帰着する．Rayleigh-Plesset の式に $\dot{R}/c_\infty$ を掛けたものを(2.71)式から引くと次の Herring の式を得る[11]．

$$\left(1 - \frac{2\dot{R}}{c_\infty}\right)R\ddot{R} + \frac{3}{2}\left(1 - \frac{4}{3}\frac{\dot{R}}{c_\infty}\right)\dot{R}^2$$
$$= \frac{p(R,\ t) - p_s(t + R/c_\infty)}{\rho_\infty} + \frac{R}{\rho_\infty c_\infty}\frac{dp(R,\ t)}{dt} \tag{2.73}$$

(2.71)式と(2.73)式は近似のレベルは同じであるが，$\dot{R}/c_\infty$ の係数が小さい(2.71)式の方がわずかに正確であるといわれている[9]．

2.1.6 気体拡散による気泡の膨張・収縮の方程式

液体中の気泡が気泡壁での気体拡散により膨張・収縮する問題を扱う．気泡の中には非凝縮性気体だけが入っているものとし，液体の粘性を無視することとする．この問題は，(2.25)式，(2.35)式，(2.37)式を境界条件，(2.30)式，(2.31)式，(2.34)式の境界条件の下で解く問題として扱うことができる．

$$\frac{\partial \rho_g}{\partial t} + u\frac{\partial \rho_g}{\partial r} = D\Big(\frac{\partial^2 \rho_g}{\partial r^2} + \frac{2}{r}\frac{\partial \rho_g}{\partial r}\Big) \tag{2.25}$$

$$u = \frac{R^2 \dot{R}}{r^2} \tag{2.35}$$

$$R\ddot{R} + \frac{3}{2}\dot{R}^2 = \frac{1}{\rho}\Big\{p_g{}'(R) - p_\infty(t) - \frac{2\sigma}{R}\Big\} \tag{2.37}$$

気泡壁（$r = R$）では次の式が成り立つ．

$$D\frac{\partial \rho_g}{\partial r} = \frac{1}{4\pi R^2}\frac{d}{dt}\Big(\frac{4}{3}\pi R^3 \rho_g{}'\Big) \tag{2.30}$$

$$p + \frac{2\sigma}{R} = p_g{}' \tag{2.31}$$

$$\rho_g = \alpha p_g{}' \tag{2.34}$$

これらの式の他に，次の初期および境界条件を付け加える．

$$\rho_g(r,\ 0) = \rho_{g0},\ \ r > R \tag{2.74}$$

$$\lim_{r \to \infty} \rho_g(r,\ t) = \rho_{g0},\ \ t > 0 \tag{2.75}$$

また，気泡の中の気体は等温度化するものとする．

$$p_g{}' = \beta \rho_g{}' \tag{2.76}$$

ここで $\beta =$ 一定である．

いま，気泡は気泡壁での気体拡散によって準静的に膨張・収縮するものとすると，(2.37)式の左辺を零と近似することができ，気泡壁では，(2.31)式(2.37)式から，

$$p_g{}' = p_\infty + \frac{2\sigma}{R} \tag{2.77}$$

が成り立つ．(2.75)式との整合性から(2.77)式の p_∞ は一定値でなければならない．したがって，この場合の気泡の膨張・収縮運動の支配方程式は(2.25)

式，(2.35)式より，

$$\frac{\partial \rho_g}{\partial t} + \frac{R^2 \dot{R}}{r^2}\frac{\partial \rho_g}{\partial r} = D\left(\frac{\partial^2 \rho_g}{\partial r^2} + \frac{2}{r}\frac{\partial \rho_g}{\partial r}\right) \tag{2.78}$$

となる．気泡のまわりの液体圧は p_∞ であるから，この圧力の下で溶解する気体の密度を $\rho_{gs}(\rho_{gs} = \alpha p_\infty)$ とすると，(2.34)式，(2.77)式より，

$$\rho_g(R,\ t) = \rho_{gs} + \frac{2\alpha\sigma}{R} \tag{2.79}$$

(2.78)式は，

$$\rho_g(r,\ t) = f(s),\ s = \frac{r}{(Dt)^{1/2}},\ K = \frac{R}{(Dt)^{1/2}} \tag{2.80}$$

と置くことにより，次の常微分方程式に変換される．

$$f''(s) + \left(\frac{2}{s} + \frac{s}{2} - \frac{K^3}{2s^2}\right)f'(s) = 0 \tag{2.81}$$

ただし $f' = df/ds,\ f'' = d^2f/ds^2$ を表す．

(2.81)式の解は次のように求められる．

$$f(s) = \rho_{g0} - \{\rho_{g0} - \rho_g(R,\ t)\}\frac{F(s)}{F(K)} \tag{2.82}$$

ここで，

$$F(s) \equiv \int_s^\infty x^2 \exp\left(-\frac{x^2}{4} + \frac{K^3}{2x}\right)dx \tag{2.83}$$

一方，$f(s) = \rho_g(r,\ t)$ であることに注意すると，(2.30)式，(2.82)式から，

$$\frac{\rho_{g0} - \rho_g(R,\ t)}{\rho_{g\infty}'\left(1 + \dfrac{4\sigma}{3p_\infty R}\right)K} = -\frac{F(K)}{2F'(K)} \equiv g(K) \tag{2.84}$$

を得る．ただし $\rho_{g\infty}' = p_\infty/\beta$ と置いた．

島・辻野は，$g(K)$ を近似的に次の式で表した[12]．

$$g(K) = \left(\frac{\pi}{12}\right)^{1/2}\left(\frac{K}{K + 0.9253}\right) \tag{2.85}$$

一方，(2.30)式，(2.82)式，(2.84)式から，

$$\rho_g(R,\ t) = \rho_{g0} - \rho_{g\infty}' \frac{\left(1 + \dfrac{4\sigma}{3p_\infty R}\right)}{D} 2\sqrt{Dt}\,\dot{R}g(K) \tag{2.86}$$

結局，(2.85)式，(2.86)式から，気体拡散による気泡の膨張・収縮方程式が次のように求められる．

$$\dot{R} = \frac{D(\rho_{g0} - \rho_g(R,\ t))}{\rho_{g\infty}'\left(1 + \dfrac{4\sigma}{3p_\infty R}\right)}\left(\frac{\phi_1}{R} + \frac{\phi_2}{(\pi Dt)^{1/2}}\right) \tag{2.87}$$

ここに $\phi_1 = 0.9253(3/\pi)^{1/2}$，$\phi_2 = 3^{1/2}$ である．(2.87)式の中の $\rho_g(R,\ t)$ は (2.79)式で与えられる．(2.87)式を解くのは数値計算によらなければならないが，表面張力の影響がない場合（$\sigma = 0$）には解析解を求めることができる．この場合，(2.87)式は次のようになる．

$$\dot{R} = \frac{D(\rho_{g0} - \rho_{gs})}{\rho_{g\infty}'}\left\{\frac{\phi_1}{R} + \frac{\phi_2}{(\pi Dt)^{1/2}}\right\} \tag{2.88}$$

（1）　$\rho_{g0} > \rho_{gs}$ の場合

この場合，液体に溶けている気体が気泡の中に拡散して気泡は成長する．いま $R_0 = R(t=0)$ として，

$$\varepsilon = \frac{R}{R_0},\ \ x^2 = \frac{2Dd}{R_0^2}t,\ \ d = \frac{\rho_{gs}}{\rho_{g\infty}'},\ \ e = \left(\frac{D}{2\pi}\right)^{1/2},\ \ f = \frac{\rho_{g0}}{\rho_{gs}} \tag{2.89}$$

と置くと，(2.88)式は次のようになる．

$$\frac{d\varepsilon}{dx} = (f-1)\left(\frac{\phi_1}{\varepsilon}x + 2\phi_2 e\right) \tag{2.90}$$

(2.90)式の解は次のように求められる．

$$\left.\begin{array}{l}\varepsilon = \exp(\gamma Z)[\cosh\{(1+\gamma^2)^{1/2}Z\} + \gamma(1+\gamma^2)^{-1/2}\sinh\{(1+\gamma^2)^{1/2}Z\}] \\[2mm] x = \dfrac{1}{\{\phi_1(f-1)\}^{1/2}}\exp(\gamma Z)(1+\gamma^2)^{-1/2}\sinh\{(1+\gamma^2)^{1/2}Z\}\end{array}\right\} \tag{2.91}$$

ただし，

$$\gamma = \frac{\phi_2}{\phi_1^{1/2}}e(f-1)^{1/2}$$

(2.91)式で Z はパラメータで，$x = 0$ および $\varepsilon = 1$ のとき $Z = 0$ となるよう

に選んである.

（2）　$\rho_{g0} < \rho_{gs}$ の場合

　この場合，気泡の気体がまわりの液体の中に拡散していき，気泡は収縮する．(2.90)式を次のように書き直す．

$$\frac{d\varepsilon}{dx} = -(1-f)\left(\frac{\phi_1}{\varepsilon}x + 2\phi_2 e\right) \tag{2.92}$$

(2.92)式の解は次のように求められる．

$$\varepsilon = \exp(-\gamma Z)[\cos\{(1-\gamma^2)^{1/2}Z\} - \gamma(1-\gamma^2)^{-1/2}\sin\{(1-\gamma^2)^{1/2}Z\}]$$

$$x = \frac{1}{\{\phi_1(1-f)\}^{1/2}}\exp(-\gamma Z)(1-\gamma^2)^{-1/2}\sin\{(1-\gamma^2)^{1/2}Z\}$$

$$\tag{2.93}$$

ただし,

$$\gamma = \frac{\phi_2}{\phi_1^{1/2}}e(1-f)^{1/2}$$

2.1.7　熱拡散による気泡の膨張・収縮の方程式

　この問題は，(2.28)式，(2.35)式，(2.37)式および境界条件，(2.32)式，(2.33)式により扱うことができる．気泡の中には蒸気だけが入っていて，蒸気は飽和状態にあり，液体はどこからも熱の供給を受けず（$q = 0$），$p_\infty(t) = p_\infty = $ 一定とする．

$$\rho\left(\frac{\partial e}{\partial t} + u\frac{\partial e}{\partial r}\right) = -p\left(\frac{\partial u}{\partial r} + \frac{2u}{r}\right) + \frac{4\mu}{3}\left(\frac{\partial u}{\partial r} - \frac{u}{r}\right)^2$$
$$+ \lambda\left(\frac{\partial^2 T}{\partial r^2} + \frac{2}{r}\frac{\partial T}{\partial r}\right) \tag{2.28}$$

$$u = \frac{R^2\dot{R}}{r^2} \tag{2.35}$$

$$R\ddot{R} + \frac{3}{2}\dot{R}^2 = \frac{1}{\rho}\left\{p'(R) - p_\infty(t) - \frac{4\mu\dot{R}}{R} - \frac{2\sigma}{R}\right\} \tag{2.37}$$

ここで，(2.28)式の右辺第1項は(2.35)式から零となる．気泡壁（$r = R$）では，

$$\lambda\frac{\partial T}{\partial r} = \frac{1}{4\pi R^2}\frac{d}{dt}\left(\frac{4}{3}\pi R^3\rho_v'\right)\left\{L + \frac{4\mu}{3\rho}\left(\frac{\partial u}{\partial r} - \frac{u}{r}\right)\right\}$$

$$+ \frac{p_v{}' R}{3} \frac{de'}{dt} + p_v{}' \dot{R}$$

$$\cong \frac{L}{4\pi R^2} \frac{d}{dt}\left(\frac{4}{3}\pi R^3 \rho_v{}'\right) \tag{2.32}$$

$$T = T' \tag{2.33}$$

さらに，次の初期および境界条件を付け加える．

$$T(r,\ 0) = T_0,\ \ r > R \tag{2.94}$$

$$\lim_{r \to \infty} T(r,\ t) = T_0,\ \ t > 0 \tag{2.95}$$

いま，気泡が液体中で準静的に膨張・収縮すると仮定すると(2.37)式を解く必要はなく，気泡壁のところでは，

$$p_v{}' = p_\infty + \frac{2\sigma}{R} \tag{2.96}$$

が成り立つ．$e = c_v T$（$c_v = $ 一定とする）の関係を用い，粘性によるエネルギ散逸は十分に小さいことを考慮すると，(2.28)式は次のように近似できる．

$$\frac{\partial T}{\partial t} + \frac{R^2 \dot{R}}{r^2} \frac{\partial T}{\partial r} = D_T\left(\frac{\partial^2 T}{\partial r^2} + \frac{2}{r} \frac{\partial T}{\partial r}\right) \tag{2.97}$$

ここに $D_T = \lambda/(\rho c_v)$．結局，考えている問題は(2.97)式を初期および境界条件，(2.32)式，(2.33)式，(2.94)式〜(2.96)式の下に解く問題として扱うことができる．このとき2.1.6項の気体拡散の解析法をそのまま適用でき，気泡の膨張に関する半径 R と時間 t の次のような式を得る．

$$R = \frac{2\rho c_v(T_0 - T')}{\rho_v{}' L}\left(\frac{3D_T t}{\pi}\right)^{1/2} \tag{2.98}$$

ここで T' は気泡壁の温度である．この温度は，(2.96)式で飽和蒸気圧 $p_v{}'(T') = p_\infty + 2\sigma/R$ を満足するような T' の値として求めることができる．また $\rho_v{}' = \rho_v{}'(T')$ であることを注意しておく．

2.1.8　気泡内熱・物質輸送現象と気泡の膨張・収縮運動

気泡の膨張・収縮挙動は，主として気泡まわりの液体の慣性力と気泡壁に働く圧力によって支配される．この圧力は当然のことながら，気泡内の蒸気および不凝縮ガスの状態の変化により支配されることになる．この節では，単一球形気泡を例にとり，気泡内の気体の支配方程式を厳密に数値解析することによ

り，気泡運動に及ぼす気泡内部の熱・物質輸送現象の影響について述べる．解析に当たり，以下の仮定を置いて，気泡壁における熱授受，相変化，蒸気と不凝縮ガスの間の相互拡散，蒸気成分からのミスト生成を考慮して数値解析を行っている．詳しい支配方程式，境界条件，計算手法などは参考文献[13][14]に譲り，ここではその概要を示す．支配方程式を導くに当たって置かれた仮定は，（1）気泡内部のガスおよび周囲の液体は球対称を保って運動する，（2）蒸気および不凝縮ガスは理想気体とする，（3）不凝縮ガスはヘンリーの法則に従うものとし，気液界面での不凝縮ガスの濃度は常に不凝縮ガスの分圧に対する溶解度により決定される，などである．

気泡運動に対する気泡内ガスの熱拡散の影響

気泡運動に対する熱拡散の影響について，気泡内に単一ガスのみが含まれる場合について検討してみよう．図2-5に示すように，気泡内ガスを熱伝導率の比較的小さい窒素とした場合と比較的大きい水素とした場合，つまり，気体の熱伝導率を変化させた場合を考えると，熱伝導率が大きい水素ガス気泡の方が界面での熱伝達が良く，運動がより気泡内ガスに等温変化を仮定した場合に近くなることなどがわかる[15]．また，初期気泡径が大きい場合には気泡内ガスが

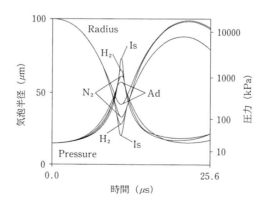

初期気泡半径：100μm，初期温度：20℃
初期気泡内圧力：20kPa，初期気泡外圧力：100kPa

図2-5 水素，窒素，断熱（Ad）および等温（Is）気泡の半径と気泡圧力の時間変化

断熱変化をすると仮定した場合の運動に近く，小さくなるにしたがい，等温変化を仮定した運動に近づいていく．しかしながら，気泡内ガスからまわりの液に向かって熱エネルギが拡散するため，気泡運動には大きな減衰が観察される．図 2-6 に初期気泡半径が $1000\,\mu\text{m}$，$100\,\mu\text{m}$ および $10\,\mu\text{m}$ の場合の 6τ（$\tau \equiv R_0\sqrt{\rho_l/p_l}$：気泡の振動周期．ここに，$R_0$ は初期気泡半径，ρ_l は液の密度，p_l は初期圧力）までの気泡半径，気泡中心圧力，気泡内平均温度および気泡内から液体に流れる無次元熱量の時間変化を示す．これらの量はいずれも初期値および気泡の固有振動周期で無次元化してある．図中，上段から，気泡半径，気泡内中心圧力，平均温度および液から気泡への流入熱量の時間変化を示す．気泡内中心圧力の時間変化は，初期気泡径にかかわらず，気泡の膨張・収縮運動に同期しており，気泡径が極値をとる時刻に圧力も極値をとる．しかしながら，気泡内平均温度は，気泡径が極小値をとる時刻とほぼ同時刻に極大値をとるが，極大値をとる時刻には極小値をとらない．これは，気泡から出入す

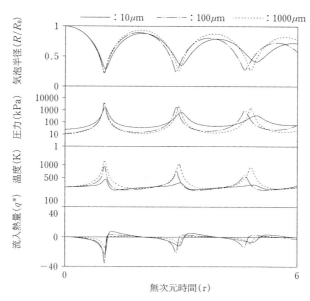

図 2-6　気泡半径，気泡内中心圧力，平均温度および液から気泡への流入熱量の時間変化

る熱量は，気泡の受ける仕事率に対して，位相遅れを持ちながら，正負反対の変化をするからである．このため，気泡の受ける仕事率と流出する熱量の和が零となる時刻が気泡径が極値をとる前に存在する．この点が温度の極値である．圧縮時，気泡が受ける仕事率が急速に減少するため，気泡径と平均温度が極値をとる時刻に差はほとんどない．一方，膨張時には，液に対する仕事と圧縮時に形成された温度勾配により，急激に内部の温度は下がり，界面での温度勾配は正となる．そのため，今度は液体側から熱が流れ込み，気泡のする仕事率との和が零となる時刻で再び平均温度は極値となる．しかしながら，気泡内最高温度は初期気泡径により異なり，界面での温度勾配が正になる時刻は初期気泡径が小さいほど早くなるため，極値をとる時刻は早くなる．すなわち，気泡内から流出する熱量は気泡の受ける仕事率と位相遅れを持ちながら変化し，気泡運動は大きな減衰をすることになる．

気泡運動に対する蒸気・不凝縮ガスの相互拡散の影響

図2-7，図2-8に初期気泡半径 $1000\,\mu m$ と $10\,\mu m$ での気泡内蒸気濃度分布の時間変化を示す．気泡が収縮し始めると，気泡内の蒸気の分圧は上昇するが，気液界面では飽和蒸気圧はほぼ一定に保たれるため，凝縮が起こり，界面

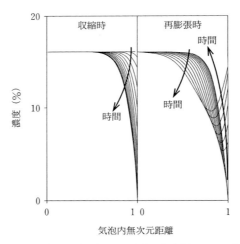

図2-7 蒸気の濃度分布の時間変化（気泡半径 $1000\mu m$）

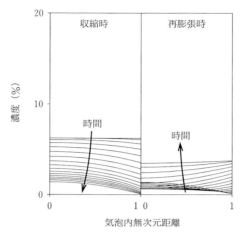

図 2-8 蒸気の濃度分布の時間変化（気泡半径 $10\mu m$）

付近の蒸気濃度は下がってくる．そのため，中心から界面に向かって拡散による蒸気の流れ込みが生じ，境界層が発達する．リバウンド後は界面付近の蒸気の分圧が減少するため，逆に蒸発が起こり，界面付近の濃度は上昇する．しかし，気泡径により境界層の発達する時間が大きく異なり，中心での濃度変化に大きな差異が生じる．つまり，初期気泡半径が $1000\mu m$ の場合には，気泡径が最小になる付近でも境界層が中心まで達していないため，膨張時には気液界面で蒸気濃度は上昇しながらも気泡内部では濃度勾配が負となっているため，中心での濃度は減少し，気泡内に複雑な分布が形成される．一方，初期気泡半径が $10\mu m$ の場合には，中心と界面の間に大きな濃度分布ができず，リバウンド後も崩壊時にできた濃度勾配のために若干中心濃度が下がるが，気液界面での蒸気濃度の上昇に伴う境界層の発達により，すぐに上昇に転じている．そのため，初期気泡径が大きい場合ほど複雑にはならない．さらに，気泡の大きさは，気泡内の蒸気質量の時間変化にも影響を与える．すなわち，気泡径が大きくなれば，蒸気の界面への拡散速度は遅くなり，界面での蒸気圧は下がって，相変化は抑制されると共に，気泡運動と気泡内の蒸気質量の時間変化には時間遅れが生じることになる．

ミスト生成を考慮した気泡の運動

蒸気と不凝縮ガスからなる気泡が周囲の圧力低下に伴って膨張すると，気泡内ガスは気泡界面からの熱拡散が追いつかず断熱的に膨張し温度は下がるが，やがて蒸気は均一核生成により凝縮し，気泡内にはミストが発生する．その結果，凝縮潜熱によりガスの温度は周囲の温度にまで回復し，見掛け上，気泡内ガスは等温的に膨張する[16]．このような現象を気泡内の分布をも考慮して解いてみよう．周囲の圧力をステップ状に減少させると，蒸気と不凝縮ガスで満たされた気泡の内部には，ミストが発生し，温度，蒸気濃度，ミストの密度などに分布が生じる．図2-9に初期気泡半径 $100\,\mu\mathrm{m}$，液体圧力を $100\,\mathrm{kPa}$ から $5\,\mathrm{kPa}$ まで減圧した場合の気泡半径，平均温度，ミストの平均密度の時間変化および，いくつかの時刻での気泡内温度，蒸気濃度，ミストの密度分布を示

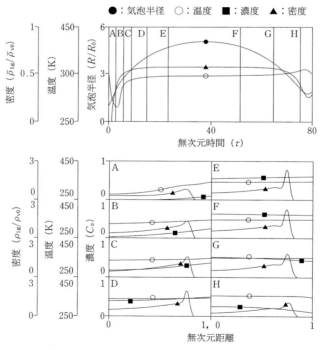

図2-9 気泡半径，温度，ミストの密度の時間変化と
温度，蒸気濃度，ミストの密度の分布

す．上図が気泡半径，中心温度，ミストの平均密度の時間変化を，下図が分布を示す．横軸は気泡壁を 1 とした無次元距離で，A〜H は上図での時刻に対応し，A〜E は気泡の膨張過程，F〜H が収縮過程となっている．周囲圧力を急激に減少させると，気泡は膨張し，気泡内温度は下がる．しかしながら，均一凝縮によるミストの生成により潜熱が放出され，ミストの平均密度が上昇すると共に，温度は急激に回復する．その後は気泡内温度はほぼ一定に保たれる．リバウンド時以外は，温度に関しては，ほぼ平衡状態を保っていることがわかる．また，気泡内ミストの平均密度は膨張の初期段階で急激に増加し，この段階でミスト生成が気泡運動に対して，特に熱的に大きく影響を与えていることがわかる．気泡内温度がほぼ一様になった後は，収縮過程の途中まで平均密度はほぼ一定値を保ち，つまり，気泡の体積に比例してミストの質量が増減している．収縮過程の後半において，収縮率が大きくなったときにも，外部からのエネルギを気泡内に存在するミストが蒸発することにより消費し，さほど温度は上がらない．一方，気泡内の分布に注目すると，膨張過程の初期段階（A〜C）では気泡内の温度および濃度分布は比較的大きいが，D，E の段階では，蒸気濃度には分布があるが温度分布がほとんどなくなっていることがわかる．これは，無次元熱伝導率と無次元拡散係数の比であるルイス数 $\lambda/\rho CD$ が 1 より常に大きい，つまり，温度境界層が濃度境界層よりも早く発達するからである．さらに，気泡内でのミストの生成による潜熱放出により中心付近で温度が上昇し，分布を小さくする方向に作用する．逆に蒸気が凝縮することにより，蒸気密度が中心付近で減少し，蒸気濃度の分布を大きくする方向に作用している．また，気泡内のミストの密度分布を見ると，気泡壁付近においてミストが存在しない領域があることがわかる．これは気泡壁付近は液相側からの熱流束により温度が下がらず過飽和状態にならないからである．また，ミストの発生している領域では中心部分よりも無次元距離 0.75 付近で極端に密度が上昇している．これは，中心付近ではミストが成長するための蒸気が急激に減少し，拡散速度が遅く，蒸気が補給されないため，密度が上昇せず，無次元距離 0.75 付近では十分に蒸気が補給されるために，ますますミストが成長していき，密度が上昇するからである．以上，気泡内には温度分布，蒸気の濃度分布

ができ，また，拡散速度が遅いためにミストの分布は複雑となっていることなどがわかる．さらに，これらの現象が気泡運動に関しても大きく影響している．

2.2 気泡群の力学について

気泡力学の基礎となるのは単一気泡の力学であるが，多数の気泡が複雑に成長・崩壊を繰り返している現実のキャビテーション現象を考える上では，気泡間の相互作用を考慮した気泡群の力学を扱う必要がある．気泡群の力学を扱う方法には大きく分けて，個々の気泡の変形等の微視的な挙動を扱う方法と，個々の気泡の力学を直接的には扱わずに気液の平均化方程式をベースに気泡群の巨視的な挙動を扱う方法がある．本節では，微視的な立場から，気泡群の力学の解析手法と，気泡間の相互作用の効果について述べる．なお，壁面近くでの単一気泡の問題も，鏡像理論に基づくと同じ大きさの2個の気泡の問題に帰着するという立場から，気泡群の力学のひとつの問題として取り扱うことにする．

2.2.1 球面調和関数を用いた理論解析

理論の概要

理論解析的に気泡を扱う際に有効な方法は，球面調和関数展開である．この手法の主たる解析対象は，ポテンシャル問題でかつ気泡変形がそれほど大きくない場合であるが，比較的簡単に気泡の3次元挙動を扱えるため，現象の把握には有効である．以下では，簡単に手法の概要を述べる．詳細は文献17)を参照されたい．

まず，気泡の運動を記述するために，気泡 $I(I = 1, 2, \cdots, N)$ の表面 $S_I(t, r_I, \theta_I, \phi_I) = 0$ を，速度 $\vec{v}_I$ で並進運動している気泡中心を原点とする移動座標系 (r_I, θ_I, ϕ_I) で定義される球面調和関数 $Y_{nm}(\theta_I, \phi_I)$ を用いて次のように表現する（図2-10参照）．

$$S_I = r_I - R_{I0}(t) - \sum_{n=2}^{\infty} \sum_{m=-n}^{n} R_{Inm}(t) Y_{nm}(\theta_I, \phi_I) = 0 \qquad (2.99)$$

ここで

2.2 気泡群の力学について

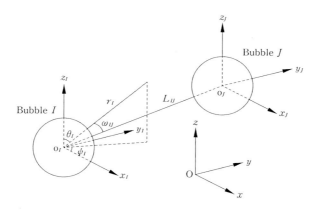

図 2-10　座標系[17]

$$Y_{nm}(\theta_I, \ \psi_I) = P_n^{|m|}(\cos \theta_I) e^{im\psi_I} \tag{2.100}$$

t は時間，R_{I0} は球形モードの半径，$R_{Inm}(n \geq 2, \ -n \leq m \leq n)$ は球形からのずれを表している．$P_n^{|m|}$ は n，m 次のルジャンドル陪関数，i は虚数単位を表している．$m = 0$ とすれば，気泡の軸対称変形が扱える．同様に，液体の速度ポテンシャル φ も球面調和関数を用いて次式のように展開する．

$$\varphi = \sum_{I=1}^{N} \left\{ \frac{q_{I0}(t)}{r_I} + \sum_{n=1}^{\infty} \sum_{m=-n}^{n} \frac{q_{Inm}(t)}{r_I^{n+1}} Y_{nm}(\theta_I, \ \psi_I) \right\} \tag{2.101}$$

ここで，q_{I0}，$q_{Inm}(n \geq 1, \ -n \leq m \leq n)$ は時間依存の未知関数を表しており，(2.101)式の q_{I0}/r_I の項は気泡 I の半径方向の運動に伴う項を，q_{I1m}/r_I^2 を含む項は並進運動に関する項，$q_{Inm}/r_I^{n+1}(n \geq 2)$ を含む項は気泡変形に関する項を表している．

このように展開した気泡形状ならびに速度ポテンシャルを，以下に示す力学的境界条件ならびに気泡壁での圧力の釣り合い条件に代入し，球面調和関数の直交性を用いると，気泡群の運動方程式が導かれる．

$$\frac{\partial S_I}{\partial t} - \vec{v}_I \cdot \nabla_I S_I + \nabla_I \varphi \cdot \nabla_I S_I = 0 \tag{2.102}$$

$$\frac{\partial \varphi}{\partial t} - \vec{v}_I \cdot \nabla_I \varphi + \frac{1}{2} |\nabla_I \varphi|^2 + \frac{1}{\rho}(-p_\infty + p_{in} - 2\sigma H_I) = 0 \tag{2.103}$$

ここで，∇_I は勾配，ρ は液体の密度，p_v は蒸気圧，p_{in} は気泡内の圧力，p_∞

は無限遠方圧力，σ は表面張力係数，H_I は平均曲率を表している．

気泡群の運動方程式は次のように書ける．

$$R_{I0}\ddot{R}_{I0} + \frac{3}{2}\dot{R}_{I0}^2 = \frac{p_{in} - p_\infty}{\rho} + \sum_{\substack{J=1 \\ J \neq I}}^{N} \frac{d}{dt}\left(\frac{q_{J0}}{L_{IJ}}\right) + G_{I0} \tag{2.104}$$

$$\frac{d}{dt}\left(\frac{1}{2}\rho V_{Ib} v_{Imr}\right) - \rho V_{Ib}\frac{du_{Im}}{dt} - \frac{2\pi\rho}{3}R_{I0}^2 G_{I1m} = 0, \quad m = -1, \ 0, \ 1 \tag{2.105}$$

$$R_{I0}\ddot{R}_{Inm} + 3\dot{R}_{I0}\dot{R}_{Inm} + (n-1)R_{Inm}\left\{-\ddot{R}_{I0} + \frac{(n+1)(n+2)\sigma}{R_{I0}^2\rho}\right\}$$

$$= \sum_{\substack{J=1 \\ J \neq I}}^{N} \frac{(2n+1)(n-|m|)!}{(n+|m|)!}\frac{d}{dt}\left(\frac{R_{I0}^n q_{J0}\overline{Y}_{nm}(\theta_{IJ}, \ \phi_{IJ})}{L_{IJ}^{n+1}}\right) + G_{Inm}, \quad n \geq 2,$$

$$-n \leq m \leq n \tag{2.106}$$

ここで，

$$q_{J0} = -R_{I0}^2\dot{R}_{I0} \tag{2.107}$$

$$V_{Ib} = \frac{4\pi R_{I0}^3}{3} \tag{2.108}$$

$$v_{Imr} = v_{Im} - u_{Im}, \quad u_{Im} = \frac{(1-|m|)!}{(1+|m|)!}\sum_{\substack{J=1 \\ J \neq I}}^{N}\frac{q_{J0}}{L_{IJ}^2}\overline{Y}_{1m}(\theta_{IJ}, \ \phi_{IJ}),$$

$$m = -1, \ 0, \ 1 \tag{2.109}$$

$$\overline{Y}_{nm}(\theta_{IJ}, \ \phi_{IJ}) = P_n^{|m|}(\cos\theta_{IJ})e^{-im\phi_{IJ}} \tag{2.110}$$

$(L_{IJ}, \ \theta_{IJ}, \ \phi_{IJ})$ は気泡 I, J の中心間を結んだベクトル $\overrightarrow{O_IO_J}$ の成分を表している．$(2.104) \sim (2.106)$ 式における G_{I0}, $G_{Inm}(n \geq 1)$ は，気泡の並進運動が各モードに及ぼす効果を表す項であるが，詳細は文献17)を参照されたい．(2.104)式は半径方向の運動モードを表し，$N = 2$, $L_{IJ} = \text{const.}$, $G_{I0} = 0$ とすると2個の球形気泡の運動方程式[18]に，$L_{IJ} \to \infty$, $G_{I0} = 0$ とすると単一球形気泡に関する Rayleigh-Plesset の式[7]に帰着する．(2.105)式は個々の気泡の並進運動を表す方程式である．u_{Im} が他の気泡が気泡 I の中心に誘起する速度を表し，v_{Imr} が気泡 I の中心で評価される相対並進移動速度を表していることに注意すると，(2.105)式の第1項は付加質量の加速による力（付加質量係数は1/2），第2項は他の気泡により誘起される圧力勾配による力を表して

いることがわかる．(2.106)式は気泡変形を記述する方程式で $L_{lj} \to \infty$，G_{lnm} ＝ 0 とすると単一気泡の安定方程式[19]に帰着する．以上の運動方程式を解くためには，気泡内部の圧力 p_{in} を与える必要がある．気泡内の気体がポリトロープ変化すると仮定して気体圧力を定めれば，気泡の支配方程式は常微分方程式系となり，その後の数値計算は容易になる．

以上の解析の際に注意する必要があるのは，(i)移動座標系を用いること，(ii)移動座標系を用いる場合には原点の選び方により R_{l1m} 成分が不要になること[20]，(iii)(2.103)式の $|\nabla_l \varphi|^2$ のような非線形項を扱う際に，少なくとも並進運動が変形に及ぼす項（例えば $v_{lm} \times \dot{R}_{lnm}(n \geqq 2)$）を考慮することである．並進運動が変形に及ぼす効果を考慮することは重要であり，この効果を無視すると，ジェットの発生に至るような気泡壁の変形を表現できない．

球面調和関数展開を用いて液体の粘性を扱うことは可能である．気泡壁での粘性境界層を考慮するか否かで，解析の複雑さは異なるが，粘性境界層を無視した場合には，粘性消散率をポテンシャル理論から見積られる速度勾配を用いて評価し，Lagrange の運動方程式を利用すれば比較的容易に粘性の効果を考慮できる．詳細は文献 17), 21)を参照されたい．

単一気泡の解析で示されたように，気泡の収縮速度が液体の音速に近づくと，液体の圧縮性を考慮する必要がある．液体の圧縮性を考慮するためには，ラプラス方程式の代わりに，波動方程式または Euler 方程式を扱う必要がある．波動方程式を基本とした球形の気泡群の運動方程式系は文献 22)に導出されており，それは，特別な場合として 2 個の球形気泡の運動方程式[23]ならびに Prosperetti らによる一般化された単一気泡の運動方程式[9]に帰着する．

また，ポテンシャル問題の場合には，物体表面を点ソースの集合で置き換えられることを利用すると，本手法を容易に，流れ場の中に置かれた物体近傍でのトラベリング気泡の問題に応用できる[24]．

ところで，通常気泡運動の解析では，気泡内の非凝縮性気体がポリトロープ変化すると仮定することが多いが，球面調和関数展開を用いて非凝縮性気体の熱伝導（温度勾配）の効果を考慮することも可能である[25]．

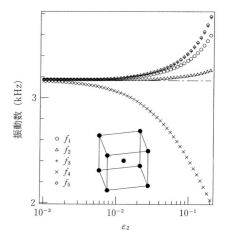

図 2-11　立方体の頂点と中心に配置された
9 個の気泡群の固有振動数[17]

固有振動数

気泡振動が微小であるとして個々の気泡の並進運動および変形を無視し，気泡内の気体がポリトロープ変化（ポリトロープ指数：γ）すると仮定すると，(2.106)式を線形化することにより気泡群の固有振動数が導かれる．

図 2-11 に一辺 L_0 の立方体の頂点と中心に配置された同じ平衡半径 R_e の 9 個の気泡の固有振動数と $\varepsilon_2(=R_e/L_0)$ との関係を示す．計算は，20°C水中での平衡半径 1 mm の気泡を想定している．比較のために単一気泡の固有振動数が一点鎖線で示されている．固有振動数 $f_I (I = 1, 2, \cdots, 5)$ は，次式で与えられる．

$$f_I = \frac{1}{2\pi}\sqrt{\frac{M}{1+\zeta_I}}, \ I = 1, 2, \cdots, 5$$

ここで，

$$\zeta_1 = -\varepsilon_2 - \varepsilon_3 + \varepsilon_4$$
$$\zeta_2 = \varepsilon_2 - \varepsilon_3 - \varepsilon_4$$
$$\zeta_3 = -3\varepsilon_2 + 3\varepsilon_3 - \varepsilon_4$$

$$\zeta_{4,5} = \frac{(3\varepsilon_2 + 3\varepsilon_3 + \varepsilon_4) \pm \sqrt{(3\varepsilon_2 + 3\varepsilon_3 + \varepsilon_4)^2 + 32\varepsilon_1^2}}{2}$$

$$M = \frac{1}{\rho R_e^2}\left\{3\gamma(p_\infty - p_v) + \frac{2\sigma(3\gamma - 1)}{R_e}\right\}$$

$$\varepsilon_1 = \frac{2R_e}{\sqrt{3}L_0}, \quad \varepsilon_2 = \frac{R_e}{L_0}, \quad \varepsilon_3 = \frac{R_e}{\sqrt{2}L_0}, \quad \varepsilon_4 = \frac{R_e}{\sqrt{3}L_0}$$

f_1, f_2 は三重に縮退しており, $f_1 \sim f_3$ は中心にある気泡には無関係なモードとなる. f_4 および f_5 は頂点にある 8 個の気泡が共通の振動状態を取るモードを表しており, f_4 はすべての気泡が同位相で振動するモードを, f_5 は頂点にある 8 個の気泡と中心の気泡の位相が反転するモードである.

図 2-11 から, f_4 のみが単一気泡の固有振動数 f_0 より小さいことがわかる. また, 気泡間距離が小さくなり気泡間の相互作用が強くなるにつれ, 気泡群の固有振動数と単一気泡の固有振動数との差は次第に大きくなることがわかる. この傾向はすべての気泡が同位相で振動する f_4 に顕著に見られる. なお, 詳細は省略するが, 液体の粘性の効果を考慮すると, 同位相で振動する f_4 のモードの減衰率が最も小さくなる.

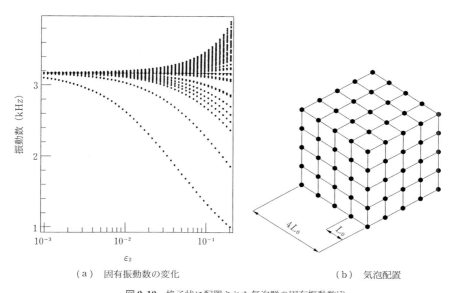

(a) 固有振動数の変化 (b) 気泡配置

図 2-12 格子状に配置された気泡群の固有振動数[17]

図 2-12（a）は図（b）に示すような一辺 $4 \times L_0$ の立方体格子状に等間隔に配置された，125 個の同じ平衡半径 R_e の気泡の固有振動数と $\varepsilon_2(= R_e/L_0)$ との関係を表している．この場合もいくつかのモードは縮退している．多くの固有振動数は単一気泡の固有振動数より高くなっているが，$\varepsilon_2 = 0.2$ の場合でもその上限は単一気泡の約 1.2 倍であるのに対し，単一気泡の固有振動数より低い固有振動数は比較的広い振動数領域に分布し，最も低い場合には単一気泡の固有振動数の 1/3 以下になっていることがわかる．最低次の固有振動数はすべての気泡が同位相で運動するときに現れる．したがって，気泡群周囲の圧力場が一様に変化するような状況では，単一気泡の場合と比べてかなり低い振動数で気泡群のシステムの共振が起こるものと考えられる．そのため，現実のキャビテーション・ノイズのスペクトル分布は，単一気泡の理論により見積られる分布に比べて低周波数側に移行する．こうした気泡群のシステムの固有振動数が単一気泡に比べて低下することは，平均化方程式を用いて解析した Omta[26] および d'Agostino ら[27]の解析にも見られる．

気泡間相互作用と気泡変形

（2.104）〜（2.106）式の運動方程式を解くことにより，気泡の 3 次元変形を容易に扱うことができる．図 2-13 に解析の一例を示す[28]．図 2-13 は立方体の中心とその 8 個の頂点に配置されたキャビテーション気泡の崩壊の様子である．初期気泡配置の対称性から立方体の中心にある気泡は並進運動を行わない．それに対して，頂点にある気泡はすべて同位相で運動し，立方体の中心方向に移動する．そして，気泡半径が小さくなるにつれて，進行方向の反対側の気泡壁に不安定が生じ，やがてジェットの発生に至ると考えられる 3 次元変形が現れる．また，相互作用を考慮することにより，気泡の崩壊時間が，単一気泡の無次元崩壊時間 0.9147 よりも延びていることがわかる．このことは，気泡間の相互作用により固有振動数が低下することと符合している．

図 2-14（a）は，図（b）に示すような 5 通りの初期気泡配置のもとでの，気泡壁上の点 Q での圧力 p_{lw} の時間変化を表している[28]．ここで，Case 1 は単一球形気泡の場合，Case 2 は 2 個の気泡の場合，Case 3 は一直線上に等間隔に分布している 3 個の気泡の場合，Case 4 は正三角形の 3 つの頂点とその中

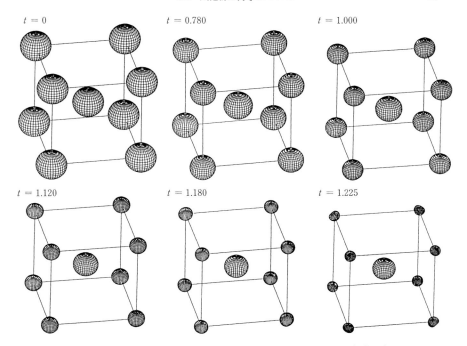

図 2-13 立方体の頂点と中心に配置された 9 個のキャビテーション気泡の崩壊[28]

心に分布している 4 個の気泡の場合，Case 5 は正方形の 4 つの頂点とその中心に分布している 5 個の気泡の場合を表している．図 2-14(a)から 2 個の気泡の場合には，気泡壁での最大圧力は単一気泡の場合とほとんど変わらないが，3 個以上の場合には，気泡の数が増えるにしたがって，気泡壁での最大圧が上昇していることがわかる．この原因は次のように説明できる．同じ初期半径の 2 個の気泡の場合には，2 個の気泡の位相は一致しているが，3 個以上の場合には，中心にある気泡は他の気泡と比べて運動周期が延びる．そのため，中心にある気泡の収縮は他の気泡が膨張に転じた後にも継続される．頂点にある気泡がリバウンドする前後では，中心にある気泡周辺に高い圧力場が誘起される．そのため，中心にある気泡の収縮は高い圧力場のために加速され，それに伴い気泡壁圧力が上昇する．このように，気泡の収縮が加速されるか否かは，気泡間の運動の位相差に大きく影響される．例えば，大きさの異なる 2 個

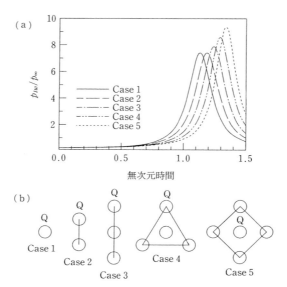

図 2-14 気泡壁圧力配置に及ぼす相互作用の効果[28]
(a) 圧力の時間変化, (b) 気泡配置

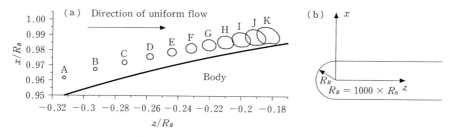

図 2-15 軸対称物体まわりの気泡の成長[24]
(a) 気泡形状の変化 (A: $t/t_0 = 0$, B: $t/t_0 = 9.83$, C: $t/t_0 = 18.78$, D: $t/t_0 = 26.66$, E: $t/t_0 = 33.33$, F: $t/t_0 = 39.24$, G: $t/t_0 = 44.70$, H: $t/t_0 = 49.61$, I: $t/t_0 = 54.34$, J: $t/t_0 = 58.65$, K: $t/t_0 = 62.49$; $t_0 = R_0/\sqrt{p_\infty/\rho}$); (b) 物体形状

の気泡が崩壊する場合には,小さな気泡の方が運動の周期が短くなるため,両者の運動に位相差が生じ一方の気泡から,単一気泡からは予測しがたい高い圧力が発生することがある[23].

図 2-15 は,(2.104)〜(2.106)式の運動方程式を流れ場が扱えるように拡張

し，半球状の先端部を持つヘッドフォーム近傍での気泡の成長問題に適用した結果である[24]．計算では，先端部の半径 R_B を初期半径 R_0 の 1000 倍とし，初期気泡中心を x-z 平面内の液体圧力 $p_{lq} = p_v$（すなわち圧力係数 $C_p = -k_d$（k_d：キャビテーション数））なる点と定めた（図 2-15 A）．なお，座標は R_B で無次元化されている．この図からわかるように，気泡は物体まわりの圧力勾配のもとで，最初進行方向に引き伸ばされた形状になりながら成長し，物体表面に近づくと壁の影響で物体側の気泡壁が平らになり（図 2-15 J），その後帽子状の形状になっている（図 2-15 K）．図 2-15 K の気泡形状は，対象とした物体形状は異なるが，Ceccio らの観測結果[29]と定性的に一致している．なお，詳細は省略するが，複数のトラベリング気泡が流れに沿って成長する場合には，個々の気泡の成長は気泡間の相互作用により抑制される．

2.2.2 キャビテーション気泡の数値解析

数値解析の歴史

近年，計算機の発達にはめざましいものがあり，かなりの自由境界値問題を数値的に扱うことが可能となった．歴史的に見ると，キャビテーション気泡か

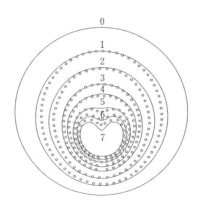

図 2-16 壁面近傍での気泡の崩壊[31]
（○：実験値，実線：文献 30) の数値解），無次元崩壊時間：0，0.725，0.825，0.961，0.991，1.016，1.028，1.036．

ら発生するマイクロジェットの形成は Plesset ら[30]による数値解析により初めて示された．彼らは差分法により，非圧縮・非粘性流体中での気泡の崩壊を解析し，マイクロジェットの速度は 100 m/s のオーダであることを示した．図 2-16 は，Plesset らの計算と Lauterborn ら[31]の実験との比較を示しており，実線は数値解を，白丸は実験値を表している．図 2-16 からわかるように，数値解は Lauterborn らの実験と定性的によく一致している．なお，Lauterborn らの実験は Q-スイッチ・ルビーレーザを集束させることにより液中に気泡を発生させ，それを高速度カメラで撮影したもので，この種の実験はその後も多くの研究者により行われている[32]~[35].

　1980 年代に入ると，計算機の発展に伴ない，新たな数値解析方法が用いられるようになった．その代表的な方法は境界要素法による方法で，ポテンシャル問題の場合，問題の空間次元が Green の公式により 1 次元減少することを利用して比較的短い計算時間で現象が捕らえられるようになった．最初に，境界要素法を用いた解析は Guerri ら[36]により行われ，良い精度で変形を捕らえられることが示された．その後，Blake らは剛体壁[37]ならびに自由境界近傍[38]の気泡の変形を解析し，自由境界の場合ジェットの向きが逆転することを示した．Chahine ら[39]は，境界要素法を用いて気泡の 3 次元変形を扱った．その後，Best[40]および Zhang ら[41]により境界要素法を用いてジェット貫通後のトロイダル状の気泡を扱う方法が提案された．また，境界要素法以外の数値解析手法として，近年 Level-Set 法[42]や Front Tracking 法[43]などが注目されている．以上，様々な数値計算手法があるが，以下では，境界要素法（BEM）を用いた解析手法について述べる．

境界要素法（BEM）

　気泡の崩壊問題においては，一般に気泡の崩壊速度が速いため，重要なのは液体の慣性力であり，液体の粘性の影響は支配的でない．そのため，ポテンシャル場は良い近似となる．ポテンシャル問題における境界要素法の利点は，Green の公式を用いて体積積分を表面積分に変換できることから，要素の分割が容易で，要素の分割数が他の数値解法に比べて少なくてすむことにある．速度ポテンシャル φ が満たす積分方程式は次式で与えられる．

$$\Theta(\vec{Q})\varphi(\vec{Q}) = \int_S \left\{ \frac{1}{|\vec{Q} - \vec{Q}'|} \frac{\partial\varphi(\vec{Q}')}{\partial n'} - \varphi(\vec{Q}') \frac{\partial}{\partial n'} \left(\frac{1}{|\vec{Q} - \vec{Q}'|} \right) \right\} dS' \tag{2.111}$$

ここで，S は気泡壁，Q および Q' は気泡壁上の点，Θ は節点（関数値を代表させる点）での立体角を表している．また，$\partial/\partial n'$ は法線微分を表しており，液体から外向きの方向を正に定めている．軸対称問題の場合には，(2.111)式は次のように変換される．

$$\frac{\Theta}{2\pi}\varphi(r,\ z) = \int_\Gamma \left\{ G_1 \frac{\partial\varphi(r',\ z')}{\partial n'} - G_2 \varphi(r',\ z') \right\} d\Gamma' \tag{2.112}$$

ここで，

$$G_1 = \frac{2r'}{\pi} \frac{K(k)}{\sqrt{d}} \tag{2.113}$$

$$G_2 = \frac{2r'}{\pi} \frac{\partial}{\partial n'} \left(\frac{K(k)}{\sqrt{d}} \right) \tag{2.114}$$

$$k = \sqrt{\frac{4rr'}{d}} \tag{2.115}$$

$$d = (r + r')^2 + (z - z')^2 \tag{2.116}$$

$$K(k) = \int_0^{\frac{\pi}{2}} \frac{d\theta}{\sqrt{1 - k^2\sin^2\theta}} \tag{2.117}$$

である．また，$K(k)$ は第一種完全楕円積分，Γ は z 軸を含む半平面における気泡壁上の境界要素の切り口である．この φ ならびに気泡形状を表す座標値を，以下の式で Lagrange 的に時間発展させることにより気泡の挙動を追うことができる．

$$\frac{d\varphi}{dt} = \frac{1}{2}|\nabla\varphi|^2 + \frac{1}{\rho}(p_\infty - p_v - p_g + 2\sigma H),\ \text{on } S \tag{2.118}$$

$$\frac{d\vec{Q}}{dt} = \nabla\varphi,\ \text{on } S \tag{2.119}$$

図 2-17，図 2-18 に壁面近傍の気泡の成長・崩壊に関する数値計算例を示す[37][38]．図 2-17 は剛体壁近傍での気泡崩壊の様子であり，図 2-18 は自由境界近傍での気泡の成長・崩壊に関する実験との比較である．図 2-17(a)は，最大気泡半後 $R_{\max}$ と初期気泡中心と壁面との距離 L_w との比 $L_w/R_{\max} = 1.5$ の

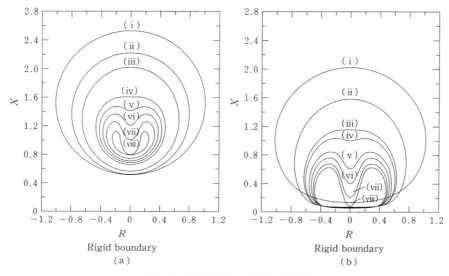

図 2-17　剛体壁近傍での気泡の崩壊[37]

(a)　$L_w/R_{max} = 1.5$ の場合，無次元時間：(ⅰ)1.034,（ⅱ)1.725,（ⅲ)1.880,（ⅳ)2.015,（ⅴ)2.039,（ⅵ)2.058,（ⅶ)2.077,（ⅷ)2.097
(b)　$L_w/R_{max} = 1.0$ の場合，無次元時間：(ⅰ)1.047,（ⅱ)1.856,（ⅲ)2.027,（ⅳ)2.053,（ⅴ)2.102,（ⅵ)2.126,（ⅶ)2.149,（ⅷ)2.164

場合，(b)は $L_w/R_{max} = 1.0$ の場合である．図 2-17 からわかるように，剛体壁近傍では気泡はその崩壊過程において，剛体壁に近づきつつ，壁面に向かってジェットを発生する．その際，壁面近くで崩壊するほど，体積が大きな間にジェットが発生し，ジェットの径も太くなる．一方，自由境界の場合には，気泡の成長とともに自由界面が上昇し，その後の崩壊過程では壁から離れる方向に移動し，壁と反対方向にジェットを発生する．このように，壁面の特性が気泡の崩壊挙動に大きな影響を及ぼす．このことを利用すると，壁面にラバーのコーティングを施し，ジェットの向きをある程度制御することが可能である[44)45]．

前述したように，近年，BEM の応用としてジェット貫通後のトロイダル気泡の解析がある．境界要素法をトロイダル気泡の力学に応用する際の問題点は，ジェット貫通後は，気泡のトポロジーが変化することにある（単連結から

2.2 気泡群の力学について

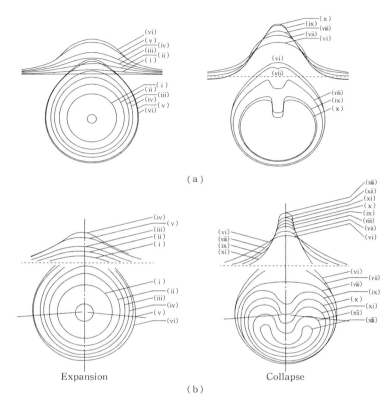

図 2-18 自由壁面近傍での気泡の成長・崩壊[38]
（a） 数値計算，（b） 実験．無次元時間，（ⅰ）0.087,（ⅱ）0.173,（ⅲ）0.260,（ⅳ）0.347,（ⅴ）0.520,（ⅵ）0.604,（ⅶ）0.867,（ⅷ）1.040,（ⅸ）1.214,（ⅹ）1.300（数値解は1.251),（ⅺ）1.387,（ⅻ）1.474,（xⅲ）1.508．

2重連結になる).Best[40]はジェット貫通後の領域を単連結にするために，図2-19のようなカットを導入し，カットの表と裏でポテンシャルの飛び（$\Delta\varphi = \varphi_+ - \varphi_-$）がジェット貫通直後の値で保存されるとしてトロイダル気泡の膨張を扱っている．このことは，物理的にはジェットの貫通前後で循環が保存されることを意味している．カットの表と裏でのポテンシャルの飛びの扱いを若干変更した手法がZhangら[41]によりなされている．図2-20にBestによるジェット貫通前後の気泡の形状と周囲の圧力分布を示す．図中の値は無次元圧力を

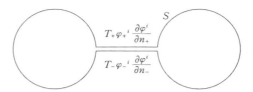

(a) ジェット貫通前

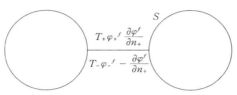

(b) ジェット貫通後

図 2-19　トロイダル気泡の概念図[40]

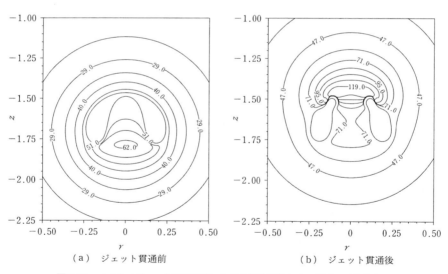

(a) ジェット貫通前　　　　　　　　(b) ジェット貫通後

図 2-20　マイクロジェット貫通前後における気泡形状とその周囲の圧力分布[40]

表している．図 2-20 からわかるように，ジェット貫通前には気泡の後方に見られた高い圧力領域が，ジェット貫通後にはその貫通部に形成される．

BEM を 3 次元気泡の問題に拡張するのは比較的に容易であり，(2.111)式を直接解けばよい．こうした解析は Chahine ら[39)]によりなされている．

BEM はポテンシャル問題には非常に強力であるが，液体の粘性や内部気体の熱伝導の効果などを扱う際には，何らかの形で体積積分を扱う必要があるため，BEM と他の数値解析手法を併用することがある．例えば，内部気体の熱伝導の効果を解析するためには，気体のエネルギ方程式を解く必要があるが，この種の解析は文献 46) を参照されたい．

2.3 気泡クラウド

流体機器内で発生するキャビテーションは単一気泡で存在することは少なく，多くの場合，気泡が集合した気泡クラウドの状態で存在する．クラウド・キャビテーションは壊食性が強く，その挙動に関して多くの研究が行われている．佐藤ら[47)]は，三角柱後流における気泡群の崩壊挙動と衝撃力発生の同時計測を行っており，崩壊時には GPa オーダの圧力に相当する大きな衝撃力が発生することを指摘している．また，祖山ら[48)]は遠心ポンプ内に生じるクラウド・キャビテーションの挙動の観察を行い，クラウド崩壊後には激しい壊食が起きることを示している．Kato ら[49)]，Reisman ら[50)]は，翼から発生するクラウド・キャビテーションの挙動について実験観察を行っており，いずれの場合もクラウド・キャビテーション崩壊時には数百 MPa から数 GPa の非常に高い衝撃圧が発生すると述べている．しかしながら，実験解析では気泡クラウド内部の現象の解明は容易ではなく，これを明らかにするために，近年，数値的な研究も行われている．Chahine ら[39)]は，漸近展開により気泡クラウドの挙動を解析し，ボイド率が非常に低い範囲において，上記解析解と 3 次元境界要素法による数値解がよく一致することを示している．さらに境界要素法による計算結果について述べ，気泡クラウド内の動的干渉の影響を論じている．Mørch[51)]は，円筒形および球形のクラウド崩壊の 1 次元数値解析を行っており，クラウドの崩壊はその内部の衝撃波伝播により引き起こされ，衝撃波の収束が高い衝撃圧発生の原因となること，さらに球形の気泡クラウドが崩壊するときに最も高い衝撃圧が発生することを示している．また，Wang ら[52)]は球形

気泡群について計算し，クラウドの崩壊過程は初期気泡半径，ボイド率および初期クラウド半径で表されるパラメータにより整理できること，クラウドの崩壊とリバウンドによりノイズが発生すること等を示している．

2.3.1 気泡を含む液体中の圧力波の挙動

気泡流中の圧力波の挙動は，気泡を分散体として含む液体に対する質量，運動量の平均化方程式と気泡の運動方程式を組み合わせて解くことにより，解析可能である．気泡流中の衝撃波伝播には，気泡の内部現象や気泡の分布状況が大きな影響を及ぼすこと[53]，また気泡運動の状態によっては液の圧縮性の影響も無視できないこと[54]などが明らかにされている．

以下に，（1）気泡流は連続体として扱う，また，気泡は圧力波の波長に比べ十分小さいとし，気体の質量，運動量は無視する，（2）気泡の合体および分裂は起こらないとする，（3）気泡流は非粘性とする，などの仮定の下に導いた平均化方程式を示しておく．ここでは，気泡をオイラー的に扱い，ボイド率などは気泡体積に数密度を乗じて表現している．もちろん文献53)54)に示すように，個々の気泡をラグランジェ的に追跡して扱うことも可能である．

気泡流における質量保存式：

$$\frac{\partial(1-\alpha)\rho_l}{\partial t} + \frac{\partial}{\partial x_i}\{(1-\alpha)\rho_l U_{li}\} = 0 \tag{2.120}$$

気泡流における運動量保存式：

$$\frac{\partial(1-\alpha)\rho_l U_{li}}{\partial t} + \frac{\partial}{\partial x_j}\{(1-\alpha)\rho_l U_{li}U_{lj}\} + \frac{\partial P}{\partial x_i} = 0 \tag{2.121}$$

ボイド率：

$$\alpha = \frac{4}{3}\pi R_b{}^3 n \tag{2.122}$$

気泡数密度保存式：

$$\frac{\partial n}{\partial t} + \frac{\partial}{\partial x_i}\{nU_{bi}\} = 0 \tag{2.123}$$

液体の状態方程式：

$$\frac{p+B}{p_\infty+B} = \left(\frac{\rho}{\rho_\infty}\right)^n, \quad \text{ここに } B = 304.9\,\text{MPa}, \quad n = 7.15 \tag{2.124}$$

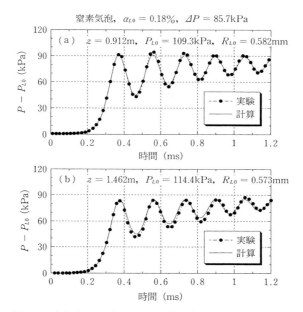

図 2-21　気泡流中の衝撃波の挙動（計算結果と実験結果の比較）

以上に加えて，気泡の体積変化および並進運動に対する支配方程式が必要である．詳細は文献 53) 54) を参照されたい．

まず，気泡が均一に分布している場合における圧力波の伝播挙動を見てみよう．図 2-21 に衝撃波管側壁で計測した圧力の時間変化の実験値と計算値を示す．実験値は同一条件の 10 回の平均値をとっているが，圧力波形には，実験毎の違いはほとんど見られず，標準偏差は 2 ％程度である．計算は軸方向 1 次元を仮定して定式化し解かれたものであるが，気泡の運動は熱的な内部現象などを厳密に考慮して解いており，実験値と良い一致を示している．すなわち，気泡の膨張・収縮運動を精度良く計算することにより，気泡流に対する平均化方程式を用いて圧力波の挙動を正確に予測できることがわかる．

2.3.2　気泡クラウドの挙動解析

クラウド・キャビテーション崩壊時には，その中心近傍では GPa オーダの高い圧力が発生することが知られており，液体の圧縮性は無視できない．さら

に，気泡クラウド崩壊時には，クラウド中心近傍ではボイド率は低下し，液単相状態に近づく．液体を非圧縮とすると，クラウド中心付近の音速は無限大に近づき，衝撃波伝播現象を正確にとらえることはできない．したがって，クラウド崩壊現象を詳細に解析するには気泡運動に加えて液体の圧縮性を考慮する必要がある．ここでは，気泡の内部現象および液体の圧縮性を考慮した球状気泡クラウドの崩壊過程に関して数値解析を行い，崩壊時のクラウド内部の圧力波の挙動について示すとともに，キャビテーション・エロージョン発生機構について考察する．気泡の運動については，内部現象を考慮した解析モデル[16]を一部改良して用い，クラウド内部の衝撃波伝播については液体の圧縮性を考慮した気泡流に対する平均化方程式を用いて計算を行うことが可能である．

　球形の気泡クラウドの運動を解くに当たって，次の方針に従って解析を進める．解析領域を，（1）クラウドの外の液単相領域，（2）クラウド内の気泡流，（3）個々の気泡，に分けてそれぞれの解を連立させることにより気泡クラウドの運動を解くことができる．すなわち，球形クラウドの外側の液の運動は，単一の気泡と同じであり，気泡の運動方程式を用いて解析可能である．球形の気泡クラウド界面の運動方程式は Keller の式[55]を適用すれば，以下のように書くことができる．

$$R_c\Big(1 - \frac{\dot{R}_c}{C}\Big)\ddot{R}_c + \frac{3}{2}\Big(1 - \frac{\dot{R}_c}{3C}\Big)\dot{R}_c{}^2$$
$$= \frac{1}{\rho_l}\Big(1 + \frac{\dot{R}_c}{C} + \frac{R_c}{C}\frac{d}{dt}\Big)\Big(p_w - p_\infty - 4\frac{\mu_l}{R_c}\dot{R}_c\Big) \tag{2.125}$$

ここに，R_c はクラウド半径，C は液体中の音速，p_w はクラウド界面での圧力，p_∞ は無限遠の圧力，μ_l は液体の粘度である．この式を解くに当たって，クラウド界面における圧力が必要となるが，それはクラウド内の気泡流における圧力波の挙動を解くことにより得られる．これらの支配方程式を定式化するに当たって次の仮定を用いている．（1）気泡クラウドは球対称を保って運動する．すなわち，1次元モデルを考える（図2-22参照）．（2）クラウド内の気泡流は連続体として扱う．また，気泡はクラウド半径に比べ十分小さいとし，気体の質量，運動量は無視する．（3）気泡の合体および分裂は起こらないとす

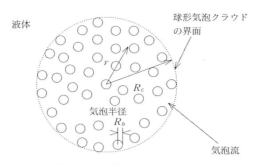

図 2-22　球形気泡クラウドの概念図

る．(4)クラウド内の気泡流は非粘性とする．(5)クラウド内の液体の温度は一定であるとする．(6)気液間のスリップはないとする．詳しい支配方程式等については文献[56]を参考されたい．

次に，気泡流中の個々の気泡の運動を考えよう．すでに述べたように，気泡運動は気泡内部の熱的な現象により大きな影響を受ける．ここでは，気泡内部の圧力を計算するに当たって，内部現象を考慮したモデル[16]を一部改良して用いている．そのモデルを構築するために以下の仮定が用いられている．(1)気泡は球対称を保って運動する．(2)気泡内の圧力，温度は気泡壁のごく近傍を除いて一様であるとする．(3)気泡内蒸気および不凝縮ガスは van der Waals 気体とする．(4)気泡界面の温度は液体の温度に等しいとする．(5)気泡界面での不凝縮ガスの移動は無視する．すなわち，気泡内の不凝縮ガスの質量は一定とする．(6)気泡内に生ずる液滴の合体，分裂は起こらない．また，気泡壁における温度勾配は，気泡内に一様な熱源がある場合の界面での温度勾配の定常解により評価して計算を行っている．個々の気泡の運動方程式には Fujikawa & Akamatsu の式[57]が用いられている．

なお，本計算においてはクラウド周囲圧力を $50\,\text{kPa} \to 10\,\text{kPa}$ とステップ状に低下させ，クラウド半径が最大となったときに $10\,\text{kPa} \to 50\,\text{kPa}$ とステップ状に上昇させた．周囲圧力を上述のように変化させても，クラウド中心付近では膨張波の収束により圧力は蒸気圧程度（約 $2\,\text{kPa}$）まで低下する．

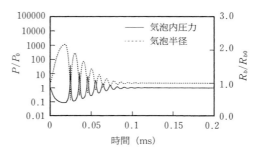

図 2-23 気泡半径および気泡内圧力の時間変化
(気泡の周囲圧力が 50 kPa → 10 kPa → 50 kPa と変化した場合の挙動,初期気泡半径 20 μm)

単一気泡の挙動

まず,クラウド内の気泡の挙動と比較するために,無限液体中の単一気泡挙動の計算結果を示す.初期半径 20 μm の気泡の周囲圧力を 50 kPa → 10 kPa → 50 kPa とステップ状に変化させた場合の気泡内圧力と気泡半径の時間変化を図 2-23 に示す.図の左側縦軸は初期値で無次元化した圧力の対数表示,右側縦軸は初期値で無次元化した気泡半径を表し,横軸は時刻を表している.また実線が気泡内圧力,破線が気泡半径を示す.気泡周囲圧力を 50 kPa → 10 kPa へとステップ状に減少させると,気泡は成長し気泡半径は初期値の約 2.2 倍になる.そして,気泡半径が最大となったときに周囲圧力を 10 kPa → 50 kPa へとステップ状に上昇させると,気泡は収縮し約 0.025 ms 付近でリバウンドする.そのときの気泡内圧力は約 2 MPa,気泡半径は約 10 μm である.その後,気泡運動はリバウンドを繰り返しながら急速に減衰し,0.1 ms 以降はほぼ初期値となる.

気泡クラウドの挙動

次に,無限液体中に平衡状態で存在する初期半径 5 mm,クラウド内の初期ボイド率 0.1 %,初期気泡半径 20 μm の気泡クラウドの周囲圧力を 50 kPa → 10 kPa → 50 kPa とステップ状に変化させたときのクラウドの挙動を見てみよう.図 2-24 にクラウド半径の時間変化を示す.図の縦軸は初期値で無次元化したクラウド半径,横軸は時刻を表す.周囲圧力を 50 kPa → 10 kPa へと

2.3 気泡クラウド

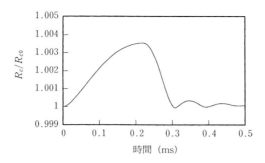

図 2-24 気泡クラウド半径の時間変化
(気泡クラウドの周囲圧力が 50 kPa → 10 kPa → 50 kPa と変化した場合の挙動,初期ボイド率 0.1%,初期気泡半径 20μm,初期クラウド半径 5mm)

ステップ状に減少させると気泡クラウドは 0.22 ms 付近で最大となるが,単一気泡の場合(図 2-23 参照)と比較するとその変化は非常に小さいこと,また動きは緩慢になっていることがわかる.次に,クラウド半径が最大となったときに周囲圧力を 10 kPa → 50 kPa へとステップ状に上昇させるとクラウドは収縮し 0.31 ms 付近でリバウンドする.その後,クラウドはリバウンドを繰り返すが,その周期は単一気泡の場合の約 10 倍である.

クラウド内の液の圧力分布の時間変化を図 2-25 に示す.クラウド周囲圧力を上昇させると圧力波は衝撃波を形成しつつクラウド界面から中心に向かって伝播する.圧力比が高い場合には気泡流中を伝播する衝撃波前方に衝撃波よりも速い速度で伝播する振幅の小さな圧力波であるプリカーサが発生するのが実験的にも観察されている[58].今回の計算においても同様に衝撃波前方にプリカーサが観察されると共に,後方にも液の音速で伝播する圧力波が観察される.これは衝撃波背後で崩壊・リバウンドした気泡から放射される高周波の波が気泡流中を液の音速で伝播しているものである.気泡流中の圧力波の位相速度は周波数依存性を持ち,圧力波の周波数が気泡の固有振動数に比べて低い場合は,液の音速に比べてはるかに低い速度で波は伝播するが,圧力波の周波数が気泡の固有振動数に比べて十分高いい場合には,その波の伝播速度は液相のそれとなる[59].ここでは,そのような理由により,衝撃波前後に液の音速で伝播

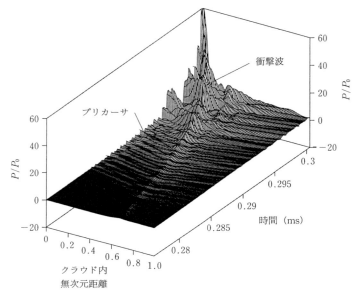

図 2-25 気泡クラウド内の液の圧力分布の時間変化
（周囲圧力が 50 kPa → 10 kPa → 50 kPa と変化した場合の挙動，
初期ボイド率 0.1％，初期気泡半径 20 μm，初期クラウド半径 5mm）

する圧力波が観察されることになる．一方，クラウド中心では，衝撃波とプリカーサが干渉して大きな圧力変動が生じている．また時刻 0.301 ms に高い圧力ピークが発生しているが，これは衝撃波がクラウド中心に収束したためである．

次に，クラウド中心における液の圧力，気泡内圧力，気泡半径の時間変化を図 2-26 に示す．横軸は時刻，左側縦軸は無次元圧力，右側縦軸は無次元気泡半径である．また実線は液体圧力，細線は気泡内圧力，破線は気泡半径を示す．0.3 ms 付近で 1 GPa 以上の非常に高い圧力ピークが発生しており，単一気泡崩壊の場合の約 500 倍以上になっている．また，このときの気泡半径は初期値の約 1/10（2 μm）となっている．

クラウド中心近傍における圧力変動

気泡クラウド内の各位置における気泡内圧力の最大値の分布を図 2-27 に示

2.3 気泡クラウド

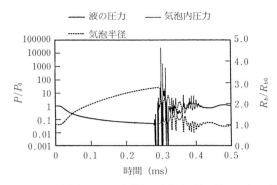

図 2-26 クラウド中心における気泡径，気泡内圧力，液の圧力の時間変化
（周囲圧力が 50 kPa → 10 kPa → 50 kPa と変化した場合の挙動，
初期ボイド率 0.1％，初期気泡半径 20μm，初期クラウド半径 5mm）

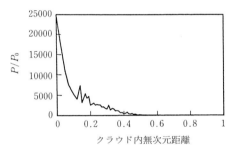

図 2-27 気泡クラウド内の気泡の最大圧力分布
（周囲圧力が 50 kPa → 10 kPa → 50 kPa と変化した場合の挙動，
初期ボイド率 0.1％，初期気泡半径 20μm，初期クラウド半径 5mm）

す．横軸はクラウド中心からの無次元距離，縦軸は無次元圧力である．中心からクラウド半径の約10％の距離以内では気泡内圧力の最大値が300 MPa以上になっている．これよりクラウド崩壊時において高い衝撃圧が発生するのは，中心の1点ではなく，中心近傍のある領域であることがわかる．すなわち，クラウドの中心近傍で多くの気泡が高い崩壊圧を放射することがわかる．また，最大圧力分布はほぼなめらかに変化している．

次に図 2-28 に，崩壊時におけるクラウド中心の液の圧力と気泡半径の時間変化を示す．上述したようにクラウド崩壊前にはプリカーサと衝撃波の干渉に

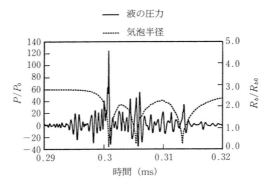

図 2-28 クラウド崩壊時における気泡クラウド内の液の圧力および気泡半径の時間変化
(初期ボイド率 0.1%，初期気泡半径 20μm，初期クラウド半径 5mm)

より大きな圧力変動が発生しているのが見られる．また，クラウド崩壊時には衝撃波の収束により圧力ピークが発生し，その最大値は約 6 MPa になっている．その直後に液の圧力は急激に減少し，液に張力が働いている状態である約 −1.7 MPa まで低下する．これは次のように説明される．すなわち，クラウド中心において，液の圧力が最大値に達した後，気泡はリバウンドを開始する．そのとき，気泡の成長速度は徐々に遅くなるが，液体は慣性により外側へ動くので気泡運動は追従できず，液体に負圧が生じるものと考えられる．クラウド崩壊以前にも中心部で負圧が観察されるが，これは同様の現象がクラウド中心近傍でも発生し，圧力ピークの干渉により負圧が生じているものと考えられる．クラウド崩壊後においても崩壊前と同様な圧力変動が見られるが，これは，前述のプリカーサと衝撃波の干渉が崩壊後も続いているためである．

2.3.3 気泡クラウドとキャビテーション・エロージョン

キャビテーション・エロージョンの詳細は 7 章に述べられているが，ここでは，気泡クラウドの挙動がキャビテーション・エロージョンの要因と成り得ることを示そう．表 2-1 に気泡半径，ボイド率，クラウド半径等の初期条件を変えた場合の計算結果における気泡内圧力の最大値，液体圧力の最大，最小値を示す．なお，これらの計算ではクラウド周囲圧力を 50 kPa → 10 kPa → 50 kPa とステップ状に変化させた場合のものである．表 2-1 より，いずれの場

2.3 気泡クラウド

表 2-1 最大気泡内圧力およびクラウド内の液の圧力の最大・最小値

R_{b0} (μm)	a_0 (%)	R_{c0} (mm)	R_{bmax} (MPa)	P_{max} (MPa)	P_{min} (MPa)
20	0.1	5	1240.2	6.22	-1.74
30	0.1	5	1298.8	5.26	-1.68
40	0.1	5	1406.6	4.14	-0.70
20	0.05	5	1949.4	6.58	-1.78
20	0.5	5	2075.6	12.43	-4.01
20	0.1	2.5	1115.8	5.32	-1.48

合も気泡クラウドの崩壊時には気泡内に GPa オーダの高い衝撃圧が発生し，さらに液体の圧力変動も大きいことがわかる．

クラウド崩壊によるエロージョン発生のプロセスを考察してみよう．

（1） 周囲圧力の上昇によりクラウドが崩壊する．

（2） クラウド崩壊時において，界面から伝播する衝撃波の収束によりクラウド中心近傍のある領域では，気泡は数百 MPa～1 GPa の高い崩壊圧を発生する．

（3） クラウド崩壊時において気泡が材料表面に近接している場合，非常に高い衝撃圧が微小領域に作用するので，あたかも針で材料表面を突くような状態となる．

（4） クラウド崩壊後，中心付近の圧力は正圧から負圧に至る速い周期的変動を繰り返す．このため，材料表面には高い衝撃圧に加えて，高周波の圧力変動が作用することとなり，組織が疲労破壊を起こし，破壊された組織は液中へと引っ張られ，表面から剥がされることになる．

特に，半球形状の気泡クラウドが固体（材料）表面に存在しているとすれば，球状クラウドの中心で起きている現象が材料表面で起きることとなり，以上のようなプロセスにより，クラウド・キャビテーションにおいては，極めて激しいキャビテーション・エロージョンが発生する可能性があるものと考えられる．

参考文献

1) Besant, W. H. : Hydrostatics and Hydrodynamics, art. 158, Cambridge University Press (London) (1859)
2) Rayleigh, Lord: Phil. Mag., Vol. 34 (1917) 94
3) Grönig, H. : Proc. Int. Workshop on Shock Wave Focussing, Vol. 1 (1989)
4) Schuster, H. : Deterministic Chaos, Physik-Verlag (1984)
5) サスリック，K. S. (野村浩康訳)：サイエンス（4月号）(1989) 88
6) Hsieh, D. Y. : Trans. ASME, J. Basic Eng., Vol. 87 (1965) 991
7) Plesset, M. S. : J. Appl. Mech., Vol. 16 (1949) 277
8) Dugué, C., Fruman, D. H., Billard, J-Y. and Cerrutti, P. : Trans. ASME, J. Fluids Eng., Vol. 114 (1992) 250
9) Prosperetti, A. and Lezzi, A. : J. Fluid Mech., Vol. 168 (1986) 457
10) Keller, J. B. and Kolodner, I. I. : J. Appl. Phys., Vol. 27 (1956) 1152
11) Herring, C. : OSRD Rep., No. 236 (1941)
12) 島　章，辻野智二：東北大学高速力学研究所報告，34巻（1974）107
13) 松本洋一郎，竹村文男："気泡運動に対する内部現象の影響（第1報）"，日本機械学会論文集(B)，Vol. 58，No. 547（1992）645-652
14) 竹村文男，松本洋一郎："気泡運動に対する内部現象の影響（第2報）"，日本機械学会論文集(B)，Vol. 58，No. 551（1992）2060-2067
15) 松本洋一郎，渡部正夫："完全N-S方程式による気泡運動の数値解析"，日本機械学会論文集(B)，Vol. 55，No. 519（1989）3282-3287
16) 松本洋一郎："気泡運動における不凝縮ガスの影響"，日本機械学会論文集(B)，Vol. 52，No. 475（1986）1168-1174
17) 高比良裕之，赤松映明，藤川重雄：日本機械学会論文集(B)，Vol. 58，No. 548（1992）1267
18) Shima, A. : ASME J. Basic Eng., Vol. 93 (1971) 426
19) Plesset, M. S. : J. Appl. Phys., Vol. 25 (1954) 96
20) Hermans, W. A. : Ph. D Thesis (Technical University of Eindhoven), (1973)
21) 高比良裕之，赤松映明，藤川重雄：日本機械学会論文集(B)，Vol. 57，No. 534（1991）447
22) 高比良裕之，山根総一郎，赤松映明：日本機械学会論文集(B)，Vol. 59，No. 561（1993）1451
23) Fujikawa, S. and Takahira, H. : Acustica, Vol. 61, No. 3 (1986) 188
24) 高比良裕之：日本機械学会論文集(B)，Vol. 62，No. 594（1996）411

参考文献 73

25) 高比良裕之：日本機械学会論文集（B），Vol. 61，No. 592 （1995）4241

26) Omta, R. : J. Acoust. Soc. Am., Vol. 82 (1987) 1018

27) d'Agostino, L. and Brennen, C. E. : J. Fluid Mech., Vol. 199 (1989) 155

28) 高比良裕之，赤松映明，藤川重雄：日本機械学会論文集（B），Vol. 58，No. 548 （1992）1275

29) Ceccio, S. L. and Brennen C. E. : J. Fluid Mech., Vol. 233 (1991) 633

30) Plesset, M. S. and Chapman, R. B. : J. Fluid Mech., Vol. 47 (1971) 283

31) Lauterborn, W. and Bolle, H. : J. Fluid Mech., Vol. 72 (1975) 391

32) Lauterborn, W. : Cavitation and Inhomogeneities in Underwarer Acoustics (1980) 3, Springer-Verlag

33) Tomita, Y. and Shima, A. : J. Fluid Mech., Vol. 169 (1986) 535

34) Tomita, Y. and Shima, A. : Acustica, Vol. 71 (1990) 161

35) Testud-Giovanneschi, P., et al. : J. Appl. Phys., Vol. 67 (1990) 3560

36) Guerri, L., et al. : Proc. 2nd Int. Colloq. on Drops and Bubbles (1982) 175

37) Blake J.R., et al. : J. Fluid Mech., Vol. 170 (1986) 479

38) Blake J.R., et al. : J. Fluid Mech., Vol. 181 (1987) 197

39) Chahine, G. L. and Duraiswami, R. : ASME J. Fluid Eng., Vol. 114 (1992) 680

40) Best, J. P. : J. Fluid Mech., Vol. 251 (1993) 79

41) Zhang, S., et al. : J. Fluid Mech., Vol. 257 (1993) 147

42) Sussman, M. and Smereka, P. : J. Fluid Mech., Vol. 341 (1997) 269

43) Juric, D. and Tryggvason, G. : Int. J. Multiphase Flow, Vol. 24 (1998) 387

44) Shima, A. et al. : J. Fluid Mech., Vol. 203 (1989) 199

45) Duncan, J. H. and Zhang S. : J. Fluid Mech., Vol. 226 (1991) 401

46) 高比良裕之，宮本博司，赤松映明：日本機械学会論文集（B），Vol. 61，No. 592 （1995）4249

47) 佐藤恵一，杉本康弘："キャビテーション壊食に関する渦キャビティ圧壊挙動の観察"，日本機械学会論文集（B），Vol. 63，No. 616 （1997）3815-3821

48) Soyama, H., Kato, H. and Oba, R. : "Cavitation Observation of Severely Erosive Vortex Cavitation Arising in a Centrifugal Pump", Cavitation, Proc. I. Mech. E. (1992) 103-110

49) Kato, H., Konno, A., Maeda, M., and Yamaguchi, H. : "Possibility of Quantitative Prediction of Cavitation Erosion Without Model Test", Trans. ASME J. Fluids Eng., Vol. 118 (1996) 582-588

50) Reisman, G. E. and Brennen, C. E. : "Pressure pulses generated by cloud cavitation", ASME FED-Vol. 236 (1996) 319-328

51) Mørch, K. A. : "Cavity Cluster Dynamics and Cavitation Erosion", Cavitation

Polyphase Flow Forum 1981 (1981) 1-10

52) Wang, Y. C. and Brennen, C. E. : "The noise generated by the collapse of a cloud of cavitation bubbles", FED-Vol. 226, Cavitation and Gas-Liquid Flow in Fluid Machinery Devices (1995) 17-29

53) Kameda, M. and Matsumoto, Y. : "Shock waves in a liquid containing small gas bubbles", Phys. Fluids, Vol. 8, No. 2 (1996) 322-335

54) 亀田，島浦，松本，東野："気泡流中の圧力波の伝ぱ（第4報）"，日本機械学会論文集（B），Vol. 63, No. 611 （1997）2289-2295

55) Keller, J. B. and Kolodner, I. I, : "Damping of underwater explosion bubble oscillation", J. Appl. Phys., Vol. 27 (1956) 1152-1161

56) 島田，松本，小林："クラウドキャビテーションの動力学とキャビテーションエロージョン"，日本機械学会論文集（B），Vol. 65, No. 634 (1999) 1934-1941

57) Fujikawa, S. and Akamatsu, T. : "Effects of non-equilibrium condensation of vapour on the pressure wave produced by the collapse of a bubble in a liquid", J. Fluid Mech., Vol. 97, No. 3 (1980) 481

58) V. K. Kedrinskii : "Propagation of disturbances in liquid with gas bubbles", Journal of Applied Mechanics and Technical Physics, N4 (1968)

59) Commander, K. W. and Prosperetti, A. : "Linear pressure waves in bubbly liquids; Comparison between theory and experiments", J. Acoust. Soc. Am., Vol. 85 (1989) 743-746

3章　キャビテーションの発生

3.1　キャビテーション発生の条件

すでに述べたようにキャビテーションの発生とは，何もない液中に気泡ができることではなく，すでに存在する目に見えないほどの気泡核（微小な空気泡）が成長して，目に見えるほどの大きさになることをいうのである．このとき，次の3つの条件が重要である．すなわち

　（1）　気泡核が存在すること．
　（2）　圧力が蒸気圧より低いこと．
　（3）　成長できる時間が十分とれること．

である．

水中の微小な気泡核，あるいは物体表面の微小な欠陥の中の気泡が蒸気圧より低い圧力にさらされると気泡は成長し，十分長い時間*の後には目に見える大きさとなり，流体機器の特性に影響を与えるようになる．これがキャビテー

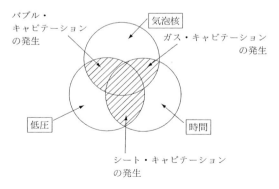

図 3-1　流れの条件と発生するキャビテーションの種類

---

*　実際は ms のオーダの時間である．

ションの発生である．このように物理的現象は 1 つであるが，上に述べた 3 つの条件の大小が実際に発生するキャビテーションの様相（パターン）を変えることになる．

図 3-1 は先に述べた 3 つの条件と発生するキャビテーションの種類を示した図である．十分低圧で十分気泡核が多いとバブル・キャビテーション（トラベリング・キャビテーションとも呼ぶ）が発生する．剥離域がありそのため時間が十分とれ，さらに低圧であると気泡核の数が少なくてもシート・キャビテーション（フィックスト・キャビテーションとも呼ぶ）が発生する．

気泡核中に液体に溶けたガス（空気のことが多い）が拡散する場合には，蒸気圧より高い圧力でも気泡が成長する．これは見かけ上，蒸気キャビテーショ

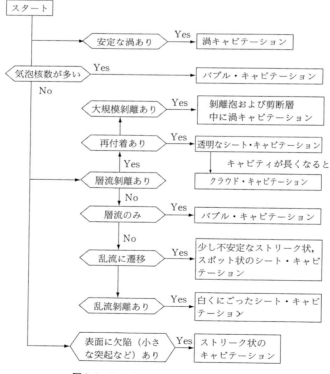

図 3-2　キャビテーションの発生条件と種類

ン（Vaporos cavitation）と区別は難しく，しばしばガス・キャビテーション
（Gaseous cavitation）と呼ばれる．ガス・キャビテーション気泡中の気体は
水蒸気でなく，不凝縮ガスであるから，高圧域に入っても激しく崩壊すること
はなく，その特性は通常の蒸気キャビテーションと大きく異なる．

キャビテーションの種類

図 3-2 は，条件によってどのような種類のキャビテーションが発生するのか
をフローチャートで示したものである．翼や物体が流れの中にあるとき，翼端
渦などの安定な渦があると，渦の中心が低圧のため渦キャビテーション（ボル
テックス・キャビテーション）が発生しやすい．流れに平行な軸を持った渦は
安定なため，このような種類の渦キャビテーションは他の種類のキャビテーシ
ョンより安定に存在することが多い．

物体表面にキャビテーションが発生する場合は，そこの流れの特性と流れの
中の気泡核の量が発生するキャビテーションの種類を決める．流れの中に気泡
核が多いと物体の表面の低圧部で気泡核が成長し，バブル・キャビテーション
が発生する．流れが物体表面で剥離してシート・キャビテーションが発生して
いるとき，多量の気泡核を流す（例えば水の電気分解で水素気泡を発生させ
る）とバブル・キャビテーションが発生し，さらにバブルの撹乱により剥離域
が消滅してシート・キャビテーションは消滅してしまうことがある[1]．

流れが剥離していると，剥離域（しばしば剥離泡と呼ばれるが，気相になっ
ているわけではない）は低圧でかつ流速も遅いのでキャビテーション発生に好
適な場所となる．気泡核が剥離域に飛び込み，圧力が蒸気圧より低いと気泡は
成長して剥離域をキャビティが満たすようになる．

剥離の種類が層流剥離で再付着していると安定な剥離域が形成され，透明な
シート・キャビテーションが発生する．

剥離が大規模で再付着しない場合は，剥離により生じた剪断層内に不規則な
渦列が発生し，その中心にキャビテーションが発生する．これも渦キャビテー
ションの一種といえるが，翼端渦のように安定したものでないので，その挙動
は翼端渦中のキャビテーションと大きく異なり，時間的にも空間的にも非定常
なものとなる．

一方，境界層が剝離せず乱流遷移する場合も，遷移点後方からストリーク状（下流でやや広がった紐状のもの）あるいはスポット状（なめらかで薄い気膜状のもの）のキャビテーションが発生する．遷移は剝離のように安定なものではないので，発生するキャビテーションもやや不安定である．乱流剝離点の下流で発生するシート・キャビテーションは小さなキャビテーション気泡が集まったものであることが多く，白くにごって見える．

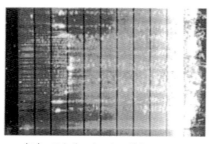

（a）ストリーク・キャビテーション　　　　（b）スポット・キャビテーション
図3-3　ストリーク・キャビテーションとスポット・キャビテーション

翼に発生するキャビテーションの様子については，5章5.1節に詳しく述べられている．プロペラについては8章に述べられている．

物体の表面に小さな突起や凹みなどがある場合には，そこがキャビテーションの発生点になることが多い．発生するキャビテーションはストリーク状のものである．

静的な発生条件

2章で述べたように，半径 R の気泡が成長するためには，

$$p_v - p - \frac{2T}{R} + p_g - \frac{4\mu\dot{R}}{R} > 0 \tag{3.1}$$

でなくてはならない．ここで，p_v：蒸気圧，p：気泡周囲の圧力，T：表面張力，p_g：ガス圧力，μ：粘性係数，$\dot{R}$：気泡壁速度である．

p_g が小さくまた気泡径がそれほど小さくないとすると(3.1)式は，

$$p_v - p > 0$$

としてよく，したがって流れの中では，

$$\sigma < - C_p, \quad \sigma = \frac{p_\infty - p_v}{(1/2)\rho U_\infty{}^2}, \ C_p = \frac{p - p_\infty}{(1/2)\rho U_\infty{}^2} \tag{3.2}$$

が気泡成長の条件となる.

そこで物体のまわりの圧力を考え，その最低点と σ を比較して，

$$\sigma_i < - C_{p\min} \tag{3.3}$$

が，静的に考えたキャビテーション発生の条件になる*. もちろん，これは発生の機構を全く考えない近似的なものであるが，安全側の条件であるため流体機械の設計や運転の条件を考える際にはよく用いられる. σ_i を初生キャビテーション数（Incipient cavitation number）と呼ぶ.

キャビテーション・ヒステリシス

一般にキャビテーションが発生するキャビテーション数 σ_i と，一度発生したキャビテーションが消えるキャビテーション数 σ_d とは一致せず，

$$\sigma_i < \sigma_d \tag{3.4}$$

となる．すなわち，キャビテーションは一度発生すると消えにくい．これは発生時には気泡核の存在が重要なのに対して，一度発生してしまえば，すでにある気泡自身が核の役割を果たし，次のキャビティが発生しやすくなるためである.

(3.4)式の現象をキャビテーション・ヒステリシス（Cavitation hysteresis）と呼んでいる.

実験の際，σ_i の値は大きく変動するのに対し，σ_d の実験値は比較的安定しており，再現性も良いので，σ_d を指標にとることも多い．σ_d を消滅キャビテーション数（Desinent cavitation number）と呼ぶ.

3.2 キャビテーション発生の検知

キャビテーションが発生したかどうかを検知するには，

（1） 肉眼による方法

（2） 音響的方法

---

* 液中のガスが過飽和であると，蒸気圧より高い圧力の状態でもガス・キャビテーションが発生することがある.

（3） 光学的方法

のいずれかを用いることが多い．

肉眼による方法

最も一般的に使われ，普通ストロボ光を使って見る．どのような状態になったとき発生したとするかの判断には個人差があり，主観的な要素が入って来る．そのため，他の方法と併用することが望ましい．

音響的方法

気泡が発生し崩壊するとき，音が発生するのをとらえるものである．音圧の変化そのものを検知する方法と，1個1個の気泡の発生する音をカウントする方法とがある．後者の方が検知が容易である．図3-4[2]は物体内部にマイクロフォンを取りつけて，音をカウントしたもので，σの小さな変化に対しカウント数は大きく変わっている．また音圧信号を取り込むトリッガレベルを変えると，同じ条件でもカウント数が大幅に変化する．

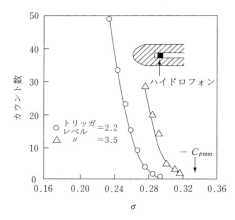

図3-4　音響的方法による発生検知[2]

主流中やタンネルの外に取り付けた水槽の中にハイドロフォンを設置する方法がよく用いられる（6章6.4節参照）．

光学的方法

気泡が発生すると思われる所に焦点を結ぶように光学系をセットし，通過した光量を検知するようにしておく．気泡が発生すれば光が散乱され光量が変化

する．

　また，発生するキャビテーションをビデオや写真に撮り，画像処理して発生を判定することも試みられている．

　上に述べたいずれの検知方法をとった場合でも，キャビテーション発生の基準は研究者によってまちまちであり，まだ統一されたものはない．そのため，論文などではどのような発生の基準を採用したかを明示することが望まれる．

3.3　気泡核の計測

　これまで述べたように，水中の直径 $10 \sim 100 \, \mu\mathrm{m}$ 程度の微小な空気泡（気泡核）はキャビテーションの発生に重大な影響を及ぼすので，気泡核の大きさと数についていろいろな計測法が試みられている．

ホログラフ[3)-6)]

　液体中の気泡核の 3 次元的な像をホログラフを利用して撮影し，再生像をテレビカメラ等で写し測定する．気泡核の大きさや数の分布ばかりでなく空間的な位置も計測できるすぐれた方法であるが，再生像の読み取りに時間がかかる．コンピュータによる画像処理によって自動化することも試みられているが，小さな気泡核だとスペックルノイズ*との識別がむずかしい．

光散乱法

　レーザ光のような強い光を液体の小部分に集中させ，気泡核により散乱された光を検出することによって，その大きさと個数を測定する[7)]．散乱光の強度を測定する方法では，光の強度がレーザビームの中でガウス分布的に変化しているため，同じ大きさの気泡核でもレーザビーム中の位置によって散乱光強度が異なり，計測の誤差となる．この欠点を補なう方法として，散乱された光の位相の変化を測って気泡核の大きさを求める方法が考案されている[8)]．この方法による気泡核の計測精度は $10 \sim 1800 \, \mu\mathrm{m}$ の気泡核で 5%以内という報告がある[9)]．

音響的方法

　音の減衰によって測る方法は古くから試みられていたが，測定法として確立

---

* レーザ光や光学系の誤差やばらつきにより，ランダムな光の濃淡として現れるノイズ．

されていなかった．最近の音響信号の発生・計測法の進歩により，周波数特性の定まった音響信号を ms のオーダのきわめて短い時間だけ放射し，周囲の壁からの反響が来る前に計測する方法が開発された[10]．このような方法では，その場の気泡核群を瞬間的に全体として補らえることができ，十分な精度が得られれば大変便利な計測法となろう．

コールタ・カウンタ（Coulter counter）による方法

これは次のような装置である．二重のガラス容器のそれぞれに電極を置く．2 つのガラス容器は直径 0.1 mm 程度の穴を通じてつながっている．これに試料水を入れ，この穴を通じてゆっくり試料水を循環させる（例えば 5 cm³/min）．2 つの電極は電気的にこの穴だけを通じてつながっているので，試料水に含まれた気泡核がこの穴を通過するときは電極間の電気抵抗が増加し，これを電気信号として取り出すことができる．欠点としては，絶縁性の固体粒子と気泡核との区別ができないことである．

ベンチュリ（Venturi）管による方法

この方法は 1938 年に沼知教授によって考案され，最近では高川[11]によって試みられている．その後 Oldenziel[12]がキャビテーション感度計（Cavitation susceptibility meter）として提案している．

ベンチュリ管の中に試料水を流し，のど部で試料水中の気泡核からバブル・キャビテーションを発生させ，これを光学的あるいは音響的に検出することにより気泡核分布を求める方法である．図 3-5 に示すように，（a）ベンチュリ管をそのまま使用するもの，（b）流れの中心に軸対称体を置いてベンチュリ壁と軸対称体の間のすきまでキャビテーションが発生するようにしたもの（中心体付きベンチュリ管），（c）ベンチュリ管の入口部で流れに旋回を与え，管の中心部の低圧部にキャビテーションが発生するようにしたもの（渦発生装置付きベンチュリ管）などがある[13]．

この方法は実際にキャビテーションを起こさせて，気泡核数を測るということで，直接的な方法であるが，いくつかの問題点も指摘されている．すなわち，壁面に付着した核から発泡する可能性，ある径より大きい気泡核はすべて発泡しカウントされるという積分的な特性，小さな気泡核まで測ろうとして圧

3.3 気泡核の計測　　　　　　　　　　83

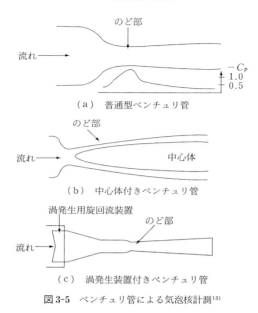

図 3-5　ベンチュリ管による気泡核計測[13]

力を下げると気泡数が指数関数的に増加するという点などがある．

ITTC による比較実験

　国際試験水槽会議（ITTC）は上述の気泡核計測法のいくつかについて，同一の試料水を用いて比較実験を行っている[14]．実験は，溶存空気量と気泡核数を独立に変化させることができるフランスの大型キャビテーション・タンネル（Grand Tunnel Hydrodynamique, GTH）で行われ，気泡核分布の異なる 4種類の水で実験している．

　気泡核数が一番多い水での比較計測の結果を図 3-6 に示す．中心体付きベンチュリ管（図中 CSM），位相型レーザ光法（図中 PDA），ホログラフ法（図中 Holography）の 3 種の計測法のうち気泡核径の大きな領域で PDA が最も高い値を示し，CSM が最も低い値を示している．この傾向は他の場合も同様であるが，位相型レーザ光法（PDA）では固体粒子もカウントしている可能性がある．

気泡核分布の実測例

　キャビテーション・タンネルや海中で気泡核分布がどのようになっているか

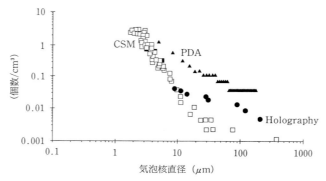

図 3-6　気泡核数の比較計測結果[14]

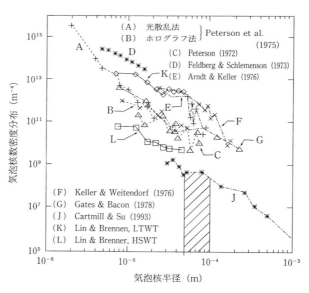

図 3-7　気泡核分布の計測例[15]

の例を図 3-7 に示す[15]．図の横軸は気泡核半径，縦軸は気泡核の数密度分布である．この図の見方を説明しよう．例えば J の測定において気泡半径が 5×10^{-5}m と 10^{-4}m の間の気泡の数は図中の斜線の部分の面積で与えられる．斜線の部分の縦軸の値（の平均）が $2 \times 10^8 (\mathrm{m}^{-4})$ だったとすると，気泡の数は $2 \times 10^8 \times (10^{-4} - 5 \times 10^{-5})(\mathrm{m}^{-3}) = 10^4 (\mathrm{m}^{-3})$，すなわち $1\,\mathrm{m}^3$ に 10^4 個であ

る．図3-7のデータのうち A〜G はタンネルでの計測，J は海洋での計測である．K と L はカリフォルニア工科大学（CIT）の LTWT（低速タンネル）と HSWT（高速タンネル）での計測結果で，HSWT には気泡除去装置が付いているため，付いていない LTWT に比べ気泡核数が3桁程度も少ない．

3.4 気泡核の影響

気泡核がキャビテーションの発生に与える影響については，すでに図3-2に示している．気泡核数が多いとバブル・キャビテーションが優先的に発生する．

ITTC ではプロペラ・キャビテーションの発生に対する気泡核の影響について実験している[16]．まず，気泡核の分布を図3-8(a)に示すように大きく4種類変えて，そのような状態で3種の異なったプロペラのキャビテーション実験を行っている．

3種のプロペラの設計を適切に行って
（a） 翼面上にまずバブル・キャビテーションが発生するプロペラ
（b） 翼面上にまずシート・キャビテーションが発生するプロペラ
（c） 翼端渦中にまずボルテックス・キャビテーションが発生するプロペラ
を製作し，それぞれのタイプのキャビテーションの発生を実験した．

気泡核分布は中心体付きベンチュリ管で，ベンチュリ内の圧力を変えて発泡する気泡核数を計測している．この場合，ベンチュリ内の最低圧力は負の圧力（引張圧力）になっており，図3-8(a)ではそれを横軸にとっている．T1の場合は大きな気泡核が多く引張圧力は小さくてよく，一方，T4の場合は気泡核数は少なく，かつ直径が小さいので，キャビテーション発生に大きな引張圧力を要する．Keller は必要な引張圧力が小さい水を「弱い水」（weak water），必要な引張圧力が大きい水を「強い水」（strong water）と呼んでいる．

図3-8(b)は実験の結果で，横軸は前述の引張圧力の異なる4種の水をとり，縦軸は一番引張圧力の大きい水（T4）での初生キャビテーション数に対する比をとっている．図からわかるように，引張圧力の変化，すなわち気泡核

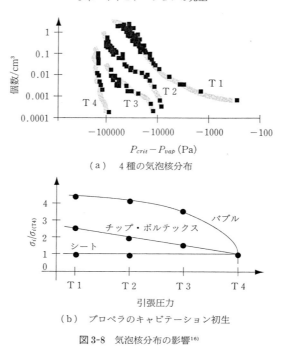

(a) 4種の気泡核分布

(b) プロペラのキャビテーション初生

図 3-8 気泡核分布の影響[16]

分布の変化の影響を最も強く受けるのがバブル・キャビテーションの発生である．一方，シート・キャビテーションの発生に対しては気泡核分布はほとんど影響しない．

3.5 初生キャビテーション数

3.1 節で述べたように，キャビテーションの発生は流れの状態，特にキャビテーションが発生する場所の境界層特性や，主流中の微細な空気泡（気泡核）の数によって大きく左右される．実際流れが剝離や乱流遷移を起こさず，主流部の気泡核の数が少ない場合には，(3.3)式の条件よりかなり圧力が低くてもキャビテーションが発生しないことが観察される．これらは広義の「寸法効果」と呼ばれるが，模型試験の結果を実物に当てはめようとする際，重要な問題となる．

気泡核の影響

図 3-2 に示したように,気泡核数が特に多い流場ではバブル・キャビテーションが発生し,発生の予測は「物体近くを流れる気泡核が低圧域で成長し,目に見えるようになる」という簡単な仮定によって計算することができる.一方,シート・キャビテーションやボルテックス・キャビテーションが発生する場合にも,気泡核が低圧域に流入し,それが成長することによって発生するのであるが,1個の気泡核が流入すれば,キャビテーションが持続されるので,気泡核が流入するかどうかという確率的な要因が加わり,この場合,正確な初生の予測は困難になる.

境界層特性の影響

シート・キャビテーションの発生に境界層の層流剥離や乱流遷移が不可欠であることは Arakeri ら[17]や Casey[18]によって発見された.その後,Franc ら[19]が翼について詳細に調べている.図 3-9,図 3-10 は Casey による NACA 0015 翼型を使った実験結果で,層流剥離点とキャビテーション発生点の位置がよく一致すること,また剥離点の圧力 p_{sep} が蒸気圧になったときキャビテーションが発生すると考えると実験とよく一致することを示している.すなわち $\sigma_i < -C_{psep}$ と考えてよい.

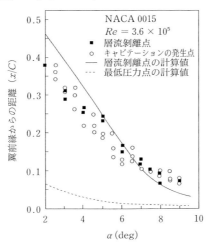

図 3-9 層流剥離点とキャビテーション発生点[18]

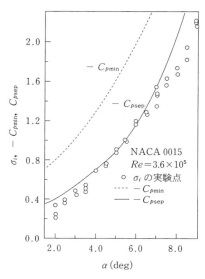

図 3-10 層流剥離点の圧力とキャビテーション
発生の圧力[18]

一方，Arakeri らは境界層が剥離せず乱流遷移する 1.5 キャリバ*の軸対称体についても実験し，図 3-11 のような結果を得て，キャビテーション発生の圧力**が遷移点の圧力 C_{ptr} と密接な関係があることを示している[17]．

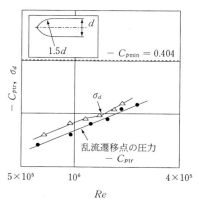

図 3-11 乱流遷移とキャビテーションの発生
(1.5 キャリバ軸対称体)[17]

---

* 先端の半径が軸の直径の 1.5 倍の軸対称体，図 3-11 参照．
** 実験では σ_d を測っているが，その性質は σ_i と同じと考えてよい．

圧力変動

　図3-12は，壁面に埋め込まれた圧力ピックアップにより圧力変動を測定した結果である[20]．図(a)は層流剝離の再付着点付近の計測結果で，図に見られるような大きな圧力変動が生じている．図(b)は乱流遷移を生じた軸対称体の

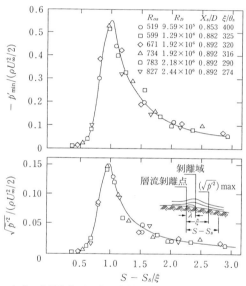

(a) 軸対称体 (S-2) の層流剝離点付近の圧力変動

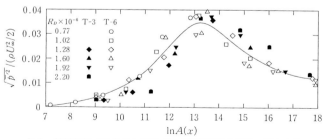

(b) 軸対称体 (T-3 および T-6) の乱流遷移点付近の圧力変動

図 3-12　境界層特性と変動圧力（風洞実験）[20]

圧力変動の分布である．横軸は Smith の方法による乱れ振幅の増幅率であるが，A の値は流れに沿って増加して行くから，横軸は流れに沿った位置と考えてもよい．図 3-12（b）に見られるように，乱流遷移の場合も圧力変動はピークを持って変化していること，図 3-12（a）と比較して乱流遷移の方が圧力変動が小さいことなどがわかる．

主流の乱れの影響

最近 Keller らは，引張圧力 0 の水を用いてキャビテーション初生に対する主流の乱れ度の影響を調べている[21]．主流中に丸棒やメッシュを入れ，人工的に乱れ度を増加させ，半球軸対称体（先端が半球状の軸対称体），円錐軸対称体とアスペクト比 3 の翼（NACA 16-020 翼断面）について実験した．軸対称体では境界層中にキャビテーションが初生し，翼ではチップ・ボルテックス・キャビテーションが初生する．

いずれの場合でも主流の乱れ度 $S = [\bar{u}'^2]^{1/2}$ に比例して初生キャビテーション数が増加する．すなわち乱れ度 S(m/s) のとき初生キャビテーション数 σ は

$$\sigma = \sigma_0(1 + \sigma_0 S/4) \tag{3.5}$$

で表される*．σ_0 は乱れ度 0 での初生キャビテーション数である．式からわかるように，乱れ度 0 の初生キャビテーション数（σ_0）が大きいほど，乱れ度による影響が大きい．

3.6 キャビテーション発生の寸法効果

これまで述べて来たように，キャビテーションの初生にはさまざまな要因が関係しており，このため模型試験の結果から実物の初生を推定する際，注意しなくてはならない．

レイノルズ数の影響

図 3-13 は種々の試験体の初生キャビテーション数 σ_i をレイノルズ数 Re に対してまとめたものである[22]．試験体の形状が角ばっていて流れが剝離したり，最低圧力点が低い場合には σ_i が大きくなる．σ_i は Re に対して一般に右

---

* (3.5)式中の乱れ度 S は有次元値であり，さらに研究が必要である．

3.6 キャビテーション発生の寸法効果

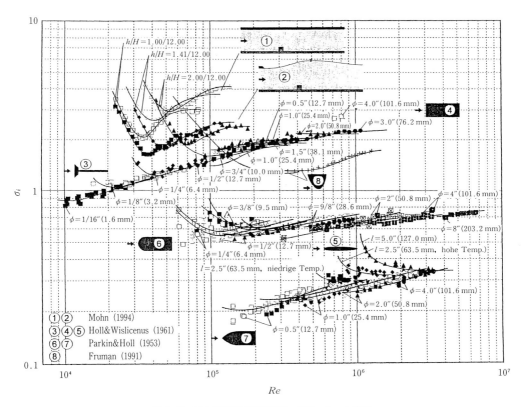

図 3-13 種々の試験体の初生キャビテーション数[22]

上りであるが、Re が小さい領域では逆に左上りの曲線になっている。Re が小さい実験状態では一般に流速が小さく、同じキャビテーション数に対して流体全体の静圧が低くなる。もし同じ空気含有量で実験していると、この場合、水中の空気が過飽和になり、ガス・キャビテーションが発生している可能性がある。

バブル・キャビテーションに対する大きさの影響

Ceccio ら[23]は、大型のキャビテーション・タンネル (Large cavitation channel) を用いて、直径 5.08 cm, 25.4 cm, 50.8 cm の 3 種の Schiebe 型軸対称体のバブル・キャビテーションの初生を調べている。図 3-14 がその結果で、寸法が大きいほど、また流速が小さいほど、初生キャビテーション数 σ_i

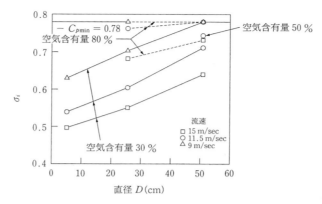

図 3-14 軸対称体のバブル・キャビテーションの初生

が増加している．寸法が大きいほど σ_i が大きいのは初生の判定を「1 sec で 50 回発泡したとき」としているので，大きな試験体ほど多くの気泡核が試験体表面に達するためである．

Keller の提案[24]

まず液中の気泡核の影響については，その液体が実際に発泡する圧力 p_{crit} を基準にした下記のキャビテーション数を使うことによって除くことができる．

$$\sigma = \frac{p_\infty - p_{crit}}{\rho U_\infty^2 / 2} \tag{3.6}$$

p_{crit} の値はベンチュリ管による気泡核の計測（3.3 節参照）によって測定することができる．

また，キャビテーションは境界層あるいは剥離域内で発生するが，ポテンシャル流的に考えた最小圧力に加えて，境界層内の渦による圧力低下を考慮しなくてはならない．さらに寸法 L，液体の動粘性係数 ν の影響についても考察して下記の式を導いている*．

$$\sigma_i = K L^{1/2} \nu^{-1/4} [1 + (U_\infty / U_0)^2] \tag{3.7}$$

そして 5 種類の軸対称試験体，NACA 65-006 翼型，NACA 4215 断面の有限

---

* (3.7)式は無次表示になっていない．

幅翼についてそれぞれ寸法を変えて，ぼう大なキャビテーション初生実験を行い，いずれの場合にも(3.7)式がよく成り立つとしている．さらに基準となる流速 U_0 は，試験体にかかわらず，$U_0 = 12.7 \, \text{m/s}$ としてよいと述べている．

図 3-15 は結果の一例で，気泡核が多く引張圧力が 0 の水についての結果である．実験点はいずれも(3.7)式より求めた曲線上に乗っている．

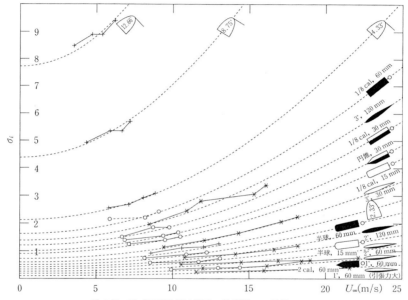

注：$3°$，$12.66°$ 等は翼の迎角，数字はコード長
1/8 cal は 1/8 キャリバ軸対称体，数字は直径
2 cal は 2 キャリバ軸対称体，数字は直径

図 3-15 初生キャビテーション数（引張圧力 0 の水での実験）[24]

チップ・ボルテックス・キャビテーションの初生

Fruman[25]は(3.6)式で定義したキャビテーション数を使えば，図 3-16 に示すようにチップ・ボルテックス・キャビテーションの初生が，翼によらずほぼ一本の曲線上に乗ることを述べている（図 3-16 では実際は消滅キャビテーション数 σ_d を計測している）．ここで図の横軸は揚力係数の 2 乗，縦軸はキャビテーション数をレイノルズ数の 0.4 乗で割った値で，Maines ら[26]もこのような整理が適当であるとしている．

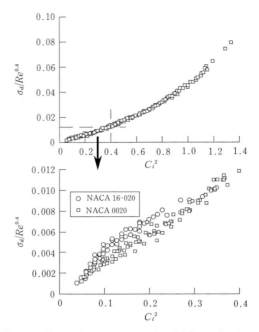

図 3-16 楕円翼（アスペクト比 3.8）の消滅チップ・ボルテックス・キャビテーション数の整理[25]

翼形状の影響

Fruman ら[27]は，翼の平面形状がキャビテーション初生に与える影響についても実験している．実験した翼は NACA 16-020 断面でアスペクト比が 3.8 の翼で，図 3-17 に示すように楕円翼（図中 E），前縁が直線の翼（図中 SLE (Straight Leading Edge)），後縁が直線の翼（図中 STE (Straight Trailing Edge)）の 3 種で，異なった大きさの翼をいくつかのタンネルで実験し，比較している．図 3-17 は翼根部のコード長が 40 mm の翼の翼端から 1 mm 後流で，レーザ流速計で測った流れに直角方向の速度分布 V_t である．V_t が大きいほど翼端渦の強さが強い．

図 3-18，図 3-19 は，これらの翼についての消滅キャビテーション数の実験結果である．図 3-18 は楕円翼（図 3-17 の E 翼）についてレイノルズ数 Re を大幅に変えて消滅キャビテーション数（σ_d）を計測した結果である．図の下

3.6 キャビテーション発生の寸法効果　　95

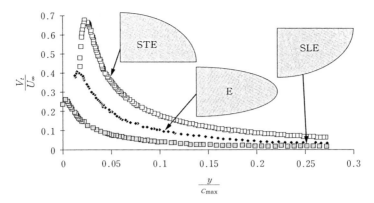

図3-17　チップ・ボルテックス中の流れに直角方向の速度分布[27]

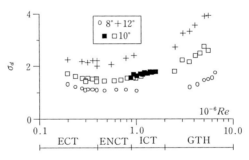

図3-18　楕円翼のチップ・ボルテックスの消滅
　　　　キャビテーション数[27]

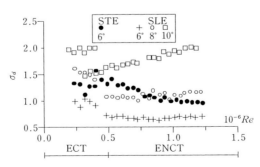

図3-19　翼の平面形状のチップ・ボルテックス・
　　　　キャビテーションに与える影響[27]

方の ECT, ENCT 等は実験したキャビテーション・タンネルの名前で, 4 種の異なったタンネルで実験している. 図 3-19 は STE 翼と SLE 翼の結果で, 図 3-18 も合わせて考えると, STE 翼は最もチップ・ボルテックス・キャビテーションを発生しやすく, E 翼, SLE 翼の順に発生しにくくなっていると推定できる. これは図 3-17 で測定した渦の強さの順序に一致している.

チップ・ボルテックス・キャビテーションの初生予測式

Keller ら[28]も, 翼のチップ・ボルテックス・キャビテーションの初生について寸法効果を実験的に調べている. Keller らは大きさの異なる 4 種類の翼 (NACA 16-020 断面, アスペクト比 3) について, 引張圧力を 0 にした水を使って実験を行い, 気泡核の影響を取り除いている.

図 3-20 はその結果で, 初生キャビテーション数 σ_i は,

$$\sigma_i = c\alpha^2(L/L_0)^{1/2}[1 + (U_\infty/U_0)^2] \tag{3.8}$$

と表される. ここで α:迎角, L:長さ, U_∞:一様流速で, L_0, V_0 は基準の値である. $U_0 = 12\,\mathrm{m/s}$ としている.

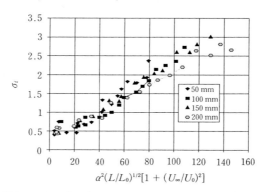

図 3-20 チップ・ボルテックス・キャビテーションの初生についての Keller の式による整理[28]

翼のチップ・ボルテックス・キャビテーションの寸法効果については, McCormick が下記の式を 1962 年に提案している[29].

$$\sigma_i = c\alpha^{1.4}Re^{0.4} \tag{3.9}$$

これに対し Keller は, McCormick の実験は気泡核の影響 (水の引張力が変化する) が含まれたものであるとして, 引張力が 0 の水では

$$\sigma_i = c\alpha^2 Re^{0.5} \tag{3.9}$$

となるとしている．図 3-21 は図 3-20 と同じ実験データを $\alpha^2 Re^{0.5}$ で整理したもので，図 3-20 と同様に実験結果をよく表している．

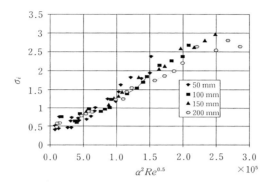

図 3-21 チップ・ボルテックス・キャビテーションの初生についての(3.9)式による整理（データは図 3-20 と同じ）[28]

計算による解析

翼端渦の中に上流から気泡核が流入し，成長してキャビテーションが発生する計算を Hsiao らが行っている[30]．アスペクト比 3 の NACA 0015 断面の長方形翼のまわりの流れをナビエ・ストークスの式を使って解き，そのような流場中を球形気泡が流れ，Reyleigh-Plesset の気泡の方程式にしたがって成長するとして解析している．以前行われた Johnson と Hsieh の 2 次元の計算[31]では，翼先端付近の圧力により大きな気泡ほど軌跡が外方に曲がり，翼表面付近の低圧域に入りにくくなるというスクリーニング効果があるという結果であったが，Hsiao らの計算では逆に大きな気泡ほど発泡しやすいという計算結果になっている．

3.7 粗さの影響

粗さの影響は実用上の見地から重要である．"局所キャビテーション数"という値を導入すると，分布した粗さと単一の粗さの両方について，次のような実験式が得られる．

粗さがないときの圧力係数を C_p とすると，粗さを考慮した初生のキャビテーション数 σ_i は次式で与えられる．

$$\sigma_i = -C_p + (1-C_p)\sigma_x \tag{3.11}$$

ここで σ_x は局所キャビテーション数で

分布した粗さに対し　　$\sigma_x \simeq 16 C_f$

単一の粗さに対し　　$\sigma_x = c\left(\dfrac{h}{\delta}\right)^a \left(\dfrac{U_x \delta}{\nu}\right)^b$

$$0 < h/\delta < 5$$

である．C_f, h, δ, U_x は，それぞれ局所摩擦係数，粗さ要素の高さ，その点での境界層厚さおよび境界層外端の流速であり，係数 a, b, c の値は図3-22[32]に示されている．

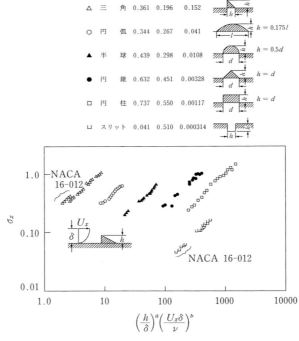

図3-22　粗さ要素とキャビテーションの発生[32]

3.7 粗さの影響

主流の圧力勾配の影響については，図 3-22 と同じ三角要素，円弧要素の 2 つについて下記の実験式が得られている[33]．

三角要素　　$\sigma_x = 0.0143\left(\dfrac{h}{\delta}\right)^{0.53}\left(\dfrac{U_x\delta}{\nu}\right)^{0.20}(G)^{1.25}$ 　　　　(3.12)

円弧要素　　$\sigma_x = 0.0158\left(\dfrac{h}{\delta}\right)^{0.253}\left(\dfrac{U_x\delta}{\nu}\right)^{0.318}(G)^{0.162}$ 　　(3.13)

ここで，σ_x，h，δ，U_x は (3.11) の定義と同じものである．また G は境界層についてのクラウザーの形状パラメータで，次式で定義される．

$$G = \left(1 - \dfrac{1}{H}\right)\sqrt{\dfrac{2}{C_f}}, \quad H \equiv \delta^*/\theta \qquad (3.14)$$

粗さの影響については，境界層が層流であったり，高さが層流底層と同じオーダであったときどうなるか，溝などの凹みに対してはどうなるかなどの問題が残されるいる[34]．

計算例

図 3-23[2] は，翼の表面に高さがコード長さの 0.4% の単一の粗さの要素を付けた場合の σ_i で，横軸は粗さ要素の位置，縦軸は粗さがないときの $-C_{p\text{min}}$ に対する σ_i の比である．わずかコード長さの 0.4% という小さな粗さでも，キャビテーションの発生に大きく影響することがわかる．レイノルズ数が大きいと境界層厚さ δ が小さくなり，その影響は特に著しい．

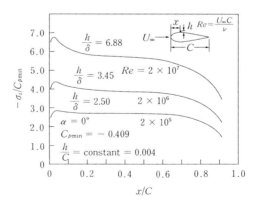

図 3-23　NACA 16-212 翼型に単一三角形粗さを付けた場合の σ_i の変化[2]

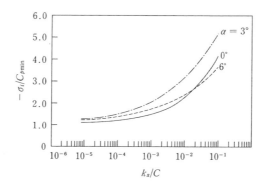

図 3-24 NACA 16-212 翼型に連続した粗さを付けた場合の σ_i の変化[2]

図 3-24[2]は，翼面に分布した粗さがある場合の計算である．k_s は等価な砂粒の直径，C はコード長さである．k_s/C の値が 10^{-3} を超えると粗さの影響が顕著になる．また図 3-23 と比較して，単一の粗さより分布した粗さの方がその影響が小さいことは興味深い．

参考文献

1) Kodama, Y., et al. : "The Effect of Nuclei on the Inception of Bubble and Sheet Cavitation on Axisymmetric Bodies", Int. Symp. on Cavitation Inception, ASME (1979) 75-86
2) Arndt, R. E. A. : "Cavitation Inception and How It Scales; A Review of the Problem with a Summary of Recent Research", Symp. on High Powered Propulsion of Ships, NSMB (1974-12), Paper XXI
3) Acosta, A., O'Hern, T. and Katz, J. : " Some Recent Trends in Cavitation Research", Int. Symp. on Cavitation, Sendai (1986) 1-7
4) 前田正二，加藤洋治："ホログラフィによる計測"，キャビテーションに関するシンポジウム（第7回）日本学術会議，東京（1992）121-123
5) Yu, P. -W. and Ceccio, S. L. : "Diffusion Induced Bubble Populations Downstream of a Partial Cavity", J. Fluids Eng. ASME, Vol. 119 (1997) 782-787
6) Kato, H., et al. : "Laser Holographic Observation of Cavitation Cloud on a Foil Section", J. of Visualization, Vol. 2, No.1 (1999) 37-50
7) Billet, M. L. : "Cavitation Nuclei Measurements with an Optical System", J. Fluids Eng., ASME, Vol. 108 (1986-9) 366-372

参考文献　　　　　　101

8)　Tanger, H., Weitendorf, E. A. : "Applicability Tests for the Phase Doppler Anemometer for Cavitation Nuclei Measurements", 3rd Int. Symp. on Cavitation Inception, ASME, FED-Vol. 89, San Francisco (1989)

9)　Brena de la Rose, A., et al. : "A Theoretical and Experimental Study of the Characterization of Bubbles Using Light Scattering Interferometry", 3rd Int. Symp. on Cavitation Inception, ASME, FED-Vol. 89, San Francisco (1989)

10)　高川真一 : "音響減衰率からの気泡分布推定方法に関する研究 (第 2 報)",日本造船学会論文集, Vol. 164 (1989) 66-73

11)　Takagawa, S., Tamiya, S. and Kato, H. : "Effect of Size of Stream Nuclei on Inception of Cavitation",日本造船学会論文集, Vol.138 (1975) 87-92

12)　Oldenziel, D. M. : "New Instruments in Cavitation Research", J. Fluids Eng., ASME, Vol. 104 (1982-6) 136-142

13)　19th Int. Towing Tank Conference (ITTC), Report of the Cavitation Committee, Madrid (1990-9) 165-233

14)　20th ITTC, Report of the Cavitation Committee, San Francisco (1993-9) 191 -255

15)　Liv, Z. and Brennen, C. E. : "Cavitation Nuclei Population and Event Rates", J. Fluids Eng., ASME, Vol. 120 (1998-12) 728-737

16)　21st ITTC, Report of the Cavitation Commitee, Bergen/Trondheim (1996-9) 63-126

17)　Arakeri, V. H. and Acosta, A. J. : "Viscous Effects in the Inception of Cavitation on Axisymmetric Bodies", J. Fluids Eng., ASME, Vol. 95, Ser. I, No. 4 (1973) 519-528

18)　Casey, M. V. : "The Inception of Attached Cavitation from Laminar Separation Bubbles on Hydrofoils", Conf. on Cavitation, IME, Herriot-Watt Univ. (1974-9) 9-16

19)　Franc, J. P. and Michel, J. M. : "Attached Cavitation and the Boundary Layer: Experimental Investigation and Numerical Treatment", J. Fluid Mech., Vol. 154 (1985) 63-90

20)　Huang, T. T. : "Cavitation Inception Observations on Six Axisymmetric Headforms", Int. Symp. on Cavitation Inception, ASME (1979) 51-61

21)　Keller, A. P. and Rott, H. K. : "The Effect of Flow Turbulent on Cavitation Inception", 1997 ASME Fluids Eng. Div. Summer Meeting, FEDSM '97-3273 (1997) 1-8

22)　Leucker, R. : "Influence of Large-Scale Vortices on Cavitation Inception in Steady, Turbulent Flows", 3rd Int. Symp. on Cavitation, Grenoble (1998) 123-

128

23) Ceccio, S. L. and Brennen, C. E. : "Observations of the Dynamics and Acoustics of Travelling Bubble Cavitation", J. Fluid Mech., Vol. 233 (1991) 633 -660

24) Keller, A. P. : "New Scaling Laws for Hydrodynamic Cavitation Inception", 2nd Int. Symp. on Cavitation, Tokyo (1994-4) 327-334

25) Fruman, D. H. : "Recent Progress in the Understanding and Prediction of Tip Vortex Cavitation", 2nd Int. Symp. on Cavitation, Tokyo (1994-4) 19-29

26) Maines, B. H. and Arndt, R. E. A. : "Viscous Effects on Tip Vortex Cavitation", Cavitation Inception-1993, ASME, FED-Vol. 177 (1993) 125-129

27) Fruman, D. H., et al. : Effect of Hydrofoil Planform on Tip Vortex Roll-up and Cavitation", Cavitation Inception-1993, ASME, FED-Vol. 177 (1993) 113-124

28) Keller, A. P. and Rott, H. K. : "Scale Effects on Tip Vortex Cavitation Inception", 1999 ASME/JSME Fluids Eng. Symp. on Cavitation Inception (1999 -7) FEDSM 99-7298, 1-10

29) McCormick, B. W. : "On Cavitation Produced by a Vortex Trailing from a Lifting Surface", J. Basic Eng., Vol. 84 (1962)

30) Hsiao, C.-T. and Parley, L. L. : "Study of Tip Vortex Cavitation Inception Using Navier-Stokes Computation and Bubble Dynamics Model", J. Fluids Eng., ASME, Vol. 121 (1993-3) 198-204

31) Johnson, V. E. and Hsieh, T. : "The Influence of the Trajectories of Gas Nuclei on Cavitation Inception", 6th Symp. on Naval Hydrodynamics (1966) 163-179

32) Acosta, A. J. and Parkin, B. R. : "Cavitation Inception-A Selective Review", J. Ship Research, Vol. 19, No. 4 (1975-12) 193-205

33) Holl, J. W. : "The Influence of Pressure Gradient on Desinent Cavitation from Isolated Surface Protrusions", J. Fluids Eng., ASME, Vol. 108 (1986-6) 254 -260

34) Holl, J. W. and Billet, M. L. : "Limited Cavitation on Isolated Surface Irregularities-Unsolved Problems", Int. Symp. on Cavitation, Sendai (1986-4) 193-200

4章　特殊液体のキャビテーション

4.1　キャビテーションに及ぼす熱力学的効果

熱力学的キャビテーション・パラメータ

キャビテーションの発達過程における液体の蒸発には液体の外部雰囲気および液体の熱力学的性質が関与しており，したがって，液体の圧力，温度，蒸発潜熱，比熱などが異なれば，キャビテーション気泡の成長あるいは消滅速度はもちろん，キャビテーション発生に伴う流体機器の性能および壊食も，その影響を受けて変化するものと予想される．Stepanoff[1]は，飽和状態にある液体の圧力を $\Delta h(= \Delta p/\gamma)$ だけ低下させることにより，単位重量当たりの液体の容積 $V_l(= v_l)$ より発生する蒸気の容積 V_v をひとつの目安として，キャビテーションに対する液体の熱力学的性質の影響を表すパラメータ B を定義している．すなわち，

$$B = \frac{V_v}{V_l} = \frac{v_v}{v_l} \frac{C_{pl}\Delta T}{\lambda} \tag{4.1}$$

ここに，ΔT：圧力降下 Δh に対応する飽和温度の低下量．

$\Delta h = 1.6$ in($= 40.64$ mm) に相当する種々の水温での B の値は表4-1に示すようになり，したがって，キャビテーションに及ぼす熱力学的効果は水温を変えての実験により類推しうるとした．しかし，このパラメータは単に準静的な熱平衡の関係式を表しているにすぎず，したがって，実際には種々の液体の

表4-1　水温によるパラメータ B の変化
($\Delta h = 1.6$ in($= 40.64$ mm)Aq)

水温 °F(K)	70 (294)	180 (355)	212 (373)	250 (394)	300 (422)
ΔT °F(K)	5.0 (2.8)	0.34 (0.189)	0.194 (0.108)	0.1058 (0.0588)	0.0533 (0.0296)
B	253	1.048	0.324	0.0915	0.0223

キャビテーションの発達に及ぼす熱力学的効果を定量的に表すパラメータにはなりえず[2]，おおまかなキャビテーションの熱力学的効果を表すパラメータとみなすべきであろう．

キャビテーションの発達過程における熱伝達の影響をも含めた形での熱力学的キャビテーション・パラメータ（B_{eff}）は，単独蒸気泡の成長（または消滅）過程に及ぼす熱力学的効果を検討することにより次のように導かれる[3]．すなわち，図 4-1 の蒸気圧曲線を参照して，

$$B_{eff} = \alpha^2 \left(\frac{\bar{v}_v}{v_l} \frac{C_{pl} \Delta T}{\lambda}\right)^2 \frac{a_l}{R_0} \left(\frac{\rho_l}{\Delta p}\right)^{1/2} \tag{4.2}$$

$$\alpha = \frac{\text{面積 BCDEFB}}{\text{面積 BGDEFB}}$$

$$= \frac{2}{\Delta T \Delta p} \int_{T_\infty}^{T_s} (p_\infty - p_v(T)) dT$$

$$\bar{v}_v = \frac{2}{\Delta T \Delta p} \int_{T_\infty}^{T_s} v_v(T) dT$$

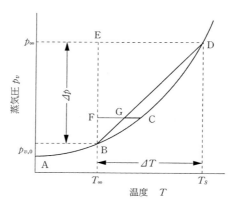

図 4-1　B_{eff} における温度差修正係数 α の評価

球状気泡の運動に及ぼす熱力学的効果

球状気泡の半径方向の運動方程式は有名な Rayleigh-Plesset の式として，

$$R\ddot{R} + \frac{2}{3}\dot{R}^2 = p_v(T_R) + p_G - p_\infty - \frac{2S}{R} - \frac{4\mu\dot{R}}{R} \tag{4.3}$$

で表される．ただし，$\dot{R} = dR/dt$，$\ddot{R} = d^2R/dt^2$．(4.3)式において，蒸発（または凝縮）過程での気泡周辺の液温の変化が無視できない場合には，蒸気圧 p_v は気泡壁面での温度 T_R に依存するから，液中の温度分布を決定するために，さらにエネルギ方程式を用いて，与えられた初期および境界条件のもとに解く必要があるが，気泡自身の成長（または消滅）速度を問題にする場合には，気泡の周囲に薄い温度境界層があるとすれば，エネルギ式の代わりに，

$$T(R,\ t) = T_\infty - \left(\frac{a_l}{\pi}\right)^{1/2} \int_0^t \frac{R^2(\xi)\left(\frac{\partial T}{\partial \gamma}\right)_R}{\left(\int_\xi^t R^4(\eta)d\eta\right)^{1/2}} d\xi \tag{4.4}$$

を用いることができる[4]．

2章の図 2-6 に示すように，大気圧下での過熱水中での水蒸気泡の成長過程に対し，熱伝達を考慮した場合の解は熱伝達を無視した Rayleigh の解とは異なり，実験結果をよく説明しうる[5]．(4.3)および(4.4)式を用いて，より一般的な形で気泡の成長，消滅を論じる[3)6)7)]ことにより(4.2)式のパラメータ B_{eff} を定義することができる．図 4-2 は，大気圧下での水蒸気泡の消滅過程に及ぼすパラメータ B_{eff} の影響を示したもので，B_{sat} の値は表 4-2 に示すように，T_s での物性値を用いて(4.2)式より算出したものである．ここに，

$$\theta_R = \frac{T_R - T_\infty}{T_s - T_\infty}$$

$$\Delta T = T_s - T_\infty$$

であり，T_R，ΔT は，それぞれ壁面温度と未飽和度である．

表 4-2　B_{eff} の算出例（図 2-6 参照）

ΔT(K)	$\Delta p/\gamma$(mmHg)	R_0(mm)	B_{sat}	B_{eff}
6.72	165	3.607	0.004	0.0045
15.0	325	2.489	0.02	0.036
20.0	404	2.311	0.036	0.081
33.3	559	1.928	0.1	0.4
56.6	693	1.702	0.3	2.9
* 61.8	394	2.489	0.93	13.3

*　$p_\infty/\gamma = 413.0\,\text{mmHg}$

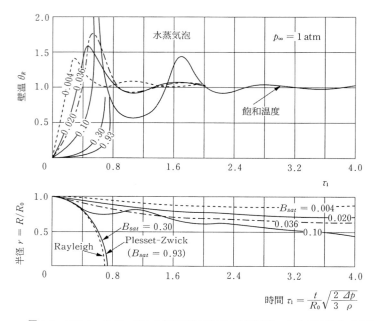

図4-2 パラメータ B_{eff} による気泡消滅過程での気泡半径 r および壁温 θ_R の変化

キャビテーションの初生に及ぼす影響

キャビテーションの初生を，微細な気泡核からの視覚でとらえうる蒸気泡への成長であると見なせば，前節での議論から当然キャビテーションの初生に対しても液体の熱力学的性質の影響が関与してくる．図4-3[8])は，半球形頭部を持つ円筒物体（直径＝1/4 in(＝6.4 mm)）まわりの流れにおける初生キャビテーション数 σ_i に及ぼす水温変化による熱力学的効果を吟味するために(4.3)および(4.4)式（ただし，液体の粘性および気泡内非凝縮ガスの圧力 p_g の影響は省略）を用いて，（ⅰ）気泡が等温変化（$T_R=$一定$=T_\infty$）をする場合，（ⅱ）(4.4)式に基づく温度変化を考慮する場合につき，さらに，キャビテーション核のフローモデルとして，気泡が物体表面の境界層を無視した際の物体表面上の流速で移動する場合（①，③）と境界層を考慮し，気泡は物体表面に沿って最初停止の状態から $T>0$ で気泡に作用する流体力に基づいて移動する場合（②，④）について，気泡の成長過程（ある一定の大きさ，$R_{max}=0.01$

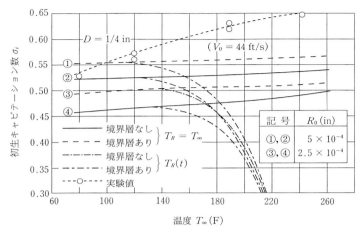

図 4-3 初生キャビテーション数 σ_i に及ぼす水温の影響[8]

in($= 0.254$ mm)に達したときをキャビテーションの初生とする）を解析し，実験値（ここでは消滅キャビテーション数をとっている）と対比して示したものである．理論解析からは明瞭な熱力学的効果（温度上昇による初生キャビテーション数 σ_i の減少）が得られるが，水での実験結果はむしろ等温変化を仮定した場合と定性的な一致を示している．しかし，水銀をベンチュリ管に流してキャビテーション初生に及ぼす熱力学的効果を調べた実験[9]では，図 4-4 に示すように混入ガス量の小さい場合には明らかに熱力学的効果が確認され，ガス含有量の増加に伴い熱力学的効果が減少するようになっている．また，通常の水にはかなりの空気が溶解されており，その空気含有量の差異により初生キャビテーション数の差がかなり変化することは沼知の研究[10]以来よく知られている（図 4-5[9]はその一例で，空気含有量の変化によりレイノルズ数の影響は逆になることを示す）．したがって，以上のことを総合して考えると，水温を変えての実験では空気含有量（あるいは不溶解ガス量）やレイノルズ数（粘性）の変化の影響を十分検討した上で液温変化の影響を吟味しなければならない．

　流路壁面に沿う圧力分布形状の差異が熱力学的効果に与える影響は，ベンチュリ管収縮部の曲率半径を変化させることによりフレオンと水を用いて検討さ

108　4章　特殊液体のキャビテーション

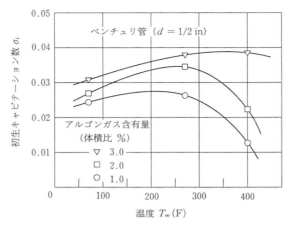

図4-4　水銀流の初生キャビテーション数 σ_i に及ぼす液温およびガス含有量の影響[9]

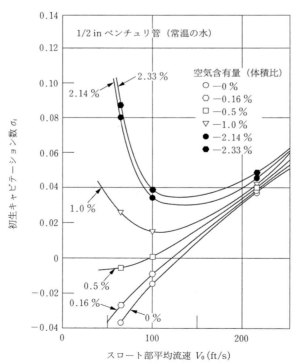

図4-5　初生キャビテーション数 σ_i に及ぼす空気含有量の影響[9]

れ，圧力勾配の急な場合ほど水温変化の影響は大きく現れることが確かめられた[11]．

なお，各種液体のキャビテーション初生条件を気液2相流の臨界条件より予測する方程式が神山らにより提案されている[12]．この予測法は，対象とする流れ場の流速が圧力 p，ボイド率 α のもとでの均質2相流の音速 c に達したときをキャビテーションの初生条件として定義するものである．したがって，そのときの初生キャビテーション係数 σ^* は次のように表される．

$$\sigma^* = 2(p - p_s)/\rho_l c^2 = 2\alpha_v(1 - \alpha_v) - \frac{1}{c^2}[2\alpha_v g/B(1 - \alpha_v)$$
$$+ \{2(p_g - p_v) + 8S/3R\}/\rho_l] \tag{4.5}$$

ここに，

$$B = (V_v/V_l)(c_{pl}/\alpha)\{\partial T/\partial(p_v/\rho_l g)\} \tag{4.6}$$

B：Spraker の B ファクタ，α_v：蒸気相のボイド率，R：気泡半径，S：表面張力，p_g：非凝縮ガス相の分圧，p_v：蒸気相の分圧，p_s：飽和蒸気圧，ρ_l：液体の密度，g：重力の加速度

本予測法を用いれば，図4-5の実験結果をよく説明できる．

発達したキャビティの場合

初生の場合に比べると，キャビテーションが十分発達した状態では明瞭な熱力学的効果が観測される[13]．ベンチュリ管内にフレオン114を流して一定のキャビティの大きさに発達した状態での，種々の液温におけるキャビティ内の圧力および温度分布を測定した結果を図4-6に示す．図中の黒塗りの記号は，測定された温度効果に対応する飽和蒸気圧の降下を表したものである．これより，キャビティの先端近くで得られる最低圧力 h_{cmin} を蒸気圧 h_v の代わりに用いて，キャビテーション数 σ_i の代わりに，

$$\sigma_{cmin} = \frac{h_0 - h_{cmin}}{V_0^2/2g} = \sigma + \frac{\Delta h_v}{V_0^2/2g} \tag{4.7}$$

ここに，$\Delta h_v = h_v - h_{cmin}$

を定義すれば，液温変化により σ_i は変化しても σ_{cmin} はほぼ一定となり，このようなキャビティの流れの相似パラメータとして使用しうることがわかる．

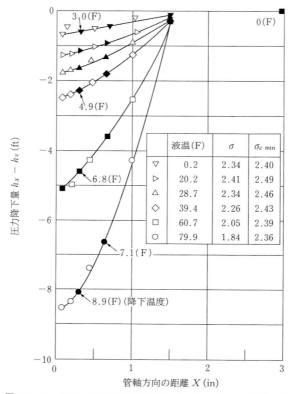

図 4-6　キャビティ内の圧力分布(フレオン114, $L = 1.6\,\text{in}\,(= 40.6\,\text{mm})$)[13]

Ruggeri ら[14]は圧力降下量 Δh_v に対し，(4.1)式と Clausius & Clapeyron の式を用いて，

$$\Delta h_v \cong \left(\frac{v_l}{v_v}\right)^2 \left(\frac{\lambda^2}{c_{pl}T}\right)\left(\frac{V_v}{V_l}\right) \tag{4.8}$$

を導き，このうち蒸発に関与する液体の容積 V_l はキャビティの周囲の薄い液層に限定するもの（未知量）とし，次の実験式を提示した．

$$\frac{V_v}{V_l} = \left(\frac{V_v}{V_l}\right)_{ref}\left(\frac{a_{ref}}{a}\right)\left(\frac{V_\infty}{V_{\infty ref}}\right)^{0.8}\left(\frac{D}{D_{ref}}\right)^{0.2}\left[\frac{(L/D)}{(L/D)_{ref}}\right]^{0.3} \tag{4.9}$$

ここに，a：液体の温度伝導率，V_∞：代表速度，D：代表寸法，L：キャビ

ティの長さ，添え字の *ref* は基準値を表す．

すなわち，(4.1)式の V_v/V_l に対し，流速，物体の寸法，液体の温度伝導率の影響を実験結果を考慮して付加している．これに対し，Billet[15]は(4.1)式の代わりに蒸発過程での熱伝達を考慮した理論式を用い，Δh_v に対応する温度降下量 ΔT に対し，

$$\Delta T = \mathrm{const}\left(\frac{1}{a}\right)^{0.5}(V_\infty)^{0.3}(D)^{0.33}\left(\frac{L}{D}\right)^{0.58}\left(\frac{v_l}{v_v}\right)^{0.9}\left(\frac{1}{\mu}\right)^{0.10}\left(\frac{\lambda}{C_{pl}}\right) \tag{4.10}$$

を与えている．これらの関係式は実験条件の差から直接比較をすることはできないが，両者は定性的には同じ傾向を示している．

極低温液体は，通常の使用状態において常温の水に比べてより大きな熱力学的効果を表す．NASAではポンプインデューサの実験データについて(4.9)式の有用性を特に液体水素について詳しく調べた[16]．また，米国NBS (National Bureau of Standard) においても液体窒素と液体水素について，ベンチュリ，翼型，および湾曲頭部（Ogive）によるキャビテーション実験を行い，(4.9)式の流速比の代わりに液体と蒸気の境界でのチョークフローを仮定して求める液体の流速 V_l に対する液体の流入速度の比（MTWO：2相流マッハ数に比例する）を用いる(4.11)式を提案した[17]．

$$B = B_{ref}\left(\frac{a_{ref}}{a}\right)^{E1}\left(\frac{MTWO}{MTWO_{ref}}\right)^{E2}\left(\frac{x}{x_{ref}}\right)^{E3}\left(\frac{v}{v_{ref}}\right)^{E4}\left(\frac{\sigma_{ref}}{\sigma}\right)^{E5}\left(\frac{D_{ref}}{D}\right)^{E6}$$
$$\tag{4.11}$$

ここに $E1\sim E6$ の値は表4-3のごとくである．なお(4.11)式中の x は最小圧力点からの軸方向距離である．

表4-3 (4.11)式の指数の値

流体機器	試験流体	指 数					
		$E1$	$E2$	$E3$	$E4$	$E5$	$E6$
ベンチュリ	H_2	-1.92	0.74	0.31	----		----
水中翼	H_2 & N_2	0.80	0.64	0.45	-1.00		----
オージャイブ	H_2 & N_2	0.32	0.21	0.34	-0.84		0.60
ベンチュリ，水中翼，オージャイブ	H_2 & N_2	----	0.11	0.36	----		0.58

加藤[18]は，十分発達したシートキャビティ内の圧力が熱力学的効果による圧力降下に対して Z-factor の理論を提唱した．キャビティ表面の液側境界層が層流であるか，乱流であっても乱流拡散係数が一定であれば，熱力学的効果による圧力係数の降下量は次式で表されることを示した．

$$\Delta C_p = \frac{\Delta p}{\rho_l U_\infty{}^2/2} = C_z \frac{L\beta}{\lambda_l} \left(\frac{\rho_v a_l}{\rho_l U_\infty{}^3} \right)^{1/2} \tag{4.12}$$

ここに L, β, λ_l, a_l, C_z はそれぞれ，潜熱，温度一定蒸気圧曲線の勾配，熱伝導率，温度伝導率および比例定数である．

この式は，NBS で Hord が行った液体水素や液体窒素の実験結果とよく一致する．

Deshpande ら[19]は，ナビエストークス式とエネルギ式を連立させ，極低温流体の翼まわりの数値解析を行い，キャビテーションに対する熱力学的効果を調べ，前記 Hord の実験結果との比較を行った．実験結果とかなり良い一致が認められ，熱力学的効果によるキャビティ内の温度降下は入口流速にほぼ比例することを示した．

4.2 液体金属のキャビテーション現象

液体金属の張力

液体の張力または過熱度は，一定の条件下でキャビテーションが発生するかどうかを決定する最も重要なパラメータである．いま，球形蒸気泡の圧力平衡の式と Clausius-Clapeyron の式を用いて，気泡の成長に必要な臨界半径 R^* に対する過熱度 $\Delta T \{= T_s(p_v) - T_s(p_\infty)\}$ を求めると，

$$\Delta T \cong 2 S T_s(p_\infty)/\lambda \rho_v R^* \tag{4.13}$$

となり，$p_\infty = 1.7\,\mathrm{atm}$ 下で $R^* = 10^{-2} \sim 10^{-4}\,\mathrm{in} (= 2.54 \times 10^{-1} \sim 2.54 \times 10^{-3}\,\mathrm{mm})$ の場合を考えると，ナトリウムの過熱度 ΔT は水の約 $7 \sim 8$ 倍[20]となる．また，液体金属の場合ガスの溶解度は水に比べると非常に小さい（大気圧下でのナトリウムの中のアルゴンガスの溶解度は $400^\circ\mathrm{C}$ で $0.0013\,\mathrm{ppm}$，$600^\circ\mathrm{C}$ で $0.018\,\mathrm{ppm}$）ので，例えば加圧用にアルゴンガスを用いる場合には，液中に含まれるほとんどのガスは気泡の形で存在することになり，これにより液体金属

4.2 液体金属のキャビテーション現象 113

の張力は大きな影響を受ける．このことはまた，キャビテーション核の役割の解明に格好の実験資料を提供するものともいえる．

高速水銀流のキャビテーション

液体金属ランキンサイクル機関の開発にあたり，水銀流中へ反応炉から混入した水素ガスがポンプのキャビテーション発生に及ぼす影響を調べる目的で，ベンチュリ管を用いて高速水銀流（特に，ガスを混入した場合）のキャビテーションの研究が行われてきている．

（a） キャビテーション検出法

ステンレス製ベンチュリ（不透明）を用いた場合の高温液体金属流のキャビテーションの発生のみならず，その大きさをも検出する方法としては，（ⅰ）キャビテーションの音波受信法[21)22)]，（ⅱ）X線写真撮影法[22)]，（ⅲ）γ線によるボイド比測定法[23)]があり，このうち(ⅲ)は物質のγ線吸収能力密度の強い関数であることを利用したものであるが，前2者と比べて取扱いがやっかいであり，また(ⅰ)ではキャビティの大きさを正確には判定できないので，（ⅱ）の方法がいちばん適している．

（b） キャビテーションの初生に影響を及ぼす諸因子

高速水銀流の初生キャビテーション数 σ_i に及ぼす諸因子の影響を調べるために，（ⅰ）ベンチュリ管（ステンレス製とプレキシガラス製）のスロート部直径 $D = 3.18$, 6.35, 12.7 mm，（ⅱ）液温 $T = 300$, 405, 478 K，（ⅲ）スロート部平均流速 $V_0 = 6.6 \sim 14.4$ m/s，（ⅳ）ガス（水素およびアルゴン）含有量＝0.2〜4.0％（体積比）の範囲での実験が行われた[22)]．その結果，

（ⅰ） σ_i はガス含有量の増加とともに増大する．

（ⅱ） ガス含有量の少ない場合，温度差が顕著な影響を及ぼす（図 4-4 参照）．

（ⅲ） すべてのガス含有量で流速の増加に伴ない σ_i は減少する（水の場合には図 4-5 参照）．

（ⅳ） スロート部の直径 D が大きい場合ほど σ_i は大きな値をとる．

（ⅴ） 水素ガスとアルゴンガスとでは同量混入させた場合，σ_i に与える影響にはかなりの差がある．

(vi) これらをレイノルズ数で整理すると，水銀での値は水での曲線上にはのらない．

などの，水の場合とはかなり異なる興味ある結果が得られている．

4.3 非ニュートン流体のキャビテーション

少量（数 ppm〜数百 ppm 程度）のある種の高分子溶液（ポリマ溶液）は，通常の水と比較して乱流摩擦抵抗値が著しく減少する（トムズ効果）ほか，種々のニュートン流体とは異なる流動現象を示す[23]ことはよく知られているが，このことはまた，このような液体中でのキャビテーション発生にも影響を及ぼす[24]．図 4-7 は種々の濃度でのポリマ溶液を用い，半球形頭部を持つ円筒物体まわりの流れのキャビテーション試験を行った結果を示したもので，初生キャビテーション数 σ_i は水の場合に比べてポリマ溶液で減少する結果が得られている[25]．

ポリマ溶液の流動現象にはレイノルズ数のほかに，デボラ数 $De = \lambda/t_c$（λ：液体の緩和時間，t_c：流れの変化を示す代表時間）やワイセンベルク数 $W =$（弾性力/粘性力）が関与している．

島[26]は，液体の粘性 η_0，緩和時間 λ_1 および遅延時間 λ_2 の 3 個のパラメータ

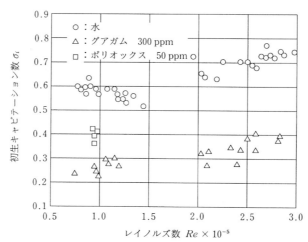

図 4-7 ポリマ溶液での初生キャビテーション数 σ_i の比較[25]

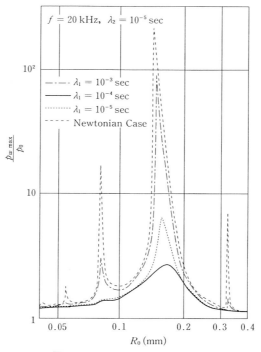

図 4-8　$p_{w\,max}/p_0 - R_0$ 曲線（λ_1 の影響）[26]

を用いた下記 Oldloyd モデルにより，粘弾力性流体中で脈動圧力を受ける気泡の挙動を理論的に調べた．

図 4-8，図 4-9 は数値計算の結果であり，粘弾性流体中の気泡の表面の最大圧力に及ぼす λ_1，λ_2 の影響をニュートン流体の場合と比較して示している．図 4-8 によれば緩和時間 λ_1 の影響はきわめて大きく，キャビテーション損傷に関係する気泡の表面の最大圧力は気泡半径 R_0 が 0.15 mm 付近で 22 MPa にも達し，この値はニュートン流体に比べて 30 倍になる．また，図 4-9 によれば λ_2 は最大圧力を低下させる性質を有している．したがって，キャビテーション損傷に対しては λ_1，λ_2 の値の最適化も可能であるものと考えられる．

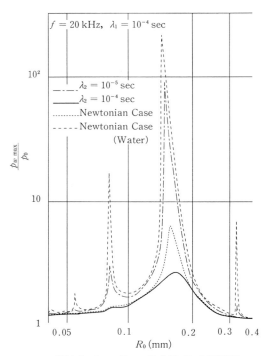

図 4-9　$p_{w\,max}/p_0 - R_0$ 曲線　(λ_2 の影響)[26]

参考文献

1) Stahl, H. A. and Stepanoff, A. J. : Trans. ASME, 78-4 (1956. 11) 1961
2) Sarósdy, L. R. and Acosta, A. J. : Trans. ASME, Ser. D, 83-3 (1961. 9) 130
3) Florschuetz, L. W. and Chao, B. T. : Trans. ASME, Ser. C, 87-2 (1965. 5) 209
4) Plesset, M. S. and Zwick, S. A. : J. Appl. Phys., 23-1 (1952. 1) 95
5) Plesset, M. S. and Zwick, S. A. : J. Appl. Phys., 25-4 (1954. 4) 493
6) 秋山：日本機械学会論文集, 31-223（昭 40. 3）458
7) Mikic, B. B., et al. : Int. J. Heat and Mass Transfer, 13-4 (1970. 4) 657
8) Holl, J. W. and Kornhauser, A. L. : Trans. ASME, Ser. D, 92-1 (1970. 3) 44
9) Hammitt, F. G., et al. : ORA Tech. Rept., No. 03424-31-1, Dept. of Nucl. Engng., Univ. of Mich. (1966. 8)
10) Numachi, F. : Ing.-Arch., 7 (1936) 396

11) Moore, R. D., et al. : NASA TN, D-4340 (1968)

12) Kamiyama, S. and Yamasaki, T. : J. Fluids Engng, ASME, Vol. 103 (1981. 12) 551

13) Hammitt, F. G. : Trans. ASME, Ser. D, 85-1 (1963. 3) 1

14) Moore, R. D. and Ruggeri, R. S. : NASA TN, D-4387 (1968)

15) Billet, M. L. : Master of Science Thesis, Pennsylvania State Univ. (1970. 3)

16) Ruggeri, R. S. and Moore, R. D. : NASA TN, D-5292 (1969)

17) Hord, J. : NASA CR-2448 (1974)

18) Kato, H., et al. : FED, Vol. 236, ASME Fluids Engineering Division Conference (1996) 407

19) Deshpande, M., Feng, J. and Merkle, C. L. : J. Fluids Engng, ASME, Vol. 119 (1997. 6) 420

20) Judd, A. M. : Brit. J. Appl. Phys., 2-2 (1969. 2) 261

21) Hammitt, F.G., et al. : Dept. of Nucl. Engng., Univ. of Mich., Tech. Rep., No. 2 (1964. 7)

22) 沼知：東北大学速研報告，13-130（昭32．3）133

23) Smith, W., et al. : Trans. ASME, Ser. D, 81-2 (1964. 6) 265

24) 富田：日本機械学会誌，72-609（昭44．10）1313

25) Ellis, A. T., et al. : Trans. ASME, Ser. D, 92-3 (1970. 9) 459

26) 島，ほか：東北大学速研報告，61-489（平1）47

5章　翼のキャビテーションと理論解析

5.1　キャビテーション流れの構造

　3章で述べたように，キャビテーションの発生には「低圧」「気泡核の存在」「流れ場の境界層特性」の3つの要素が関係し，それにより発生するキャビテーションの様子や特徴も変化する．ここでは代表的な機械要素である翼に発生するキャビテーション流れの特徴や構造について述べ，現在までの理論の発展について概略を述べる．

キャビテーション翼の圧力分布

　翼にキャビテーションが発生すると翼のまわりの流れの様子が変化し，翼の性能が変わる．ふつうの状態では翼の背面（Back）が負圧になり，キャビテーションが発生する．そしてキャビテーションにおおわれている部分の圧力は，ほぼその液体の蒸気圧（p_v）に等しい．そこで翼のまわりの圧力分布は図5-1に示すように変化する．キャビテーションが発生していないときには負のピークを持っていた分布が，平らな分布になる．このときキャビティの長さは図のS点よりうしろにのびるため，キャビテーションが発生しても，必ずしも翼の揚力は減少しない．場合によってはAの面積よりBの面積の方が大きく，揚力が若干増加することさえある．

揚力の変化

　図5-2はクラークY翼型（翼厚11.7％）の揚力係数（C_L）のキャビテーション数（σ）に対する変化である[1]．図中の斜めの破線は，キャビテーションの初生点を結んだものである．キャビテーションが発生してもしばらくはC_Lは変化せず，また$\alpha = 5°$の場合には若干C_Lが増している．さらにσが低下すると，C_Lは急激に減少し出す．図5-1において，$p = p_v$の直線がx軸に近づき，Aの面積に比べBの面積がずっと小さくなるためである．圧力が低

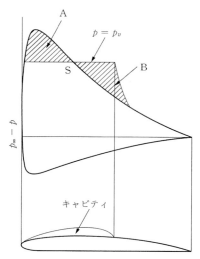

図 5-1 キャビテーションを発生した翼の圧力分布

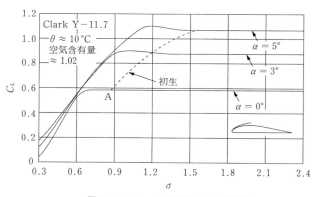

図 5-2 クラーク Y 翼型の揚力の変化[1]

下するとキャビティは翼の長さより長くなり，キャビティの後縁は翼後縁より下流に来る．これを特にスーパ・キャビテーション（Super cavitation）と呼んでいる．

抗力の変化

図 5-3 は，図 5-2 と同じ実験における抗力係数（C_D）の値である．キャビテーションが発生すると，流れが翼表面から離れ，ちょうど剝離が起きたのと

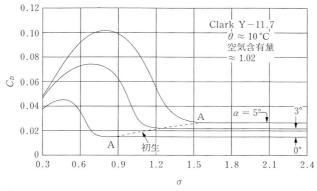

図 5-3 クラーク Y 翼型の抗力の変化[1]

同様の影響がある．すなわち，キャビテーションにより C_D は増加し，翼の性能は劣化する．図 5-3 の破線がキャビテーション初生点であるが，キャビテーションが発生すると C_D はただちに増加し始め，大きな山形を描いて変化する．

迎角（α）が大きければ翼背面の負圧が大きいから，それだけ高い σ でキャビテーションが発生し，C_D の増加も大きい．

境界層特性とキャビテーション

Franc と Michel[2] は NACA 16-012 翼型を使って，境界層特性と発生するキャビテーション・パターンの関係を詳細に調べ，図 5-4 のようなチャートにまとめた．これを使って境界層特性とキャビテーションの関係をくわしく述べよう．上方の図はキャビテーションが発生していないときの境界層特性である．横軸は迎角で，迎角が 3° ぐらいまでは翼面に発達する境界層は大部分が層流で，80 % コード付近で層流剝離し，さらに乱流に遷移する．このようなとき静圧を下げてキャビテーションを発生させると，下図の左下のスケッチのように，キャビテーションは後縁付近の層流剝離域に発生する．迎角が 3° から 4° へ増加すると剝離点が前方へ移動し，前縁剝離を起こすようになる．下図に見られるように，この前後で，迎角が増し翼面上の静圧は下がっているにもかかわらず，キャビテーションは発生しにくくなる．このような現象が起きるの

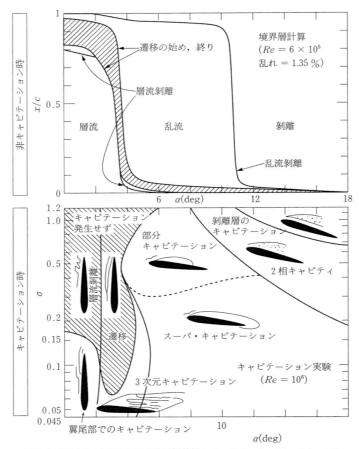

図 5-4 NACA 16-012 翼型の境界層特性とキャビテーション・パターン[2]

は，主流中の気泡核が少ない場合で，気泡核が多くなると 3 章に述べたようにバブル・キャビテーションが発生する．

図 5-4 において，迎角が 5° を越えると翼の先端からシート・キャビテーションが発生するようになり，静圧を下げればスーパ・キャビテーションに移行する．この間にクラウド・キャビテーションを放出する領域が存在する．

さらに迎角を増すと，剝離した境界層は，そのまま主流中で剪断層を形成し，渦層の中にキャビテーションが発生する．静圧を下げていくと，剝離層の

中を次第にキャビテーション気泡が満たすようになり，気泡が合体し，ついには気膜状のスーパ・キャビテーションになる．このような流れ場では，気泡核の多少によってキャビテーションの様子が異なり，揚力や抗力が特異な変化をする[3]．

シート・キャビテーションの構造

舶用プロペラやポンプにおいては，運転状態でシート・キャビテーションが発生することが多い．またシート・キャビテーションの内部は水蒸気のみと近似してよいから，理論的解析も比較的容易で，多くの理論モデルが提案されている．

シート・キャビテーションが発生している翼を詳細に見ると図5-5のようになっている．まずキャビティの先端は剥離点に一致している．このため，そのすぐ上流では翼面上の圧力は蒸気圧より低くなっている．それでも，その点にキャビテーションは発生しない．

キャビテーションの後縁付近はキャビティがつぶれているが，その下流にかなり厚い境界層が存在する．キャビティまわりの流線はキャビティに沿って閉じるのではなくて，図5-5に示すように，キャビティ気泡の崩壊に伴なって次第に伴流へ移行していく．そこでキャビティの前半部を自由流線で表し，後半

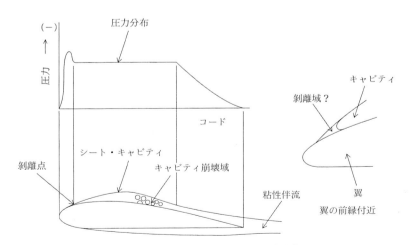

図5-5　キャビティまわりの流れと圧力分布

部をキャビティがつぶれるモデル[4]，あるいは前半部は自由流線で，後半部を伴流で表すモデルが考案されている[5][6]．これについては 5.2 節で詳しく述べる．

このような場合，キャビティ後縁部とそれに続く伴流部を詳しく調べて，適切な計算モデルを作る必要がある．

最近行われた LDV による詳細な流場計測によると，キャビティ伴流の性質によってシート・キャビティの性質が大きく異なることが見出された[7]．境界層がバーストし剝離領域がキャビティの大きさより大きい場合，キャビティは蒸気泡群を含んだ比較的安定なシート・キャビティとなり，一方，境界層がすぐに再付着し剝離領域が小さい場合は，不安定で透明なシート・キャビティが発生することが示されている．伴流を含むシート・キャビティのモデル化を考えるとき，1 つのモデルであらゆるシート・キャビティを表現することは適切ではないといえる．

また，シート・キャビティの長さが翼の長さのほぼ半分以上になると，キャビティが不安定になり周期的にクラウド・キャビテーションを放出するようになる．したがって，この場合は時間的に定常なモデルは厳密には正しくないといえる．

クラウド・キャビテーションの発生

上に述べたように，圧力が低下し，長いシート・キャビティが発生するようになると，周期的にシート・キャビティは崩壊して気泡群に分裂し，クラウド・キャビティとなって下流に放出される．この現象の詳しい観察やメカニズムに関する研究の歴史は古く，現在でも活発に研究されているが，クラウド・キャビテーションの発生原因について決定的な説がない．多くの場合，クラウド・キャビティは渦糸にキャビティ気泡群がまとわりついたものと見なすことができる．チップ・ボルテックス・キャビティのように渦管がそのまま透明なキャビティになったものは vortex cavity と呼ばれるが，上に挙げたようなクラウド・キャビティはあくまで気泡群の塊であり，bubble-filled vortex と呼ぶことができる．

クラウド・キャビテーションは最初 Knapp[8]によって見出された．Knapp

は高速度カメラを使って翼型に発生するキャビティの様子を観察し,
(1) re-entrant jet がシート・キャビティ後縁から逆流すること．
(2) re-entrant jet がキャビティ前縁部でキャビティ界面に衝突すると，シート・キャビティはクラウド・キャビティとなって下流に放出されること．

などを報告している．図5-6はこの様子を模式的に示したものである．

図5-6 クラウド・キャビティの発生機構

Le ら[9]は，翼型に発生する部分キャビテーションについて広範な圧力測定やキャビティ形状（長さ，厚さ）の計測を行っている．キャビティの長さや厚さをさまざまに変化させ，翼面上で計測される平均的な圧力分布と比較した結果，次のような結論に達している．

(1) 比較的薄く安定なキャビティでは re-entrant jet がキャビティ前縁まで到達することができず，大規模なクラウド・キャビティの放出は見られない．この種のキャビティの後縁をモデル化するには後縁が閉じたモデルが適当である．

(2) キャビティの厚さが増すと，re-entrant jet がキャビティ前縁に到達し，そこでちぎれてクラウド・キャビティが放出される．このようなキャビティをモデル化するには非定常性を考慮した後縁が閉じないモデルが適している．

(3) クラウド・キャビティが放出される場合，その放出周波数をシート・キャビティ長さと一様流速で無次元化したストローハル数は，実験条件の違いによらずほぼ一定（約0.3）となる．この値は re-entrant jet が発生してからキャビティ前縁に到達するまでの時間から導くことができる．

一様流に置かれた2次元翼に発生するクラウド・キャビティまわりの流れを計測し，条件付サンプリング法による解析を行った Kubota ら[10]は，クラウ

ド・キャビティには強い循環が伴っていることを発見した．このデータをもとにして，クラウド・キャビティは渦の中心部にキャビティ気泡が集まったものであることを示している．Le らは，Kubota らの計測したクラウド・キャビティに伴う強い循環は re-entrant jet の存在なしには理解できないとしている．

de Lange ら[11]は，翼の腹面側からキャビティの様子を観察できるように，透明な2次元翼を用いてクラウド・キャビティの観察を行っている．その結果，re-entrant jet が確かに確認でき，これがクラウド・キャビティの放出に重要な役割を果たしていると述べている．谷村ら[12]は，翼背面上に re-entrant jet の進行を妨害する小さな障害物を置いたところ，大規模なクラウド・キャビティの放出は見られなくなったと報告している（図5-7）．また，このようにクラウド・キャビティの発生を制御することによって，クラウド・キャビティによる騒音を抑制し，翼の抗力を減少させるのに成功している．

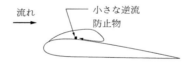

図5-7　クラウド・キャビティの発生の制御

一方，シート・キャビティの表面には図5-8に示すように，上流側の境界層のなごりである自由剪断層，すなわち渦層が存在するから，それが非定常性の原因であるとした研究がある[13)~16)]．

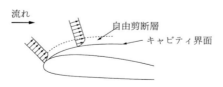

図5-8　キャビティ境界の自由剪断層

例えば Bark ら[14]は，2次元の振動翼にキャビテーションを発生させ，クラウド・キャビテーションを観察した．それによると，キャビティ後端付近の界

面に発生した乱れが発達し，気泡群に分裂し，これが翼の前縁に向かって伝播して行き，それと共に下流側の気泡群は大きく盛り上り，クラウド・キャビティとして放出される．

　実際にキャビティ終端部を注意深く観察すると，放出されるキャビティが小規模な場合は渦層の断続的な放出が支配的であると思われ，シート・キャビティが前縁で切れて大規模なクラウド・キャビティの放出を見る場合には，re-entrant jet がクラウド・キャビティを発生させる原因ではないかと思われる．

放出されたクラウド・キャビテーションの挙動

　シート・キャビテーションから放出された大きな蒸気泡のかたまりは，気泡群に分裂し，クラウド・キャビテーションとなって下流に流れ（図1-4(c)参照），ときには翼表面の近くで崩壊する．このとき，逆U字形のボルテックス・キャビテーションが，クラウド・キャビテーションの中に存在しているのが観察される．このボルテックス・キャビテーションのU字形の先端が翼表面に接したまま崩壊すると，翼表面に大きな衝撃圧が加わる．これはしばしば壊食（エロージョン）を引き起こす．最近の計測では，直径が1mm以下の狭い範囲に，数10Nの衝撃力がかかることが報告されている[17]．

　気泡群による衝撃圧の発生，それによる騒音，壊食などについては，2章，6章，7章に記述されている．

キャビティ界面からの蒸発

　シート・キャビテーションが発生し成長するためには，シート・キャビテーションの表面（界面）で蒸発が起こり，キャビティ内に蒸気が絶えず供給されなければならない．この蒸気の一部は下流側で再び凝縮すると考えられるが，大部分はクラウド・キャビテーションとなって放出される．

　キャビティ界面での蒸発のために必要な熱量は，液体自身が冷却することによって供給される．すなわち，キャビティ内の温度は一般流の温度より低下し，キャビティ界面の液体側には温度境界層が生ずる．この影響はキャビテーションに及ぼす熱力学的効果として知られ，4章で述べられている．

　キャビティ内の温度降下と，それに伴う圧力降下の例は，4章の図4-6に示されている．

最近，140℃の熱水を使ったキャビテーション実験の結果から，シート・キャビティ表面の熱伝達率は，1 MW/m²K 程度という計測結果が報告された[18]．これは同じ条件の固体面からの熱伝達率より1桁程度大きい値である．

キャビテーションの理論解析モデル

スーパ・キャビテーション流れは自由流線の理論を適用できる実例として，古くから研究されてきた[19)20]．それらは，

（1）　Riabouchinsky の鏡像モデル
（2）　出もどりジェットモデル
（3）　トランジション流モデル
（4）　一重渦/二重渦モデル

などである．いずれもキャビティ表面は速度一定の自由流線であり，上に述べたモデルの違いはキャビティ後端をどうにモデル化したかという点にある．

スーパ・キャビテーション流れのモデル化においては，キャビティ後端は物体から遠く離れており，後端のモデルをどのように選ぶかは，物体にかかる力の計算にあまり影響を及ぼさない．

ところが，キャビテーションの長さが物体より短くキャビティ後端が物体上に来る場合には，キャビティ後端をどのようにモデル化するかによって物体上の圧力分布が大きく異なり，場合によっては不合理な計算結果となる．詳細は5.2節に述べる．

キャビテーション流れが境界層の特性に強く影響されることが明らかになるにつれ，粘性を含んだ解析，すなわち Navier-Stokes の式を解くことも試みられている．詳細は5.3節に述べる．

上述の理論解析はスーパ・キャビテーションを含むシート・キャビテーションについてのものであったが，最近バブル・キャビテーション流れについても計算による推定が試みられている[21]．

キャビテーションを考慮した翼の設計

ポンプやプロペラなどで，翼の負圧面の圧力を翼全面にわたって蒸気圧より僅かに高い圧力に保っておけば，その翼にはキャビテーションが発生することはない．ところが，このような翼は設計点より僅かに迎角が増すと，図5-9に

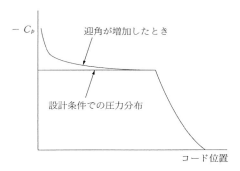

図 5-9　圧力一定条件による設計

見られるように前縁に鋭い負圧のピークが生じ，一定圧力の部分があるため，かえってキャビティ長さが急に増大してしまう．舶用プロペラは船体の伴流中で作動するため，プロペラへ流入する流れの角度は場所によって異なる．ポンプでも上流側にガイドベーンなどがあるときには同様の問題が生じる．

Eppler の方法

Eppler は複数の作動条件に対し，それらを総合的に盛り込んで翼型を設計する方法を開発した[22]．この方法を使うと図 5-10 に示すように，迎角が増加したとき翼前縁付近の圧力分布をフラットにすることができ，キャビティの急成長を押さえることができる．

図 5-11 は Eppler の方法を使って，迎角のできるだけ広い範囲で前縁の負圧のピークが生じないように設計した翼の例である．$\alpha = 1.36°$ では翼背面の

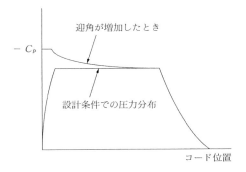

図 5-10　Eppler の方法による設計

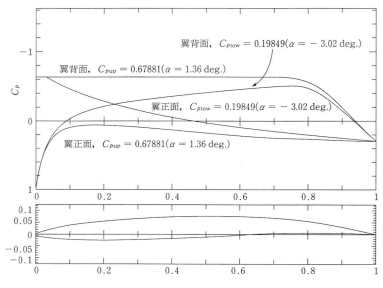

図 5-11　Eppler 翼型の形状と圧力分布の一例（翼厚比 9 %）

圧力がフラットになっており，$\alpha = -3.02°$ では翼正面の前縁で圧力が最も低くなるが，ピークは現れていない．すなわち，この翼は $\alpha = -3.02 \sim 1.36°$ の間でショックフリーの状態となっている．キャビテーション条件の厳しいプロペラの設計などに，このようなキャビテーションを考慮した翼の設計が試みられるようになってきている[23]．

5.2　ポテンシャル流近似による理論解析

ポンプやプロペラなどの翼に発生するキャビテーションをポテンシャル流近似によって理論解析する場合，これまでは薄翼理論である揚力面理論に基づく方法が中心であったが，最近では境界要素法の一種であるパネル法が広く用いられるようになってきた．

パネル法とは，翼やキャビテーション表面などの境界面を微小パネル要素（2 次元問題の場合は線要素）に分割し，各要素内に速度ポテンシャルまたは流体力学的特異点などを分布させて流れを表す方法である．なお，これらの分

布は境界面上の各パネル内で満たすべき条件から構成される連立1次方程式を解くことにより決定される．パネル法は翼厚や翼輪郭，ハブの形状まで正確に考慮できるという大きな利点を有するが，計算量は揚力面理論に比べて増大する．ただし，近年のコンピュータの性能向上に伴い，手軽にパネル法を使用できるようになった．なお，翼形状を厳密に扱うパネル法のような方法は非線形理論とも呼ばれ，これに対し薄翼理論は線形理論と呼ばれている．

　本節では，ポテンシャル流近似による理論解析手法としてパネル法をとりあげ，翼に発生するキャビテーションのうち，シート・キャビテーションに対する適用例について述べることにする．

キャビテーションのモデル化

　ポテンシャル流近似に基づく理論解析においては，キャビテーションを表すためにキャビティ表面で圧力一定（飽和蒸気圧）と仮定する，いわゆる自由流線理論が一般によく用いられる．すなわち，キャビティ表面の接線速度 V_T とキャビテーション数 σ の間には以下のような関係が成り立つと考える．

$$V_T = V_I(1 + \sigma)^{1/2} \tag{5.1}$$

ここで V_I は翼に対する流入速度である．

　しかしながら，キャビティ先端および後端に対しては特別な注意が必要である．シート・キャビティの先端は層流境界層の剥離位置に一致すべきであるため，粘性流計算を行ってその位置を知らなければならないが，これは必ずしも容易ではない．このため通常は，キャビテーション発生位置を翼先端やキャビテーションが発生していない場合の翼表面上の最低圧力点などと考え，計算時に適当な位置を指定する場合が多い．

　キャビティ後端においては，キャビティ後端形状が翼表面と平行となってキャビティ後端が開いている開放型，キャビティが翼表面で閉じる閉鎖型，さらにキャビティ後端に適当な開き幅を与える半閉鎖型の3つのモデルが考えられている．これらのモデルのうち閉鎖型においては図5-12(a)のB点のようにキャビティを閉じてしまうと，この点において翼背面の圧力は図5-12(b)に示すように淀み点の圧力となる．これはキャビティ表面ABでの圧力は蒸気圧に等しいという自由流線の考え方に反することになる．

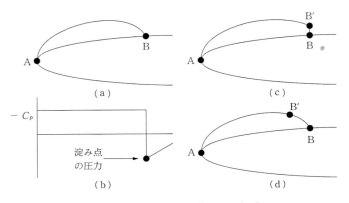

図 5-12　キャビティ後端のモデル化

この矛盾を克服するためのモデル化としてよく知られているのは，キャビティ後端に立てた有限高さの鉛直平板 B′B に沿って蒸気圧から淀み点の圧力へと圧力を変化させる Riabouchinsky モデル（図 5-12(c)）である．また，この他に図 5-12(d) のように B′B 間の速度分布を適当な関数を用いて与える方法も提案されている．ただし，この B′B 間（伴流域，遷移域などと呼ばれる）の長さおよび速度分布の与え方には任意性があり，モデル化には経験的な要素が含まれる．

速度ポテンシャルを未知数とする方法

ここでは速度ポテンシャルを未知数とする方法の一例として Kinnas ら[24]の方法について述べる．今，2次元問題を考えることとし，翼表面（キャビテーションが発生している部分はキャビティ表面）S_B および後流渦面 S_W からなる境界面 S における外向き単位法線ベクトルを $\vec{n}$ とすると，S 上の P 点における撹乱速度ポテンシャル ϕ は Green の定理より，境界面 S 上の吹出し $\ln R(\mathrm{P},\ \mathrm{Q})$ および二重吹出し $\frac{\partial}{\partial n}\{\ln R(\mathrm{P},\ \mathrm{Q})\}$ 分布を含んだ次式のような形で表される．

$$\pi\phi(\mathrm{P}) = \oint_{S_B}\left[\frac{\partial\phi(\mathrm{Q})}{\partial n}\ln R(\mathrm{P},\ \mathrm{Q}) - \phi(\mathrm{Q})\frac{\partial}{\partial n}\{\ln R(\mathrm{P},\ \mathrm{Q})\}\right]dS$$
$$- \oint_{S_W}\Delta\phi_W(\mathrm{Q})\frac{\partial}{\partial n}\{\ln R(\mathrm{P},\ \mathrm{Q})\}dS \tag{5.2}$$

ここで $R(\mathrm{P}, \mathrm{Q})$ は P 点と S 上の Q 点との間の距離を表す．また $\Delta\phi_w$ は後流渦面上のポテンシャルの差であり，翼後縁における Kutta の条件から決定される．

次に，撹乱速度ポテンシャルを決めるための境界条件について述べる．キャビテーションが発生していない翼表面における境界条件は，翼表面を貫く流れがないという条件であり，流入速度ベクトル $\vec{V_I}$ を用いて以下のように表される．

$$\frac{\partial\phi}{\partial n} + \vec{V_I}\cdot\vec{n} = 0 \tag{5.3}$$

キャビテーションが発生している翼表面においては，基本的には自由流線理論に従い，(5.1)式に示されるキャビテーション数とキャビティ表面上の接線速度の関係式を用いる．ただし，キャビテーションのモデル化のところで述べたように，キャビティ後端部においては適当な関数を用いて接線速度を与え，キャビティが翼表面で閉じた点で淀み点の圧力となることを防ぐ必要がある．s をキャビティ先端からキャビティ表面に沿った長さ，s_f をキャビティ先端からキャビティにおおわれた翼表面に沿った長さとすれば，キャビティ表面上における境界条件は以下のようになる．

$$\frac{\partial\phi}{\partial s} + \vec{V_I}\cdot\vec{s} = V_T[1 - f(s_f)] \tag{5.4}$$

ここで $\vec{s}$ はキャビティ表面の接線速度ベクトルである．また，$f(s_f)$ は接線速度を与える関数で，次式が用いられる．

$$f(s_f) = \begin{cases} 0 & , \quad s_f \leq s_T \\ A\left[\dfrac{s_f - s_T}{s_L - s_T}\right]^\nu, & s_T \leq s_f \leq s_L \end{cases} \tag{5.5}$$

(5.5)式は，キャビティ先端から s_f に沿って点 s_T までは接線速度 V_T をそのまま用い，点 s_T からキャビティ後端 s_L までは任意の定数 $A(0 < A < 1)$ および $\nu(\nu > 0)$ を含む関数により接線速度を調節することを示している．このとき，キャビティ後端での接線速度はゼロではない値 $V_T(1 - A)$ となる．なお，この方法ではキャビテーションの長さ l を与え，接線速度 V_T を未知数とする．このため，(5.1)式よりわかるようにキャビテーション数 σ は未知数で

ある．

また，後流渦面の上下面でのポテンシャルの差 $\varDelta\phi_w$ は，Morino ら[25]によって示された Kutta の条件の表示式を用いて以下のように与えられる．

$$\varDelta\phi_w = \phi_T^+ - \phi_T^- \tag{5.6}$$

ここで，ϕ_T^+ および ϕ_T^- は，それぞれ翼後縁の上面および下面における撹乱速度ポテンシャルである．

最後に，接線速度 V_T も未知数となり条件式より未知数の数が 1 つ多くなるため，条件式をもう 1 つ追加して未知数と条件式の数を一致させる必要がある．そこで，キャビティ後端の開き幅 $h(s_L)$ がゼロとなるという条件（キャビティ閉鎖条件）

$$h(s_L) = \frac{1}{V_T} \int_0^{s_L} \frac{1}{1 - f(s_f)} \left[\vec{V_I} \cdot \vec{n} + \frac{\partial\phi}{\partial n} \right] ds = 0 \tag{5.7}$$

が課される．ここで(5.7)式の積分区間は，キャビティ先端からキャビティ表面に沿ってキャビティ後端 s_L までを表す．

キャビテーションが発生していない翼表面およびキャビティ表面を合計 N 個のパネルに分割し，(5.2)式に(5.3)，(5.4)および(5.7)式を考慮すると（N ＋1）個の積分方程式が得られる．キャビテーションが発生していない部分では ϕ が，またキャビティ表面では $\partial\phi/\partial n$ がそれぞれ未知数であり，これらの合計は N 個である．さらに接線速度 V_T も含めて未知数は合計 $N+1$ 個となり，速度ポテンシャル ϕ についての連立 1 次方程式が構成される．キャビティ形状は繰り返し計算により決定される．このとき，繰り返しの第 1 回目のキャビティ形状はわからないので，キャビティを表す初期パネルは翼表面に配置される．それ以降の繰り返しにおいては(5.7)式の s_L を s と置き換えてキャビティ形状 $h(s)$ を求める．

図 5-13 に，2 次元翼型に発生するキャビティの形状とキャビテーション数が繰り返し計算の過程で変化する様子を示す．収束性は優れており，特に繰り返しの第 1 回目の解は収束解にかなり近く効率的である．

図 5-14 は，翼厚の異なる 2 つの 2 次元翼について，ここで述べた方法（非線形理論）によるキャビティ形状の収束解および第 1 回目の解を，線形解およ

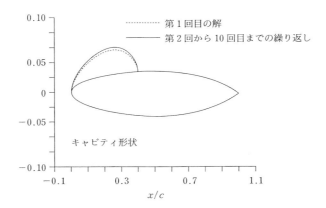

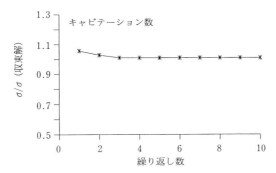

図 5-13 キャビティ形状とキャビテーション数の収束過程（NACA 16006 翼型，$\alpha = 4°$）[24]

び翼先端(前縁)の取り扱いに修正を施した線形解[26]と比較して示したものである．翼が厚くなるとキャビティは短くかつ薄くなることが実験的に知られており，非線形理論の2つの解はこれと同じ傾向を示している．一方，線形解はこれとは逆の傾向にあり，しかもキャビティの長さおよび厚さをかなり過大評価している．線形理論において翼先端の取り扱いに修正を施すと非線形解に近づくが，翼が薄い場合には差が見られる．また，ここには示していないが，翼の迎角が大きいほど両者の差は大きくなるとされている．

特異点分布法

流体力学的特異点を分布させる方法には，使用される特異点の種類および分布位置が異なる様々な方法がある．ここでは SQCM[27] と呼ばれる方法につい

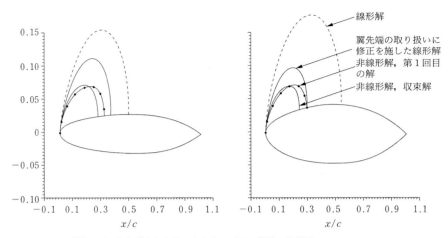

図 5-14 さまざまな方法によるキャビティ形状の比較[24)]
($\alpha = 8°$, NACA 16006 翼型（左），NACA 16009 翼型（右））

て述べることにする．

SQCM は，翼表面にそれぞれのパネル内で一定強さの吹出し（Source）を，翼のキャンバ面上に揚力面理論の一種である準連続渦分布法 QCM (Quasi-Continuous vortex lattice Method)[28)] に従って束縛渦とコントロールポイント（条件を満足させる点）を分布させ，翼表面およびキャンバ面上での垂直速度がゼロという条件（1次式）から，同時に吹出し強さと渦強さを決める方法である（図 5-15 参照）．QCM の理論に従うと，翼最後縁にキャンバ面上のコントロールポイントが配置され，定常問題ではこの点上での垂直速度をゼロと置くことにより翼後縁を回り込む流れがなくなり Kutta の条件が満足

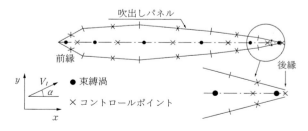

図 5-15 SQCM における吹出しパネル，束縛渦およびコントロールポイントの配置

される．定常問題では SQCM は 3 次元翼でも繰り返し計算を行わずに Kutta の条件を満足させることができるため，他のパネル法に比べ計算時間が節約できるという特徴を持つ．簡単のため，以下には 2 次元問題の定式化について述べることにする．

まず，翼表面上の N 個の吹出し m およびキャンバ面上の M 個の束縛渦 γ による撹乱速度ポテンシャル ϕ_s および ϕ_v は，翼表面の各パネル要素および翼のコード長をそれぞれ s および c として以下のように表される．

$$\phi_s = \sum_{j=1}^{N} m_j \int_{s_j} \ln \sqrt{(x - x')^2 + (y - y')^2} \, ds \qquad (5.8)$$

$$\phi_v = -\frac{\pi c}{2M} \sum_{j=1}^{M} \gamma_j \tan^{-1}\left(\frac{y - y'}{x - x'}\right) \sin \beta_j \qquad (5.9)$$

ここで，束縛渦の x 軸方向の分布位置 x' は QCM の理論に従い，

$$x' = c(1 - \cos \beta_j)/2 \; ; \; \beta_j = (2j - 1)\pi/(2M), \; j = 1, \; 2, \; \cdots, \; M \quad (5.10)$$

のようになる．

翼に流入する速度 V_l が x 軸となす角を α とすると，翼まわりの流れを表す速度ポテンシャル Φ は，

$$\Phi = V_l(x \cos \alpha + y \sin \alpha) + \phi_s + \phi_v \qquad (5.11)$$

となる．

キャビテーションが発生していない場合，翼表面全体およびキャンバ面上での垂直速度がゼロという境界条件

$$\frac{\partial \Phi}{\partial n} = 0 \qquad (5.12)$$

を満足させる．なお，n はそれぞれの面の法線方向を表す．キャンバ面上でのコントロールポイントの x 軸方向位置も，やはり QCM の理論から次のように定められている．

$$x = c(1 - \cos \beta_i)/2 \; ; \; \beta_i = i\pi/M, \; i = 1, \; 2, \; \cdots, \; M \qquad (5.13)$$

(5.12)式の境界条件式は(5.8)，(5.9)および(5.11)式を用いると $(M + N)$ 元の連立 1 次方程式に帰着される．

ここで，キャビテーションが発生していない場合の SQCM の妥当性を確認しておくために，カルマン-トレフツ翼表面上の圧力係数 C_p の計算値を図5-

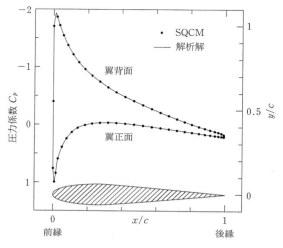

図 5-16 キャビテーションが発生していない場合の翼表面圧力分布
($\alpha = 5°$, カルマン-トレフツ翼型)

16に示す.なお,この翼型には解析解が存在し,それとSQCMによる計算値はよく一致している.また,翼後縁の上面および下面の圧力は一致しており,Kuttaの条件が満足されていることがわかる.

次に,キャビテーションが発生している場合の計算の手順を示す.

【手順1】 キャビティ表面上の接線速度 V_T を実現するための条件式として,Kinnasら[24]の手法と同様に(5.5)式に示されたキャビティ表面での接線速度を与える関数 $f(s_f)$ を用いた次式を使用する.

$$(\Phi_i - \Phi_{i-1})/\Delta s_i = V_T[1 - f(s_f)] \tag{5.14}$$

ここで,Φ_i および Φ_{i-1} は,それぞれ i および $i-1$ 番目のキャビティ表面パネルの中心位置における翼まわりの流れを表す速度ポテンシャル,Δs_i は i および $i-1$ 番目の翼表面パネル中心位置間の距離を表す.

(5.14)式で,キャビティ表面の接線速度を直接用いずに,速度ポテンシャルのキャビティ表面に沿う差分を含むような条件式を採用した理由は,本方法では一定強さの吹出しパネルを用いるため,吹出しパネル自身がパネル中央位置に誘導する撹乱速度の接線成分がゼロとなるので,係数マトリックスの対角項もゼロとなって,解が求め難くなるからである.

次に，キャビティ表面以外の翼表面およびキャンバ面においては，それぞれ
の面を貫く流れがないという条件である(5.12)式を満足させる．

最後に，本計算法ではキャビティ長さを既知とし，接線速度を未知数として
取り扱うため，このままでは条件式が1つ不足する．そこで，キャビティ後端
モデルのうち，閉鎖型または半閉鎖型の場合にはキャビティ後端の開き幅 h
として，それぞれゼロまたはゼロでない値 δ を与える．また，開放型の場合
には，キャビティ後端においてその形状が翼表面と平行となるという条件式を
追加する．

$$h = 0 \qquad \text{(閉鎖型)}$$

$$h = \delta(\neq 0) \quad \text{(半閉鎖型)} \tag{5.15}$$

$$\frac{\partial \Phi}{\partial n_s} = 0 \qquad \text{(開放型)}$$

ここで n_s はキャビティ表面最後端パネル直下の翼表面パネルの法線方向を
意味する．

(5.12)，(5.14)，(5.15)式より，$(M + N + 1)$ 元の連立1次方程式が構
成されるので，これを解いて特異点分布 m, γ およびキャビテーション数 σ
が求められる．なお，(5.12)式を満足させることによって翼後縁を回り込む流
れがなくなり，Kutta の条件は自動的に満足される．

【手順2】 ［手順1］で求めた特異点分布を用いてキャビティ表面の各パネ
ル中心での流速を求めた場合，キャビティ表面の物体表面条件が満足されてい
ないので，キャビティ表面の各位置でパネルが流れの向きに沿うように再配置
する．この再配置の際に必要となるキャビティ形状および(5.15)式中のキャビ
ティ後端の開き幅 h は，Kinnas らの(5.7)式を用いて与える．

上記［手順1］，［手順2］をキャビティ形状が変化しなくなるまで繰り返
す．本方法のチェックのため，Kinnas らと同じ翼型を対象とした計算を行い，
キャビティ形状および圧力分布の結果を比較したのが図5-17[29]である．
SQCM を用いた本方法の計算結果は Kinnas らのものとよく一致しているこ
とがわかる．

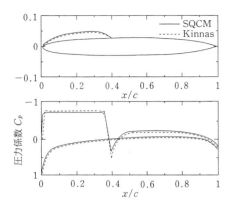

図 5-17　キャビティ形状および圧力分布の比較[29]

5.3　キャビテーション流れの数値解析

　近年の数値流体力学[30]の進展は，流れに関連する広範囲の分野に及んでいる．これは，（1）コンピュータを利用して，ある種の実在の流れを近似する数学モデルに基づき導出された支配方程式系を数値的に解き，（2）コンピュータ上に作られた仮想的な流れを解析することにより，実在の流れの振舞いを理解し評価するもので，特に実験的に得がたい流れの情報を知る上で有効な手法となっている．したがって，数値解析結果の妥当性は，本質的に数学モデルと用いる数値スキームに依存している．

　キャビテーション流れの数値シミュレーションにおいても，まず数学モデルが必要となる．通常，実在のキャビテーション流れは，次のような物理モデルからなる高速気液2相現象と見なされる．

　　モデル1：圧力の低下と共にキャビテーション気泡核から発生した多数の微細なガス気泡で構成されるキャビティを2成分気液2相系として取扱うもの．

　　モデル2：飽和蒸気圧下の液中で蒸発・凝縮を伴い発生・消滅する多数の蒸気泡から構成されるキャビティを1成分気液2相系として取扱うもの．

モデル3：モデル1および2の混合モデルとして取扱うもの.

いずれにしても，キャビテーション流れでは，見かけの圧縮性が顕著な気液2相状態のキャビティ領域とその周囲の非圧縮性単相状態の領域が同時に共存することに注意しなければならない．現在，上記の物理モデルから数学モデルの構築へと研究が進展しつつある．

キャビテーション流れの数値シミュレーションの特徴としては，次のような点が挙げられる．

（1）　キャビティの内部および外部の領域を同時に解析できること．

（2）　本質的に非定常なキャビティの挙動を解析できること．

（3）　圧力場はもとより，キャビテーション流れに影響を及ぼす境界層，
　　　　渦，乱れなどの流れ場の特性を考慮できること．

などである．しかしながら，すでに見てきたように，翼のキャビテーション流れには，バブル・キャビテーションやシート・キャビテーション，クラウド・キャビテーションなどの流れ構造の異なる特徴的な発生形態がある．キャビティなしの単相流から十分発達した各種形態のキャビテーション流れまでを一貫して予測できる数学モデルは，まだ完成の域に達していない．ここでは，これまでのキャビテーション流れの数値シミュレーションに関する研究で提案されたいくつかの数学モデルと，それらを用いた際の解析結果について述べる．

擬似単相媒体モデル

キャビテーション流れは一種の高速気液2相流となるので，流れに支配的な流体の性質としては粘性はもとより見かけの圧縮性が重要となる．物理モデル2に属すると考えられる最も単純な数学モデルは，気液2相流体を擬似単相媒体と見なし，その混合密度 ρ が圧力 p のみで変化するバロトロピー性を仮定するものである[31].

Delannoy ら[32]は蒸発・凝縮が流れの時間スケールに比し瞬時に起こると仮定して，次のようなバロトロピックな擬似単相媒体の状態方程式を提案した．

$$\rho = \begin{cases} \rho_l & ; p - p_v > \Delta p \\ \rho_v & ; p - p_v < -\Delta p \\ \rho_v + \Delta\rho[1 + \sin\{(p - p_v)/(\Delta\rho a_{\min}^2)\}] & ; |p - p_v| < \Delta p \end{cases} \quad (5.16)$$

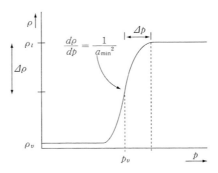

図 5-18 液体/蒸気混合流体の状態方程式[32]

ここで，ρ_v，ρ_l は，それぞれ蒸気および液体の密度で，$\Delta \rho = (\rho_l - \rho_v)/2$，$\Delta p = \pi a_{min}^2 \Delta \rho / 2$ である．図 5-18 には，(5.16)式の関係を図示する．p が $p_v \pm \Delta p$ の遷移領域で圧縮率が大きく変化する数学モデルとなっている．また，a_{min} は最小音速で，蒸気圧近傍の気泡流中では 3.3 m/s 程度に低下する*から，水の場合に Δp は約 5 kPa に相当する．Janssens ら[33]は，このモデルを NACA 0012 翼型に発生するシート・キャビテーション流れに適用し，圧縮性オイラー方程式を擬似圧縮性法[34]によって解くことにより，キャビティの存在を示す等密度線などを求めている．図 5-19 には，キャビテーション数 $\sigma = 0.8$，迎角 4° の場合の無次元時刻 $U_\infty t/c = 0.9$ における計算結果を示す．シート・キャビテーション流れに特徴的な圧力分布が得られるが，キャビティ後端は閉じたものになっている．

一方，Reboud ら[35]も同様のモデルを用いて 2 次元翼型まわりの非定常オイラー解析を行っている．今，計算格子サイズ以下の気泡粒子あるいは液滴粒子で構成される格子内の気液 2 相流体を均質媒体と見なせば，混合密度 ρ は局所ボイド率 α を用いて次のように表される．

$$\rho = (1-\alpha)\rho_l + \alpha \rho_v \tag{5.17}$$

この解析では，密度勾配が大きなキャビティ界面（一種の不連続面）の捕獲に圧縮性流体の高解像度スキームのひとつである ENO (Essentially Non-Oscil-

---

*後述の図 5-25 に示すように，気泡流中の音速はボイド率と圧力に依存して大きく変化することが知られている．

5.3 キャビテーション流れの数値解析　　143

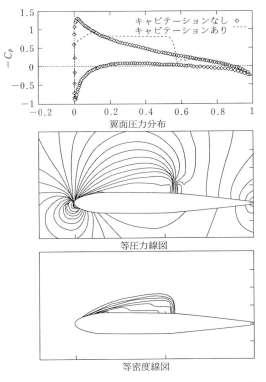

図 5-19　NACA 0012 翼型に発生するシート・キャビティ[33]

latory) スキーム[30]が用いられている．図 5-20 には，Kubota ら[36]が速度場のレーザ計測を行った迎角 6.2°の E. N. (Elliptic Nose) 翼型まわりの非定常シート・キャビティの経時変化と速度ベクトルの解析結果を示す．キャビティは(5.17)式を用いて等ボイド線で表され，シート・キャビティの典型的な 1 周期の振動が定性的に良く捕らえられている．図 5-20(e), (f), (g)では，re-entrant jet の発生とそのキャビティ前縁への衝突による界面分断の様子，図 5-20(h), (a), (b), (c)では分断によって放出されたクラウド・キャビティが翼面近傍のシアーによって引き伸ばされながら下流に運ばれ，崩壊(図 5-20(d)) する様子と図 5-20(b)で新たなシート・キャビティが発生し始める様子が模擬されている．図 5-21 には，主流方向と垂直方向の時間平均速度分

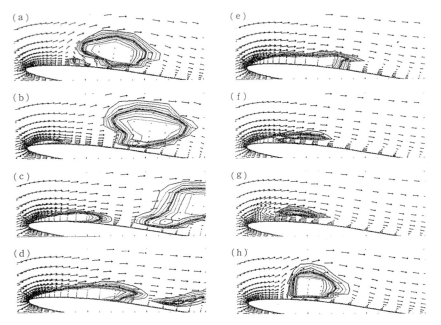

図 5-20 クラウド・キャビティの周期的放出[35]

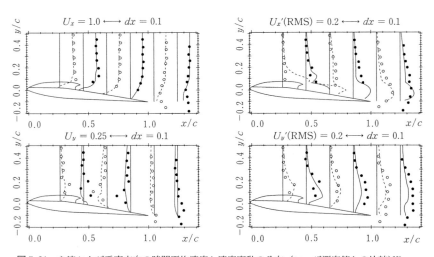

図 5-21 主流および垂直方向の時間平均速度と速度変動の分布（レーザ測定値との比較）[35]

布と変動速度分布をそれぞれ示す．また，図中には最大長さのキャビティ形状が等ボイド線（$\alpha = 0.5$）で表されている．計算結果を Kubota ら[36]の実験値と比較してみると，オイラー解析にもかかわらず全体的な傾向がかなり良く予測されている．特に，主流方向の平均および変動速度分布については，定量的にも良い一致が得られており，シート・キャビティ後流およびクラウド・キャビティ放出の領域で速度変動が大きいことがわかる．図 5-19 に示した前述のJanssens らの解析では，このようなキャビティの非定常挙動が得られていない．このことは，翼面上の境界層挙動の再現性が重要になることを示唆している．ところで，Reboud ら[35]は k - ε モデル[37]を用いた乱流解析も試みている．一般にキャビテーション流れは高レイノルズ数の流れでもあるため，翼面上に発達する境界層の特性に影響されるので，乱流解析の意義は非常に大きい．しかしながら，彼らの解析結果によれば，この時間平均乱流モデルを用いると，キャビティ後縁近傍の強いシアーで渦粘性が過剰にかかり，re-entrant jet の発達が抑制されて，キャビティの非定常挙動が模擬できないことが示唆された．このように，キャビテーション流れの乱流解析は今後の進展に待つところが大きい．

Chen ら[38]は，キャビテーション気泡の発生・消滅が主として圧力履歴に依存することから，混合密度 ρ の時空間変化を圧力差に関係づけた簡単な数学モデルを提案した．

$$D\rho/Dt = C(p - p_v) \tag{5.18}$$

ここに，D/Dt は実質微分で，C は経験定数である．液相は非圧縮性とし ρ の上限を ρ_l（一定）としているため，(5.18)式から $p < p_v$ の状態で初めて $\rho < \rho_l$ のキャビティ領域が出現し，$p > p_v$ になるとキャビティが徐々に崩壊して ρ が ρ_l まで回復する過程が扱える．C の値を大きくとると密度変化が圧力差に敏感になるので，キャビティ内圧をほぼ蒸気圧に保つことができる．彼らは，液相ではナビエ・ストークス方程式（NS 式）を MAC 法[30]で解き，$\rho < \rho_l$ のキャビティ領域では(5.18)式を考慮した圧力方程式から圧力を求めている．このモデルを用いた解析結果の一例として，図 5-22 には頭部形状が円錐体の回転軸対称物体まわりの定常シート・キャビティ形状と壁面圧力分布を示

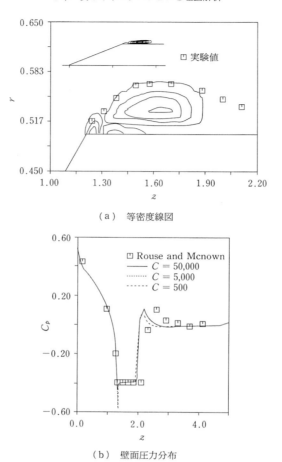

(a) 等密度線図

(b) 壁面圧力分布

図 5-22 円錐体頭部形状の回転軸対称物体に発生するシート・キャビティ（$\sigma = 0.4$）[38]

す．この場合は，定数 C の値が 5000 以上になれば圧力分布はほとんど変化せず，キャビティ形状も含めて Rouse ら[39]の実験値に良く合うことが示されている．しかしながら，このモデルの非定常キャビテーション流れへの適用とその検証は十分になされていない．

以上のように，キャビテーション状態を擬似単相媒体のバロトロピー性のみでモデル化する手法は，取扱いが比較的簡便になるが，かなり半経験的な側面を含んでいることに注意が必要である．

5.3 キャビテーション流れの数値解析

物理モデル2に属する相変化を考慮した数学モデルがSinghalら[40]によって提案されている．まず，蒸気の質量分率 Y と混合密度 ρ との関係は，

$$1/\rho = (1 - Y)/\rho_l + Y/\rho_v \tag{5.19}$$

(5.17)式との対応から，ボイド率 α と Y との関係は

$$\alpha = (\rho/\rho_v)Y \tag{5.20}$$

次に，蒸気質量の保存式を考えると，

$$\frac{\partial}{\partial t}(\rho Y) + \nabla \cdot (\rho \boldsymbol{u} Y) = \nabla \cdot (\Gamma \nabla Y) + R_e - R_c \tag{5.21}$$

ここで，$\boldsymbol{u}$ は速度ベクトル，Γ は有効伝達係数，R_e と R_c はそれぞれ蒸発率および凝縮率である．R_e と R_c に対しては，次のような関係式が仮定されている．

$$p < p_v \text{ のとき，} \quad R_e = C_{ev}(1 - Y)(p_v - p), \ R_c = 0$$
$$p > p_v \text{ のとき，} \quad R_e = 0, \ R_c = C_{co}Y(p - p_v) \tag{5.22}$$

ここで，C_{ev}，C_{co} は経験定数あるいは熱力学的状態量（例えば潜熱）の関数である．彼らは，上記の相変化が乱流場中では圧力変動 p' と密接に関係しているとし，R_e および R_c の時間平均値 $\bar{R}$ を確率密度関数（PDF；Probability Density Function）を用いて，次のように評価している．

$$\bar{R} = \int_{-\infty}^{\infty} R(p)\Psi(p)dp \tag{5.23}$$

ここに，Ψ は PDF で，例えば top hat 分布が用いられ，$|p - p_v| < p'$ の圧力積分範囲で相変化が生ずるものとしている．また，k-ε モデルを組み込んだ時間平均 NS 式と (5.19) 式および (5.21) 式を用いた乱流解析において，p' を乱流エネルギ k と $p' = 0.39\rho k$ の関係で評価している．さらに，乱流場の Γ を $\Gamma = \mu/S_c + \mu_t/S_{ct}$ で与えている．ここに，μ_t は渦粘性で，S_{ct} は乱流シュミット数である．図5-23には，このモデルを用いて行った NACA 66 翼型まわりの定常キャビテーション流れの乱流解析結果の一例を示す．レイノルズ数は $Re = 2 \times 10^6$，迎角は $4°$ である．σ の減少とともに，翼前縁近傍からシート・キャビティの存在を示す等ボイド線が下流に延び，キャビティ長さが増加している．しかしながら，相変化を考慮していても定常乱流解析のため，re

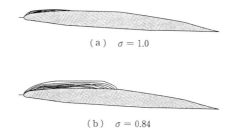

図 5-23 NACA 66 翼型に発生する前縁シート・キャビティ[40]

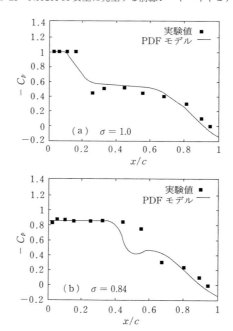

図 5-24 NACA 66 翼型の負圧面上の圧力分布[40]

-entrant jet の発生などの非定常性の再現は今後に残された課題となっている．図 5-24 には，対応する翼負圧面側の圧力分布を示す．Shen ら[41]の実験値と比較すると全体的に良い一致が見られるが，キャビティ長さが過小評価されるため，キャビティ後縁付近の圧力分布に不一致が現れている．実在キャビティが蒸気のみならず非凝縮性気体も含んでいることを考慮できる物理モデル 3 への展開が期待される．

非凝縮性気体と液体の気液混合状態のキャビティ領域で顕著となる見かけの圧縮性に着目したモデリングも試みられている．奥田ら[42]は，気相に理想気体の状態方程式を，液相にTamman型の状態方程式[43]を採用し，微小体積要素内で局所的に有限なボイド率を有する均質な気液2相媒体の状態方程式を導出している．今，気体の密度を ρ_g とすれば，(5.17)式より，

$$\rho = (1 - \alpha)\rho_l + \alpha\rho_g \tag{5.24}$$

また，気体の質量分率 Y と α の関係は，(5.20)式より

$$\alpha = (\rho/\rho_g)Y \quad \text{あるいは} \quad 1 - \alpha = (\rho/\rho_l)(1 - Y) \tag{5.25}$$

上記の気液両相の状態方程式と(5.24)式および(5.25)式を用いて ρ_l, ρ_g および α を消去すれば，気液2相媒体の状態方程式は，

$$\rho = \frac{p(p + p_c)}{K(1 - Y)p(T + T_0) + RY(p + p_c)T} \tag{5.26}$$

(5.26)式において，単相の液体（ $Y = 0$ ）あるいは気体（ $Y = 1$ ）とすれば，それぞれ次の状態方程式に帰着する．

$$p + p_c = \rho_l K(T + T_0) \tag{5.27}$$

$$p = \rho_g RT \tag{5.28}$$

ここで，液体の状態方程式(5.27)における p_c は圧力定数，T_0 は温度定数，K は液体定数で，気体の状態方程式(5.28)における R は気体定数，そして T は絶対温度である．今，4章で述べたような熱力学的効果を無視して，キャビテーション流れが等温条件下で発生するものとすれば，(5.26)式より圧力 p は混合密度 ρ と気相の質量割合 ρY の関数と見なせる．したがって，圧力の増分 dp は，

$$dp = \frac{\partial p}{\partial \rho}d\rho + \frac{\partial p}{\partial(\rho Y)}d(\rho Y) \tag{5.29}$$

さらに，相変化を無視して $dY = 0$ とすれば，(5.29)式より等温音速 c は次のように表せる．

$$c^2 \equiv \frac{dp}{d\rho} = \frac{\partial p}{\partial \rho} + Y\frac{\partial p}{\partial(\rho Y)} \tag{5.30}$$

(5.26)式を用いれば，(5.30)式より c は次のように求まる[44]．

$$c^2 = \frac{c_1}{c_2} \frac{p(p+p_c)}{\rho} \tag{5.31}$$

ここで,
$$c_1 = Y\{R(p+p_c) - Kp\} + Kp$$
$$c_2 = Y\{R(p+p_c)^2 - Kp^2\} - \rho KRY(1-Y)p_c T_0 + Kp^2$$

また，(5.25)式の α と Y の関係は，(5.26)式および(5.28)式より，次のように書きなおせる．

$$\alpha = \frac{RY(p+p_c)T}{K(1-Y)p(T+T_0) + RY(p+p_c)T} \tag{5.32}$$

図 5-25 には，(5.31)式から求まる空気-水系の等温音速 c のボイド率 α に対する変化を示す．基準温度は $T = 293\,\mathrm{K}$ (20°C) である．c は α のみならず p によっても変化する．しかし，$\alpha = 0$ または 1 でも c の値が発散しないことが，この局所均質 2 相媒体の特徴である．音速が α の増加と共に急速に低下し，再び増加する傾向が見て取れ，均質気泡流中での Karplus ら[45]の実験値とも対応していることがわかる．このようなモデリングは，物理モデル 1 で最も単純な局所均質を仮定した場合の数学モデルに対応している．したがって，キャビテーション流れの数値解析にあたっては，状態方程式(5.26)を用いて，擬似単相媒体としての圧縮性気液 2 相流体の NS 式と気相の質量保存式((5.21)式で右辺を零としたもの) を同時に解くことになる．2 次元の場合の

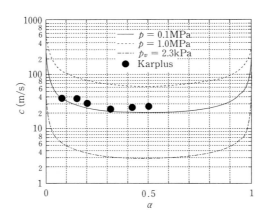

図 5-25　等温音速 c とボイド率 α との関係 (20°C)

支配方程式は次のようになる.

$$\frac{\partial \phi}{\partial t} + \frac{\partial F}{\partial x} + \frac{\partial G}{\partial y} = \frac{\partial R_{vis}}{\partial x} + \frac{\partial S_{vis}}{\partial y} \tag{5.33}$$

$$\phi = \begin{bmatrix} \rho \\ \rho u \\ \rho v \\ \rho Y \end{bmatrix}, \quad F = \begin{bmatrix} \rho u \\ \rho u^2 + p \\ \rho uv \\ \rho u Y \end{bmatrix}, \quad G = \begin{bmatrix} \rho v \\ \rho uv \\ \rho v^2 + p \\ \rho v Y \end{bmatrix}$$

$$R_{vis} = \begin{bmatrix} 0 \\ \tau_{xx} \\ \tau_{yx} \\ 0 \end{bmatrix}, \quad S_{vis} = \begin{bmatrix} 0 \\ \tau_{xy} \\ \tau_{yy} \\ 0 \end{bmatrix}$$

ここで, ϕ は未知変数ベクトル, F, G は流束ベクトル, R_{vis}, S_{vis} は粘性項で u, v はそれぞれ x, y 方向の速度成分である. また, τ_{xx}, τ_{xy}, τ_{yy} の粘性応力テンソル成分に含まれる混合粘性係数 μ は, 次のように定義している[46].

$$\mu = (1 - \alpha)(1 + 2.5\alpha)\mu_l + \alpha\mu_g \tag{5.34}$$

ただし, μ_l, μ_g はそれぞれ液体および気体の粘性係数である. 支配方程式 (5.33) は, 密度差の大きなキャビティ界面のような不連続を伴う圧縮性高速流れに対し安定に解かれる必要があり, 例えば TVD 予測子修正子法[47]が適用されている. このモデルの特徴は, (1) 格子スケール以上の気液界面はそのまま解像され, 格子スケール以下の気液混合状態は格子内で一様のボイド率を有する均質媒体として取り扱われる, (2) 気液界面は密度の跳びを許す接触不連続面として取り扱われる, (3) 衝撃波などの波の干渉を捕らえられる, ことなどである. 図5-26 には, 2次元垂直平板まわりの非定常キャビテーション流れの数値解析例[44]を示す. 主流ボイド率は一定の 0.1% を与え, レイノルズ数 $Re = 9 \times 10^3$ である. 図中には, 種々の σ における垂直平板背後のキャビティおよびその後流の様相が, ボイド率と速度ベクトルで可視化されている. σ が小さくなるにつれ, 平板から放出されたカルマン渦に起因した渦キャビテーション流れから十分発達した非定常キャビティ流れへとパターンが変化する過

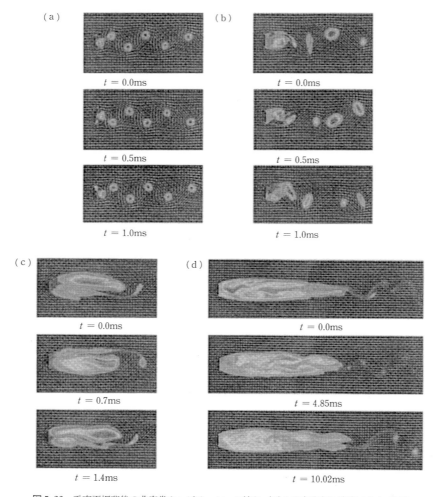

図 5-26 垂直平板背後の非定常キャビテーション流れ（ボイド率分布と速度ベクトル）[44]
(a) $\sigma = 4.35$, (b) $\sigma = 2.44$, (c) $\sigma = 1.68$, (d) $\sigma = 1.18$

程が模擬されている．また，キャビティ内部は非一様な気液混合状態で，σ の低下と共に放出渦のストローハル数は減少している．図 5-27 には，平板高さ h で無次元化した時間平均のキャビティ長さ l_c と最大キャビティ厚さ $(T_{\max})_c$ を σ に対して示す．Waid ら[48]の実験値と比較すると，キャビティ厚さの変化はほぼ妥当であるが，キャビティ長さが過大評価されており，計算条件の吟味

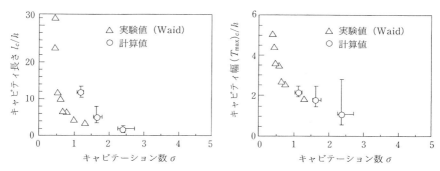

図 5-27 垂直平板背後のキャビティ長さと最大厚さの変化[44]

やモデルそのものの改良の余地が残っている．

気泡流モデル

物理モデル1に従って，できるだけ忠実にモデル化しようとする試みがなされている．このモデル化の特徴は，キャビテーション流れを気泡核から発生した多数のキャビテーション気泡で構成される気泡流と見なし，気泡の成長・崩壊を2章で述べた気泡力学を導入して数学モデルを構築しようとするところにある．

Kubotaら[49]は，キャビテーション流れ場をミクロとマクロの視点からモデル化している．マクロに見れば，流れ場は密度変化の大きい単相の圧縮性粘性流体であると見なし，これには連続体としてのNS式を適用する．一方，ミクロに見れば，流れ場は格子スケール程度の領域内で均一な微小気泡の集合から構成されていると見なし，局所的な格子内の混合密度 ρ を(5.24)式で与える．ただし，通常 $\rho_g \ll \rho_l$ であることを考慮して，次のように近似している．

$$\rho = (1-\alpha)\rho_l \tag{5.35}$$

このとき局所ボイド率 α は，気泡数密度 n と気泡半径 R によって次のように表される．

$$\alpha = n\frac{4}{3}\pi R^3 \tag{5.36}$$

ここで，気泡半径 R は，気泡の成長・崩壊を記述するRayleighの式をもとに，格子体積に等しい等価半径 Δr の球の中心にある気泡に対して球内にある

周囲の気泡群から誘起される速度ポテンシャルを重ね合せて修正した，次のような気泡の運動方程式から求められる．

$$(1 + 2\pi \Delta r^2 nR)R\frac{D^2R}{Dt^2} + \left(\frac{3}{2} + 4\pi \Delta r^2 nR\right)\left(\frac{DR}{Dt}\right)^2 + 2\pi \Delta r^2 \frac{Dn}{Dt}R^2\frac{DR}{Dt}$$
$$= \frac{p_v - p}{\rho_l} \tag{5.37}$$

(5.37)式中の Δr の含まれている項が気泡間の相互作用の影響を表しているが，気泡と液体間の速度スリップはないとしている．また，NS式中の粘性項には，次のような混合粘性係数 μ が用いられている．

$$\mu = (1 - \alpha)\mu_l + \alpha\mu_g \tag{5.38}$$

数値解析にあたっては，まず気泡数密度 n と気泡初期半径 R_0 を与え，NS式と(5.37)式を連立させて MAC 法に準じた解法で時間進行の計算が行われる．n と R_0 の値は，実在の気泡核分布を参照してこれらの代表値（例えば $R_0 = 60\,\mu\text{m}$）が設定されるが，n は流れ場で一定としている．図5-28および図5-29には，同一の気泡核条件下における NACA 0015 翼型まわりのキャビテーション流れ（$\sigma = 1.0$, $Re = 3 \times 10^5$）の解析結果を示す．図5-28は迎角が

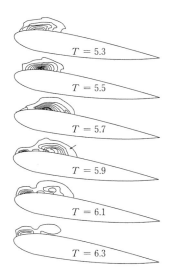

図 5-28　NACA 0015 翼型に発生するシート・キャビティの経時変化[49]
　　　　（迎角 8°, $\sigma = 1.0$）

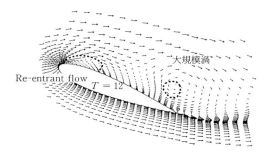

図 5-29 NACA 0015 翼型に発生するクラウド・キャビティと速度ベクトル[49]
（迎角 20°, $\sigma = 1.0$）

8°の場合で，前縁シート・キャビティの経時変化が等ボイド線で表されている．キャビティ内は剥離流れであり，剥離剪断層はキャビティ下流で再付着している．前縁キャビティから小規模のクラウド・キャビティの放出が模擬されているが，この放出は re-entrant jet の作用よりは，むしろ剥離剪断層の不安定に起因することが示唆されている．迎角を増すと境界層は前縁からバーストし，翼下流に大規模な渦を放出する．図 5-29 は大迎角の 20°の場合で，翼型まわりの瞬時の速度ベクトルとキャビティの存在を示す等ボイド率 0.1 の領域が点線で示されている．この場合は，厚みを増した前縁シート・キャビティから re-entrant jet の衝突により分離されたクラウド・キャビティが大規模渦と共に下流に放出される様子が模擬されている．このように，境界層の特性とキャビテーション流れのパターンが密接な関係にあることを理解できることは，数値解析の大きな長所である．このモデルは，有限幅の直進翼[50]や，後退翼[52]，回転翼[51]の 3 次元キャビテーション流れ解析にも適用されている．

Matsumoto ら[53]は，キャビテーション流れを多数の気泡で構成される分散相（気相）と液体の連続相（液相）からなる気泡流と見なし，各相を別々に取扱う 2 流体モデル[54]をもとに，マクロな気泡流の運動にミクロな気泡の並進運動および体積運動を組み込んだ数学モデルを提案している．モデル化にあたり，(1)液相は非圧縮性である，(2)気泡は球状で合体はしない，(3)気相の密度は液相のそれに比べて無視できる，(4)気泡内は蒸気および非凝縮性気体で満たされている，などが仮定されている．まず，この仮定の下に，気泡流と

しての液相体積率の保存式，運動量の保存式が定式化される．気泡流の有効粘性係数は，

$$\mu = \{1 + \alpha\,(\mu_l + 0.4\,\mu_g)/(\mu_l + \mu_g)\}\mu_l \tag{5.39}$$

次に，液相に対し相対運動している気泡の数密度の保存式および並進運動の式は，それぞれ

$$\frac{\partial n}{\partial t} + \nabla\cdot(n\boldsymbol{u}_g) = 0 \tag{5.40}$$

$$\frac{D_g}{Dt}\left(\beta\rho_l\frac{4}{3}\pi R^3 \boldsymbol{u}_g\right) - \frac{D_l}{Dt}\left(\beta\rho_l\frac{4}{3}\pi R^3 \boldsymbol{u}_l\right) = -F_P - F_D - F_L \tag{5.41}$$

ここで，$\boldsymbol{u}_l$，$\boldsymbol{u}_g$ はそれぞれ液相および気相の速度ベクトルである．(5.41)式の左辺は気泡の付加質量力で，右辺の F_P，F_D，F_L はそれぞれ，周囲流体中の圧力勾配による浮力，気泡に働く抗力および揚力である．また，この式中の D_l/Dt，D_g/Dt は，それぞれ液相および気相から見た実質微分を表し，β は付加質量係数（球状気泡では $\beta = 0.5$）である．上述の気泡流の各保存式に含まれるボイド率は(5.36)式で与えられるので，気泡半径 R を求める必要がある．これには，次のような Rayleigh-Plesset の式が用いられる．

$$R\frac{D_g^{\,2}R}{Dt^2} + \frac{3}{2}\left(\frac{D_gR}{Dt}\right)^2 = \frac{p_b - p_l}{\rho_l} + \frac{1}{4}\,|\,\boldsymbol{u}_g - \boldsymbol{u}_l\,|^2 \tag{5.42}$$

ここで，p_l は液相の圧力，p_b は気泡内の圧力である．また，気泡内の非凝縮性気体の分圧 p_g は，気泡の膨張時は等温変化，収縮時は断熱変化として取り扱われている．計算は，これらの支配方程式を SMAC 法に準拠した差分法を適用して行われる．図 5-30 には，迎角 8° の NACA 0012 翼型の負圧面におけるシート・キャビティ背後での気泡数密度 n の等値線とスリップ速度ベクトルを示す．計算条件は，主流ボイド率が 0.1%，気泡初期半径 $R_0 = 10\mu$m，レイノルズ数 $Re = 2\times10^5$ で，$\sigma = 1.0$ の場合である．キャビティ後縁の背後で大きなスリップ速度が誘起され，n の等値線が密になっていることがこの解析結果からわかる．図 5-31 には，揚力係数 C_L の σ に対する変化を示す．5.1 節で述べたような揚力の変化が予測されており，このモデルの適用性に興味が持たれる．

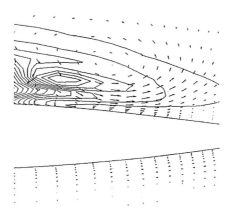

図 5-30　シート・キャビティ背後の気泡数密度線図とスリップ速度ベクトル[53]

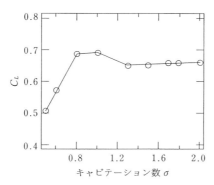

図 5-31　NACA 0012 翼型の揚力係数 C_L の σ による変化[53]

参考文献

1) Numachi, F. : "Effect of Static Pressure Differences on the Cavitation Characteristics of Hydrofoil Profile, (Report 2, The Case of High Static Pressures)", Cavitation in Hydrodynamics, NPL, Paper 17 (Sep. 1955) 1-14
2) Franc, J. P. & Michel, J. M. : "Attached Cavitation and the Boundary Layer: Experimental Investigation and Numerical Treatment", J. Fluid. Mech., Vol. 154 (1985) 63-90

Franc, J. P. & Michel, J. M. : "Unsteady Attached Cavitation on an Oscillating Hydrofoil", J. Fluid. Mech., Vol. 193 (1988) 171-189

3) 加藤洋治ほか："翼型の剝離流キャビテーションに対する気泡核の影響"，日本機械学会流工部門講演会，No. 920-68（1992）216-218

4) Yamaguchi, H. & Kato, H. : "On Application of Nonlinear Cavity Flow Theory to Thick Foil Sections", 2nd Int. Conf. on Cavitation, IMech E (1983) 167-174

5) Rowe, A. & Blottiaux, O. : "Aspects of Modelling Partially Cavitating Flows", J. Ship Res., Vol. 37, No. 1 (1993) 34-48

6) Lemonnier, H. & Rowe, A. : "Another Approach in Modelling Cavitating Flows", J. Fluid. Mech., Vol. 195 (1988) 557-580

7) 川並康剛，加藤洋治，山田　一，前田正二："2次元のシート・キャビテーションまわりの流場構造"，日本造船学会論文集，Vol. 177（1995）67-80

8) Knapp, R. T. : "Recent Investigations of the Mechanics of Cavitation and Cavitation Damage", Trans. ASME, Vol. 77 (1955) 1045-1054

9) Le, Q., Franc, J. P. & Michel, J. M. : "Partial Cavities: Global Behavior and Mean Pressure Distribution", ASME J. Fluids Eng., Vol. 115 (1993) 243-248

10) Kubota, A., Kato, H., Yamaguchi, H. & Maeda, M. : "Unsteady Structure Measurement of Cloud Cavitation on a Foil Section Using Conditional Sampling Tehnique", ASME J. Fluids Eng., Vol. 111 (1989) 204-210

11) de Lange, D. F., de Bruin, G. J. & van Wijngaarden, L. : "On the Mechanism of Cloud Cavitation-Experiment and Modeling", Proc. 2nd International Symposium on Cavitation, Tokyo (1994) 45-50

12) 谷村正治，多賀谷義典，加藤洋治，山口　一，前田正二，川並康剛："翼型のクラウド・キャビテーションの発生機構とその制御"，日本造船学会論文集，Vol. 178（1995）41-50

13) Shen, Y. & Peterson, F. B. : "Unsteady Cavitation on an Oscillating Hydrofoil", Proc. 12th ONR Symposium on Naval Hydrodynamics (1978) 362-384

14) Bark, G. & van Berlekom, W. B. : "Expermental Investigations of Cavitation Noise", Proc. 12th ONR Symposium on Naval Hydrodynamics (1978) 470-493

15) Avellan, F., Dupont, P. & Ryhming, I. : "Generation Mechanism and Dynamics of Cavittaion Vortices Downstream of a Fixed Leading Edge Cavity", Proc. 17th ONR Symposium on Naval Hydrodynamics (1988) 317-329

16) van der Meulen, J. H. J. & Wijnant, I. L. : "On the Structure and Intensity of Sheet Cavitation", Proc. ASME Cavitation and Multiphase Flow Forum, FED-Vol. 98 (1990) 101-105

参考文献　159

17) 金野祥久，加藤洋治，山口　一，前田正二："キャビテーション壊食量の推定法（第2報）"，日本造船学会論文集，Vol. 184（1998）15-26

18) 多賀谷義典，加藤洋治，山口　一，前田正二："シート・キャビテーションに対する熱的影響に関する研究"，ターボ機械，Vol. 26，No. 9（1998）513-521

19) Plesset M. S. & Parkin B. R. : "Hydrofoils in Noncavitating and Cavitating Flow", Cavitation in Hydrodynamics, Symp. at NPL, Paper 15 (1955) 1-15

20) Tulin, M. P. : "The Shape of Cavities in Supercavitating Flows", Proc. 11th Int. Congress of Appied Mechanics (1964) 1145-1155

21) 豊田　真，加藤洋治，山口　一："バブルキャビテーション時の翼型性能推定"，日本造船学会論文集，Vol. 186（1999）

22) Eppler, R. & Somers, D. M. : "A Computer Program for the Design and Analysis of Low-speed Airfoils' ", NASA TM 80210 (1980)

23) Yamaguchi, H., Kato, H., Maeda, M. and Toyoda, M. : "High Performance Foil Sections with Delayed Cavitation Inception", 3rd ASME/JSME Joint Fluids Engineering Conference, San Francisco, FEDSM 99-7294

24) Kinnas, S. A. and Fine, N. E. : "A Numerical Nonlinear Analysis of the Flow Around 2-D and 3-D Partially Cavitating Hydrofoils", J. Fluid Mech., Vol. 254 (1993) 151-181

25) Morino, L. and Kuo, C.-C. : "Subsonic Potential Aerodynamics for Complex Configurations: A General Theory", AIAA Journal, Vol. 12, No. 12 (1974) 191-197

26) Kinnas, S. A. : "Leading-edge Corrections to the Linear Theory of Partially Cavitating Hydrofoils", J. Ship Res., Vol. 35 (1991) 15-27

27) 中武一明，安東　潤，片岡克己，吉武　朗："簡便な一厚翼計算法"，西部造船会会報，No. 88（1995）13-21

28) Lan, C. E. : "A Quasi-Vortex-Lattice Method in Thin Wing Theory", J. of Aircraft, Vol. 11, No. 9 (1974) 518-527

29) 毎田　進，安東　潤，中武一明："簡便なパネル法による2次元部分キャビテーションの計算"，キャビテーションに関するシンポジウム（第9回），日本学術会議（1997）143-146

30) 保原　充，大宮司久明編："数値流体力学"，東京大学出版会（1992）

31) Song, C. C. S. & He, J. : "Numerical Simulation of Cavitating Flows by Single-Phase Flow Approach", Proc. 3rd Int. Symp. on Cavitation, Grenoble, Vol. 2 (1998) 295-300

32) Delannoy, Y. & Kueny, J. L. : "Two-Phase Flow Approach in Unsteady Cavitation Modelling", Cavitation and Multiphase Flow, ASME FED-Vol. 98

(1990) 153-158

33) Janssens, M. E., Hulshoff, S. J. & Hoeijmarkers, H. W. M. : "Calculation of Unsteady Attached Cavitation", AIAA Paper 97-1936, Snowmass (1997)

34) Rogers, S. E. & Kwak, D. : "Steady and Unsteady Solution of Incompressible Navier-Stokes Equations", AIAA J., Vol. 29 (1991) 603-610

35) Reboud, J. L. & Delannoy, Y. : "Two-Phase Flow Modelling of Unsteady Cavitation", Proc. 2nd Int. Symp. on Cavitation, Tokyo (1994) 39-44

36) Kubota, A., Kato, H., Yamaguchi, H. & Maeda, M. : "Unsteady Structure Measurement of Cloud Cavitation on a Foil Section Using Conditional Sampling Technique", ASME, J. Fluids Eng., Vol. 111 (1989) 204-210

37) 大宮司久明，三宅　裕，吉澤　徹編：“乱流の数値流体力学”，東京大学出版会 (1997)

38) Chen, Y. & Heister, S. D. : "Two-Phase Modelling of Cavitated Flows", Computers & Fluids, Vol. 24 (1995) 799-809

39) Rouse, H. & Mcnown, J. S. : "Cavitation and Pressure Distribution, Head Forms at Zero Angle of Yaw", State Univ. of Iowa, Eng. Bull., No. 32 (1948)

40) Singhal, A. K., Vaidya, N. & Leonard, A. D. : "Multi-Dimensional Simulation of Cavitating Flows Using a PDF Model for Phase Change", ASME, FEDSM -97-3272 (1997) 1-8

41) Shen, Y, T. & Dimotakis, P. E. : "The Influence of Surface Cavitation on Hydrodynamic Forces", Proc. 22nd ATTC, St. Johns (1989)

42) 奥田孝造，井小萩利明：“気泡雲の崩壊挙動の数値シミュレーション”，日本機械学会論文集（B），Vol. 62（1996）3792-3797

43) Chen, H. T. & Colins, R. : "Shock Wave Propagation Past an Ocean Surface", J. Computational Physics, Vol. 7 (1971) 89-101

44) Shin, B. R. & Ikohagi, T. : "A Numerical Study of Unsteady Cavitating Flows", Proc. 3rd Int. Symp. on Cavitation, Grenoble, Vol. 2 (1998) 301-306

45) 赤川浩爾：“気液二相流”，コロナ社（1974）

46) Beattie, D. R. H. & Whalley, P. B. : "A Simple Two-Phase Frictional Pressure Drop Calculation Method", Int. J. Multiphase Flow, Vol. 8 (1982) 83 -87

47) Yee, H. C. : "Upwind and Symmetric Shock-Capturing Schemes", NASA-TM-89464 (1987)

48) Waid, R. L. : "Water Tunnel Investigation of Two-Dimensional Cavities", Caltech, Hydrodyn. Lab. Rep. (1957) E-73.6

49) Kubota, A., Kato, H. & Yamaguchi, H. : "A New Modelling of Cavitating

Flows: A Numerical Study of Unsteady Cavitation on a Hydrofoil Section",
J. Fluid Mech., Vol. 240 (1992) 59-96

50) 加藤洋治，山口　一，高杉信秀，金丸正憲："有限幅直進翼に発生するキャビ
テーションの差分計算"，日本造船学会論文集，Vol. 168（1990）97-104

51) 岸本　謙，加藤洋治，山口　一："回転翼周りのキャビテーション流場の数値
解析"，日本造船学会論文集，No. 173（1993）89-95

52) 加藤洋治，山口　一，重満弘史，原田昌彦，高杉信秀："後退翼まわりの流れ
とキャビテーションに関する研究"，日本造船学会論文集，Vol. 176（1994）43
-50

53) Matsumoto, Y., Kanbara, T., Sugiyama, K. & Tamura, Y. : "Numerical
Study of Cavitating Flow on a Hydrofoil", ASME, PVP-Vol. 377-2 (1998) 243
-248

54) Ishii, M. : "Thermo-Fluid Dynamic Theory of Two-Phase Flow", Eyrolles,
Paris (1975)

6章　キャビテーションによる騒音

6.1　キャビテーション騒音の特徴

　キャビテーションによる騒音は流体騒音の一種である．まず，流体騒音の発生メカニズムをその基礎式から考える[1]．流れにより発生する音場を支配する波動方程式は，Navier-Stokes の式を変形した Lighthill 方程式(6.1)で与えられる．

$$\frac{1}{c^2}\frac{\partial^2 p}{\partial t^2} - \nabla^2 p = \frac{\partial m}{\partial t} - \frac{\partial f_i}{\partial x_i} + \frac{\partial^2 T_{ij}}{\partial x_i \partial x_j} \tag{6.1}$$

ここで，p：音圧，c：流体中の音速，m：単位体積単位時間あたりの湧き出し，f_i：単位体積あたりに作用する物体力，T_{ij}：Lighthill の応力テンソル $\fallingdotseq \rho v_i v_j$．

　(6.1)式の右辺が音源の強さを表し，それぞれ，音響単極子，音響二極子，音響四極子に対応している．各々の音源に対応した騒音の例として，音響単極子はキャビテーション騒音，音響二極子はファン騒音，音響四極子はジェット騒音が挙げられる．固体壁のない無限に広い空間での(6.1)式の解は(6.2)式で与えられる．

$$\begin{aligned}
p(x,\ t) = &\frac{1}{4\pi}\iiint \frac{\partial}{\partial t}m(t - r/c)\,dv \\
&+ \frac{1}{4\pi}\iiint \frac{x_i - y_i}{r}\left[\frac{1}{c}\frac{\partial}{\partial t}f_i(t - r/c) + \frac{1}{r}f_i(t - r/c)\right]dv \\
&+ \frac{1}{4\pi}\iiint \frac{(x_i - y_i)(x_j - y_j)}{r^2}\left[\frac{1}{c^2}\frac{\partial^2}{\partial t^2}T_{ij}(t - r/c)\right. \\
&\left.+ \frac{3}{r}\left(\frac{1}{c} + \frac{1}{r}\right)T_{ij}(t - r/c)\right]dv
\end{aligned} \tag{6.2}$$

ここで，x_i：観測点，y_i：音源の位置ベクトル，dv：y_i の位置における体積要素，r：音源から観測点までの距離．

(6.2)式で $1/r$ のべき数が小さい項ほど遠距離音場で支配的な項である．代表流速を U とすると，m, f_i, T_{ij} の大きさはそれぞれ，U, U^2, U^2 に比例する．したがって，遠距離音場での音源としての強さは，それぞれ，U^2, MU^2, M^2U^2 に比例する．M はマッハ数 $(=U/c)$ である．水中の場合，代表流速 U は音速 c よりかなり小さい，すなわち $M \ll 1$ であるため，単極音源であるキャビテーションが水中における主要な流体騒音となる．

(6.2)式より，キャビテーション気泡の体積変動により騒音が発生する．特に気泡が崩壊するときに高い圧力波のピークが発生する．したがって，個々の気泡がつぶれるまでに要する時間によって決められる周波数が特徴的な周波数になる．この場合，気泡が大きいほど低い周波数の音が卓越することになる．一方，キャビティが全体として変動しているときには，その変動周波数の音も顕著になる．図6-1に舶用プロペラのキャビテーション騒音の典型的なスペクトラムを示す[2]．個々のキャビティ気泡の崩壊による広帯域の雑音に加えて，キャビティ全体の体積変化によるスパイク状の低周波数騒音，すなわち翼通過周波数（$=NZ$，N：プロペラ回転数，Z：プロペラ翼数）とその高次成分が現れている．なお，音を表示する場合，その対象とする周波数，強さの範囲がきわめて広いので図6-1に示すように対数表示で表す場合が多い．特に音の強

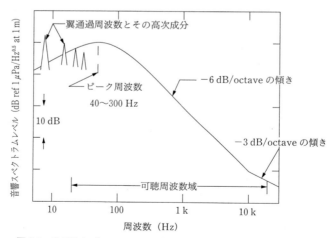

図6-1　典型的なプロペラ・キャビテーション騒音スペクトラム[2]

さは，ある基準の音の強さに対する比の対数をとって，デシベル（dB）で表す．音の強さは単位面積当たりのパワー（watt/m²）で与えられるので，音圧で比較するときには音圧の2乗で比較する．すなわち，

$$L_s = 10 \log\left(\frac{p^2}{p_{ref}{}^2}\right) = 20 \log\left(\frac{p}{p_{ref}}\right) \tag{6.3}$$

ここで，L_s：音の強さ，p_{ref}：基準音圧．
基準音圧は，空中の場合 $20\,\mu$Pa を，水中の場合 $1\,\mu$Pa を用いる．騒音の場合は，図6-1に示すように周波数領域で評価される場合が多い．このため，音の強さは(6.4)式のパワースペクトラム G で表される．

$$G = \left| \int_{-\infty}^{\infty} p(t) \exp\left(-j2\pi f t\right) dt \right|^2 \tag{6.4}$$

G は 1 Hz 当たりの音のエネルギ密度である．また，水中音の計測値は(6.5)式で表される 1/3 オクターブバンド計測値 L_p で表されることも多い．

$$L_p = \int_{f_c - \Delta f_c/2}^{f_c + \Delta f_c/2} G(f)\, df \tag{6.5}$$

ここで，f_c：1/3 オクターブ中心周波数，Δf_c：バンド幅（f_c に比例）．

6.2 単一気泡崩壊時の騒音[3)]

単一球形気泡の崩壊により発生する騒音は(6.6)式で表される．

$$p_m(t) = \frac{\rho}{4\pi r} \frac{d^2 V(t)}{dt^2} = \frac{\rho}{r}\left[R^2 \frac{d^2 R}{dt^2} + 2R\left(\frac{dR}{dt}\right)^2 \right] \tag{6.6}$$

ここで，p_m：気泡からの騒音の音圧，V：気泡体積 $= 4/3\pi R^3$，R：気泡半径，ρ：流体の密度．
気泡半径 R の時間変化は Rayleigh の(6.7)式で表される．

$$R\frac{d^2 R}{dt^2} + \frac{3}{2}\left(\frac{dR}{dt}\right)^2 = \frac{P_v - P}{\rho} \tag{6.7}$$

ここで，P：気泡周囲の圧力，P_v：流体の蒸気圧．
気泡の周囲の圧力が変化したときの，気泡体積および騒音の音圧の変化を図6-2に示す．このときのスペクトラムは(6.8)式で表される．

$$S_m(\omega) = \left| \int_{-\infty}^{\infty} p_m(t) \exp\left(-j\omega t\right) dt \right|^2$$

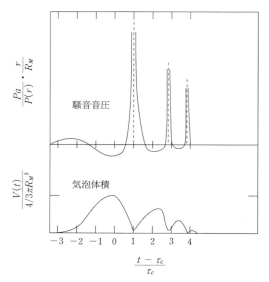

図 6-2 キャビティ気泡体積と騒音の時間的変化[3]

$$= \left(\frac{\rho}{4\pi r}\right)^2 \omega^4 \left| \int_{-\infty}^{\infty} V(t) \exp(-j\omega t)\, dt \right|^2 \tag{6.8}$$

ここで,S_m:気泡からの騒音のスペクトラム,ω:角周波数 $=2\pi f$,f:周波数.

気泡が最大半径 R_M から収縮して消滅するまでの時間を τ_c とすると,2章(2.43)式より

$$\tau_c \approx R_M \sqrt{\frac{\rho}{P_0}}, \quad P_0 = P - P_V \tag{6.9}$$

$\omega\tau_c$ が 1 付近では,

$$V(t) = V_M \cos\left[\left(\frac{\tau - \tau_c}{\tau_c}\right)\frac{\pi}{2}\right], \quad V_M = \frac{4}{3}\pi R_M{}^3 \tag{6.10}$$

と近似できるので,

$$V(\omega) = \frac{V_M \tau_c}{2} \frac{\cos(\omega\tau_c)}{(\pi/2)^2 - (\omega\tau_c)^2} \tag{6.11}$$

$$\frac{S_m(\omega)r^2}{R_M{}^4 \rho P_0} = \frac{\pi}{18}(\omega\tau_c)^4 \left[\frac{\cos(\omega\tau_c)}{(\pi/2)^2 - (\omega\tau_c)^2}\right]^2 \tag{6.12}$$

次に，気泡の崩壊が進行した段階を考える．(6.7)式を変形すると，

$$\frac{d}{dt}\left[R^3\left(\frac{dR}{dt}\right)^2\right] = \frac{P_v - P}{\rho}\frac{d}{dt}\left(\frac{2}{3}R^3\right) \tag{6.13}$$

気泡崩壊の時間は短いので周囲の圧力 P を一定として(6.13)式を時刻 0 （気泡径 R_M）から t （気泡径 R）まで積分し $R_M \gg R$ とすると，

$$\left(\frac{dR}{dt}\right)^2 = \frac{2}{3}\frac{P_v - P}{\rho}\frac{R^3 - R_M{}^3}{R^3} \approx \frac{2}{3}\frac{P_0}{\rho}\left(\frac{R_M}{R}\right)^3 \tag{6.14}$$

さらに(6.14)式を時刻 t （気泡径 R）から τ_c （気泡径 0 ）まで積分すると，

$$\frac{R}{R_M} = \left[\frac{5}{2}\sqrt{\frac{2P_0}{3\rho R_M{}^2}}(\tau_c - 1)\right]^{0.4} \approx 1.3\left(\frac{\tau_c - t}{\tau_c}\right)^{0.4} \tag{6.15}$$

したがって，

$$V(\omega) = \frac{V_M \tau_c}{\pi(\omega\tau_c)^{0.2}} \tag{6.16}$$

$$\frac{S_m(\omega)r^2}{R_M{}^4\rho P_0} = \frac{2.4}{9\pi}(\omega\tau_c)^{-0.4} \tag{6.17}$$

(6.17)式は $\omega\tau_c > 1$ に適用することができる．

気泡崩壊の最終段階では，周囲の水の圧縮性を考慮しなければならない．すなわち衝撃波が発生する．その場合の放射音圧 p_s は(6.18)式で近似される．

$$p_s(t) = P_s \exp\left(-t/\theta\right) \tag{6.18}$$

ここで，P_s：$p_s(t)$ の振幅，θ：時間定数．

(6.18)式を用いて，衝撃波のスペクトラム S_c は(6.19)式で表される．

$$S_c(\omega) = \frac{(P_s\theta)^2}{1 + (\omega\theta)^2} \approx \left(\frac{P_s}{\omega}\right)^2 \quad (\omega\theta \gg 1) \tag{6.19}$$

スペクトラムが(6.17)式から(6.19)式に変わる角周波数 ω_s は，気泡周囲の音速 c_m を用いて(6.20)式で与えられる．

$$\omega_s = \frac{1}{9\tau_c}\left(\frac{\rho c_m{}^2}{P_0}\right)^{5/6} \quad c_m = \frac{c}{\sqrt{1 + \beta_g\rho c/\rho_g c_g}} \tag{6.20}$$

ここで，β_g：単位体積当たりの流体に気体として存在する空気の総量，

ρ_g：気体密度，c_g：気体中の音速．

水中の空気の量が増加すると，水の圧縮性が増加し，音速が低下する．このため，(6.20)式の ω_s は水中の空気の量が増加すると減少する．すなわち，衝撃

波による騒音スペクトラムは水中の空気量により変化する．

(6.12)，(6.17)，(6.19)式により表される単一気泡からの放射雑音のスペクトラムを図6-3に示す．実際の気泡には少量の空気を含んでいることが多く，一度収縮してから再び膨張する，いわゆるリバウンドが生じる．図6-3には3回の崩壊，すなわち，2回のリバウンドが起こった場合のスペクトラムが破線で示されている．

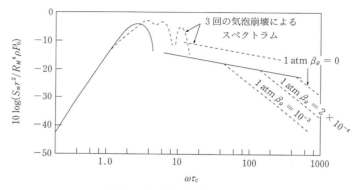

図6-3　単一気泡の騒音スペクトラム[3)]

6.3　キャビテーション騒音の推定

計算による推定

キャビテーション騒音は，図6-1に示すように，キャビティ全体の体積変化に伴うスパイク状の低周波数騒音と，広帯域の騒音に分けて考えることができる．前者については，6.2節より(6.21)式で与えられる[4)]．

$$p^2 = \left(\frac{dV_c}{dt}\right)^2 \left(\frac{\rho f}{2r}\right)^2 \tag{6.21}$$

ここで，V_c：キャビティ体積．

したがって，理論計算により V_c の時間変化を推定することにより，スパイク状の低周波数騒音の推定が可能となる．一方，広帯域の騒音は，気泡群の崩壊に伴い発生するものと考えられ，図6-3に示す単一気泡の騒音スペクトラムに

統計的手法を施せばよさそうである．最も簡単な手法は(6.22)式である．

$$G = N \cdot S_m \tag{6.22}$$

ここで，G：気泡群からの放射雑音スペクトラム，N：単位時間あたりに崩壊する気泡の個数，S_m：単一気泡からの放射雑音スペクトラム．

しかし，個々の気泡径 R_M や個数 N の推定，さらに気泡間の干渉も考慮しなければならず，理論計算のみで気泡群の崩壊による騒音を推定するのは現状ではかなり難しい．舶用プロペラでは(6.23)式に示すような半経験式が用いられる[2]．

$$SL = 10 \log \left(\frac{G}{r^2} \right) = 10 \log \left(\frac{n^3 D^4 Z}{r^2 f^2} \right) + 10 \log \left(\frac{A_c}{A_D} \right) + K \tag{6.23}$$

ここで，SL：音源レベル (dB)，n：プロペラ回転数 (Hz)，D：プロペラ直径 (m)，Z：プロペラ翼数，r：プロペラから受音点までの距離 (m)，f：周波数 (Hz)，A_c：キャビテーション掃引面積，A_D：プロペラ円面積 $= \pi D^2/4$，K：定数，プロペラで 163，スラスタで 170．

(6.23)式は元来キャビテーションを発生しているスラスタに対する式である．A_c はキャビテーションの発生範囲を計算で推定，または模型試験により求めることができる．より簡便には(6.24)式を用いる[5]．

$$\frac{A_c}{A_D} = \left(\sqrt{\frac{\sigma_i}{\sigma}} - 1 \right)^2 \left(\frac{\sigma}{\sigma_i} \right) \tag{6.24}$$

ここで，σ_i：初生キャビテーション数．

(6.23)式と(6.24)式の組み合わせは軸流ポンプのキャビテーション騒音の推定に用いられている．なお，(6.24)式が適用される周波数の範囲は，$f_p < f < 10\,\mathrm{kHz}$ である．f_p は広帯域騒音がピークを示す周波数 (Hz) で，通常 40～300 Hz の間にあり(6.25)式で与えられる[5]．

$$f_p = \frac{4400}{D} \left(\frac{\sigma_i}{\sigma} \right)^{-1.6} \left(\frac{P}{152000} \right)^{1/3} \qquad \sqrt{\frac{\sigma_i}{\sigma}} < 1.7$$

$$f_p = \frac{1100}{D} \left(\frac{\sigma_i}{\sigma} \right)^{-1/3} \left(\frac{P}{152000} \right)^{1/3} \qquad \sqrt{\frac{\sigma_i}{\sigma}} > 1.7 \tag{6.25}$$

ここで，P：周囲の静水圧 (Pa)．

(6.23)式は，プロペラ翼表面に発生するキャビテーションを対象としてい

る．このため，翼面から離れた点で発生するチップボルテックス・キャビテーションのような渦キャビテーションの騒音の推定には適用できない．渦キャビテーションの騒音レベルの計算も試みられている[6]が，渦の強さや渦キャビテーションの長さなど，検討すべき項目は多いようである．

模型試験からの推定

キャビテーション・タンネル等で模型のキャビテーション騒音を計測し，その結果から実機の騒音レベルを推定するには，幾何学的な相似則，流体力学的な相似則（キャビテーションの相似則）の成立の上に立って，キャビテーション騒音の相似則による補正が必要となる．

キャビティ気泡の体積変化に伴い発生する騒音については，(6.9)，(6.12)，(6.21)式より周波数およびスペクトラムに関する補正が(6.26)，(6.27)式で与えられる[7]．

$$\text{周波数}: \frac{f_s}{f_m} = \frac{1}{R_{Ms}}\sqrt{\frac{P_{0s}}{\rho_s}} \Big/ \frac{1}{R_{Mm}}\sqrt{\frac{P_{0m}}{\rho_m}} \tag{6.26}$$

$$\text{スペクトラム}: \frac{G_s}{G_m} = \frac{R_{Ms}{}^3}{r_s{}^2}\rho_s{}^{0.5}P_{0s}{}^{1.5} \Big/ \frac{R_{Mm}{}^3}{r_m{}^2}\rho_m{}^{0.5}P_{0m}{}^{1.5} \tag{6.27}$$

添え字の m は模型，s は実機を表す．模型と実機でキャビテーションが相似である場合，代表寸法を L，速度を V とすると，

$$\frac{f_s}{f_m} = \frac{L_m V_s}{L_s V_m}\Big(\frac{\sigma_s}{\sigma_m}\Big)^{0.5} \tag{6.28}$$

$$\frac{G_s}{G_m} = \Big(\frac{r_m}{r_s}\Big)^2\Big(\frac{L_s V_s}{L_m V_m}\Big)^3\Big(\frac{\rho_s}{\rho_m}\Big)^2\Big(\frac{\sigma_s}{\sigma_m}\Big)^{1.5} \tag{6.29}$$

さらに，舶用プロペラやポンプでは，$L \sim D$，$V \sim nD$ であるから，

$$\frac{f_s}{f_m} = \frac{n_s}{n_m}\Big(\frac{\sigma_s}{\sigma_m}\Big)^{0.5} \tag{6.30}$$

$$\frac{G_s}{G_m} = \Big(\frac{r_m}{r_s}\Big)^2\Big(\frac{n_s}{n_m}\Big)^3\Big(\frac{D_s}{D_m}\Big)^6\Big(\frac{\rho_s}{\rho_m}\Big)^2\Big(\frac{\sigma_s}{\sigma_m}\Big)^{1.5} \tag{6.31}$$

さらに，1/3 オクターブバンド計測では，バンド幅が中心周波数に比例することにより，(6.29)，(6.31)式は(6.32)，(6.33)式となる．

$$\frac{L_{Ps}}{L_{Pm}} = \Big(\frac{r_m}{r_s}\Big)^2\Big(\frac{L_s}{L_m}\Big)^2\Big(\frac{V_s}{V_m}\Big)^4\Big(\frac{\rho_s}{\rho_m}\Big)^2\Big(\frac{\sigma_s}{\sigma_m}\Big)^2 \tag{6.32}$$

$$\frac{L_{Ps}}{L_{Pm}} = \left(\frac{r_m}{r_s}\right)^2 \left(\frac{n_s}{n_m}\right)^4 \left(\frac{D_s}{D_m}\right)^6 \left(\frac{\rho_s}{\rho_m}\right)^2 \left(\frac{\sigma_s}{\sigma_m}\right)^2 \tag{6.33}$$

(6.29)，(6.31)，(6.32)および(6.33)式はスパイク状の低周波数騒音にも適用することができる．また，一般に $\sigma_m = \sigma_s$ でキャビテーションが模型と実機で相似となるので，

$$\frac{f_s}{f_m} = \frac{n_s}{n_m} \tag{6.34}$$

$$\frac{G_s}{G_m} = \left(\frac{r_m}{r_s}\right)^2 \left(\frac{n_s}{n_m}\right)^3 \left(\frac{D_s}{D_m}\right)^6 \left(\frac{\rho_s}{\rho_m}\right)^2 \tag{6.35}$$

$$\frac{L_{Ps}}{L_{Pm}} = \left(\frac{r_m}{r_s}\right)^2 \left(\frac{n_s}{n_m}\right)^4 \left(\frac{D_s}{D_m}\right)^6 \left(\frac{\rho_s}{\rho_m}\right)^2 \tag{6.36}$$

一方，(6.18)式の衝撃波の場合，その衝撃波として放射されるエネルギ A と気泡が持つエネルギ E の比，音響放射効率が模型と実機で変わらないとする[8]．すなわち，

$$\frac{A}{E} = \frac{4\pi r^2}{\rho c} \int_0^\infty \{p_s \exp(-\theta t)\}^2 \, dt \bigg/ \frac{4}{3}\pi R_M{}^3 P_0 = \frac{3r^2 p_s{}^2 \theta}{2\rho c R_M{}^3 P_0} \tag{6.37}$$

さらに，周波数の相似則に(6.26)式を用いれば，

$$\theta \propto R_M \sqrt{\rho/P_0} \tag{6.38}$$

(6.37)，(6.38)式より，

$$\frac{G_s}{G_m} = \frac{R_{Ms}{}^3}{r_s{}^2} \rho_s P_{0s} \bigg/ \frac{R_{Mm}{}^3}{r_m{}^2} \rho_m P_{0m} \tag{6.39}$$

したがって，(6.29)，(6.31)，(6.35)式は次のように表される．

$$\frac{G_s}{G_m} = \left(\frac{r_m}{r_s}\right)^2 \left(\frac{L_s}{L_m}\right)^3 \left(\frac{V_s}{V_m}\right)^2 \left(\frac{\rho_s}{\rho_m}\right)^2 \frac{\sigma_s}{\sigma_m} \tag{6.40}$$

$$\frac{G_s}{G_m} = \left(\frac{r_m}{r_s}\right)^2 \left(\frac{n_s}{n_m}\right)^2 \left(\frac{D_s}{D_m}\right)^5 \left(\frac{\rho_s}{\rho_m}\right)^2 \frac{\sigma_s}{\sigma_m} \tag{6.41}$$

$$\frac{G_s}{G_m} = \left(\frac{r_m}{r_s}\right)^2 \left(\frac{L_s}{L_m}\right)^3 \left(\frac{V_s}{V_m}\right)^2 \left(\frac{\rho_s}{\rho_m}\right)^2 \tag{6.42}$$

1/3オクターブバンドの場合，(6.32)，(6.33)，(6.36)式は次のようになる．

$$\frac{L_{Ps}}{L_{Pm}} = \left(\frac{r_m}{r_s}\right)^2 \left(\frac{L_s}{L_m}\right)^2 \left(\frac{V_s}{V_m}\right)^3 \left(\frac{\rho_s}{\rho_m}\right)^2 \left(\frac{\sigma_s}{\sigma_m}\right)^{1.5} \tag{6.43}$$

$$\frac{L_{Ps}}{L_{Pm}} = \left(\frac{r_m}{r_s}\right)^2 \left(\frac{n_s}{n_m}\right)^3 \left(\frac{D_s}{D_m}\right)^5 \left(\frac{\rho_s}{\rho_m}\right)^2 \left(\frac{\sigma_s}{\sigma_m}\right)^{1.5} \tag{6.44}$$

$$\frac{L_{Ps}}{L_{pm}} = \left(\frac{r_m}{r_s}\right)^2 \left(\frac{n_s}{n_m}\right)^3 \left(\frac{D_s}{D_m}\right)^5 \left(\frac{\rho_s}{\rho_m}\right)^2 \tag{6.45}$$

図 6-4 に (6.34), (6.36), (6.45) 式を用いた実機のキャビテーション騒音の推定例を示す[9]. (6.36) 式を用いた方が (6.45) 式より若干レベルが高い（約 3.5 dB）が, 1 kHz 以下の周波数では, どちらの推定値も実機のレベルとほぼ等しいといえる.

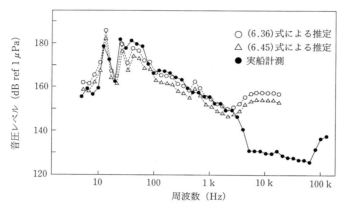

図 6-4 模型試験によるプロペラ・キャビテーション騒音の推定[9]

推定法の課題

キャビテーション騒音の推定を計算および模型試験により行った結果を実機での計測結果と比較して図 6-5, 図 6-6 に示す[10]. 推定値と計測値の差は, 計算および模型試験共に約 6 dB である. 実機のスパイク状の低周波数騒音については, 模型試験からの推定値の方が実機と良い一致を示す. これは図 6-7 に示すように, 理論計算によるキャビティ体積の推定精度が模型試験に比べて不十分なためである. 一方, 100 Hz 以上の広帯域の騒音についても, (6.23) 式では予測不可能なスペクトルの凹凸が図 6-6 では再現されている. 図 6-5 の $f > 630$ Hz で模型試験による推定値が, 実機の計算値より 10 dB ほど大きくなっているが, これは模型試験でプロペラ以外で発生したキャビテーションによ

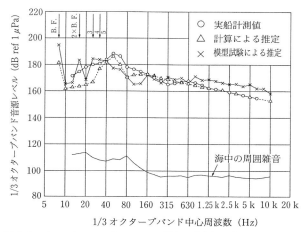

図 6-5 プロペラ・キャビテーション騒音の推定値と実測値の比較（A 船）[10]

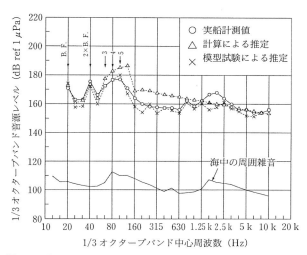

図 6-6 プロペラ・キャビテーション騒音の推定値と実測値の比較（B 船）[10]

るものと思われる．

　以上より，キャビテーション騒音の推定は現段階では模型試験による推定の方が精度が高いと考えられる．計算による騒音推定の精度向上のためには，キャビティ体積の推定精度向上と広帯域騒音のより精密なモデル化が必要であ

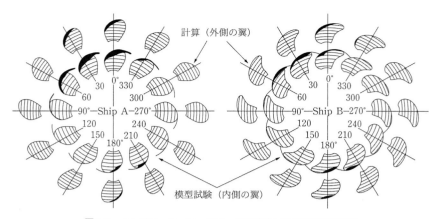

図 6-7 キャビテーション・パターンの計算と模型試験の比較[10]

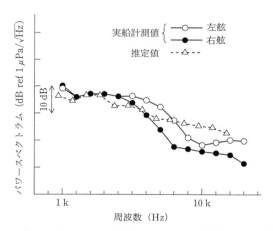

図 6-8 渦キャビテーションの騒音スペクトラムの推定値と実測値の比較[11]

る．また，模型試験による推定においては，キャビテーション騒音計測の精度向上と，模型と実機のキャビテーションの相似性の確保が必要である．特に，渦キャビテーションの初生段階では，水中の気泡核や粘性の影響を受けるため，かなりの注意を要する．相似とすることができれば，図 6-8 に示すように渦キャビテーションの騒音レベルを模型試験から推定することができる[11]．

6.4 キャビテーション騒音の計測

模型試験での計測―キャビテーション・タンネル

模型試験でのキャビテーション騒音の計測は，通常キャビテーション・タンネルで行われる．キャビテーション・タンネルには，流路に水を回流させるためのインペラ等の騒音源があるため，それらによる背景雑音で計測時のS/N比が悪化する問題がある．また，測定部の周囲は四面とも壁で囲まれているため，キャビテーション・タンネル内で計測された騒音は，自由音場での値と異なっている．

キャビテーション騒音の計測には，他の水中音の計測と同様にハイドロホンが用いられる．図6-9～図6-12にキャビテーション・タンネルでのハイドロホンの配置を示す．一般には，図6-9に示すようにハイドロホンをキャビテーション・タンネル内部に取り付ける[12]が，図6-10に示すようにキャビテーション・タンネル外部の水を満たした小水槽内にハイドロホンを配置する場合もある[13]．小水槽はキャビテーション・タンネルとは水で連なってはいないが，間のアクリル樹脂の音響インピーダンスが水とほぼ等しいために，音響的には透明と見なせる．

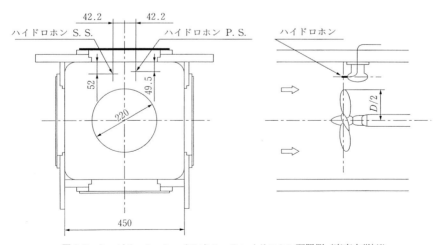

図6-9 キャビテーション・タンネルへのハイドロホン配置例（東京大学）[12]

176　　　　　　　　　6章　キャビテーションによる騒音

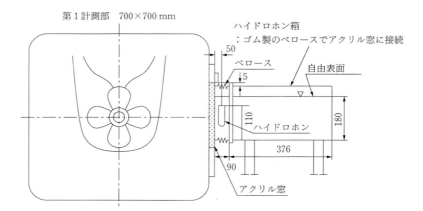

図 6-10　キャビテーション・タンネルへのハイドロホン配置例
（スウェーデン水槽，SSPA）[13]

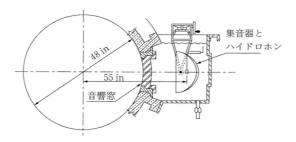

図 6-11　キャビテーション・タンネルへのハイドロホン配置例
（ペンシルヴァニア州立大学，GTWT）[14]

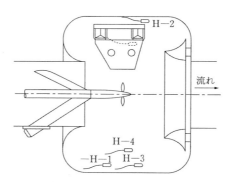

図 6-12　キャビテーション・タンネルへのハイドロホン配置例
（米国海軍水槽，DTNSRDC）[15]

図 6-9 と図 6-10 のハイドロホンの配置は各々一長一短があり，どちらが良いか一般的にはいえない．図 6-9 の方が音源であるキャビテーションとハイドロホンの距離が小さく計測時の S/N 比が良いが，いわゆる近距離場の計測となっており，供試体を単一の音源と見なすことが難しい．また，流れがハイドロホンに直接当たるために，いわゆるフローノイズも同時に計測してしまうという問題がある．

　図 6-11 と図 6-12 は特殊な例である．図 6-11 では，ハイドロホンに指向性を持たせて計測時の S/N 比を良くするために集音器を用いている[14]．図 6-12 では，測定部にオープンジェット方式を採用しているため，ハイドロホンを風洞での空中騒音計測と同じように静止水部に配置することが可能となっている[15]．

　キャビテーション・タンネルで計測した騒音には，壁面からの反射音も含まれているため，これを自由音場での値に修正する必要がある．このためには，自由音場での音響特性がわかっている音源を用いて検定を行う．図 6-13 にキャビテーション・タンネルの音響検定の結果の一例を示す[16]．音源の位置によって，キャビテーション・タンネルでの計測値は 10 dB 程度ばらついている．最近では理論計算により壁面の反射影響を求める試みもなされている．図 6-

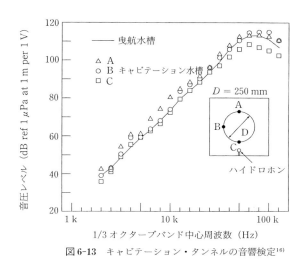

図 6-13　キャビテーション・タンネルの音響検定[16]

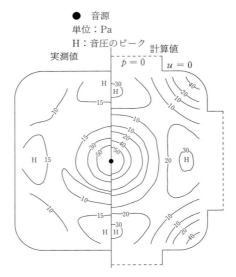

図 6-14　キャビテーション・タンネル測定部内の音場の
BEM による計算値と実測値の比較[17]

14 に，境界要素法（BEM）によるキャビテーション・タンネル内の音場の計算結果と実測値との比較を示す[17]．両者は良い一致を示している．

模型試験での計測—特殊な設備

特殊な設備として，図 6-15 に示す減圧曳航水槽[18]，図 6-16 に示す音響計測用バージ[19]がある．どちらも，キャビテーション・タンネルの場合に比べて自

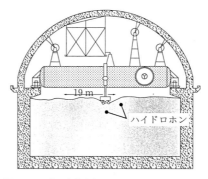

図 6-15　減圧曳航水槽でのハイドロホン配置[18]

6.4 キャビテーション騒音の計測

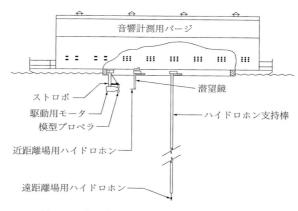

図 6-16 音響計測用バージでのハイドロホン配置[19]

由音場に近く，また，ハイドロホンと音源の距離を十分に取ることができ遠距離場の計測ができる．しかし，減圧曳航水槽の場合，曳引車による背景雑音が大きいという点が問題である．また，音響計測用バージでは供試体の作動範囲が限られる（供試体が静止している）という点が問題である．

最近，水中騒音計測を主目的に建設されたのが，図 6-17 に示す米国の LCC (Large Cavitation Channel)[20]に代表される超大型のキャビテーション・タン

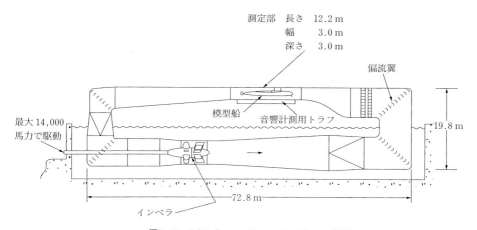

図 6-17 LCC (Large Cavitation Channel)[20]

ネルである．LCC の場合，図 6-18 に示すように測定部の断面が 3.0 m×3.0 m と大きく，かつ測定部下部に音響計測用トラフを設けて，その内部にハイドロホンアレイを設置している．ハイドロホンアレイは，遠距離場での計測での S/N 比の向上や音源探査を狙ったものである．さらに，既存のキャビテーション・タンネルにおいてインペラや偏流翼等の騒音源の測定部背景雑音への寄与度を調査し，その結果に基づき，徹底した騒音対策を施している．この結果，図 6-19 に示すように，既存の大型キャビテーション・タンネルに対して大幅な静粛化が達成されている．

実機での計測

実機のキャビテーション騒音の計測法として舶用プロペラの事例を示す．計測法としては，図 6-20 に示すように，プロペラ直上の船底にハイドロホンを

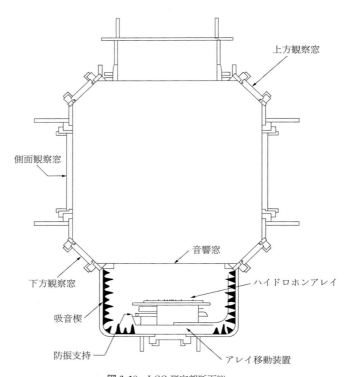

図 6-18 LCC 測定部断面[20]

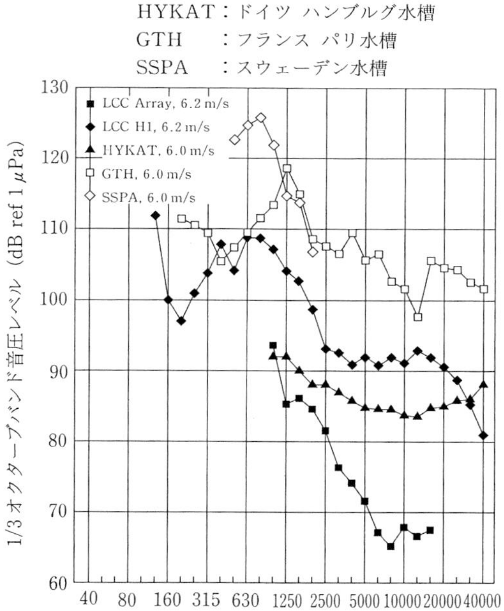

HYKAT：ドイツ ハンブルグ水槽
GTH   ：フランス パリ水槽
SSPA ：スウェーデン水槽

図 6-19　大型キャビテーション・タンネルの背景雑音レベルの比較[20]

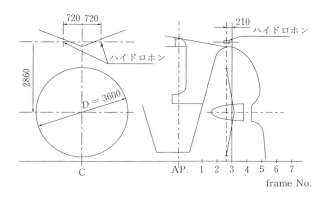

図 6-20　実船プロペラ・キャビテーション騒音計測でのハイドロホン配置例[12]

取り付けて計測する方法[12]と，図 6-21 に示すように，ブイにハイドロホンを取り付けてその側を航走する船のプロペラ・キャビテーション騒音を計測する

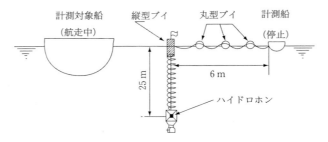

図 6-21 実船プロペラ・キャビテーション騒音計測でのハイドロホン配置例[16]

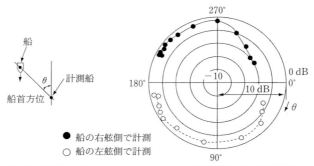

図 6-22 実船のプロペラ・キャビテーション騒音の指向性の計測例[16]

方法[16]がある．前者の場合，プロペラとハイドロホンの距離が小さいために近距離場の計測となり，プロペラ全体の騒音を評価するには適していない．一般には後者の方法で計測されるが，下記の点に注意する必要がある．

（1） 計測海域は，風浪等による自然海中雑音，他船舶の航行音などの背景雑音が小さいこと．

（2） 海底からの反射音が少ないように，水深が十分深い，または海底が砂または泥地である海域で計測を行うこと．

（3） 波浪によるハイドロホンの上下動が少ないように，ブイの形状を工夫すること，計測時の海象に注意すること．

（4） 位置が固定されているハイドロホンで計測するので，航行中の船のプロペラとハイドロホンの距離を精度良く計測すること．

（5） 図 6-22 に示すように，プロペラのキャビテーション騒音は指向性を

示す[16]ので,その補正を行うこと.

6.5 キャビテーション騒音の低減

キャビテーション騒音の低減のためにとり得る手段は,騒音源での対策と,伝播経路での対策の2つに分けられる.

騒音源での対策としては,キャビテーション発生量を抑制することが考えられる.そのためには,機器の形状を工夫して表面の圧力分布を改善する必要がある.舶用プロペラでの騒音低減例を以下に示す.図6-23は海洋調査船用のプロペラで,通常型プロペラAとハイスキュー型プロペラBが各々設計された[16].プロペラAでは図6-24に示すようにフェース側にキャビテーションが発生しており,非常に騒音レベルが高い.これに対して,プロペラBではキャビテーションは発生しておらず,図6-25に示すように約20 dBの騒音低減がなされている.図6-26はサイドスラスタ用のインペラである.通常使われ

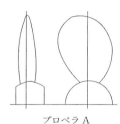

プロペラA　　　　プロペラB

プロペラ要目

プロペラ	A	B
直径	\multicolumn{2}{c}{2.65 m}
ピッチ比 ピッチ分布	0.6 一定	0.4 増加
展開面積比 ボス比	\multicolumn{2}{c}{0.45 0.257}
スキュー角 翼断面形状	10° MAU	35° NACA
翼数	\multicolumn{2}{c}{4}

図 6-23　海洋調査船用のプロペラの形状比較[16]

　　　プロペラA　　　　　　　　　　プロペラB

図 6-24　プロペラに発生するキャビテーションの比較[16]

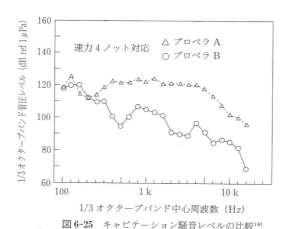

図 6-25　キャビテーション騒音レベルの比較[16]

ているカプラン型インペラ A に対して，フォワードスキューを採用したインペラ B では，図 6-27 に示すように騒音レベルが約 20 dB 低減されている[21]．

　また，機器の形状は変えずに騒音レベルを下げる方法としては，キャビテーションが発生している部分に空気を吹き込む方法がある．図 6-28 に 3 次元翼

6.5 キャビテーション騒音の低減

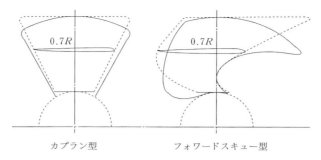

図 6-26　サイドスラスタ・インペラの形状比較[21]

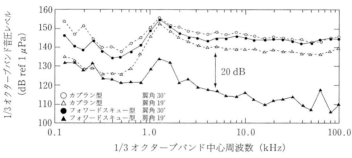

図 6-27　キャビテーション騒音レベルの比較[21]

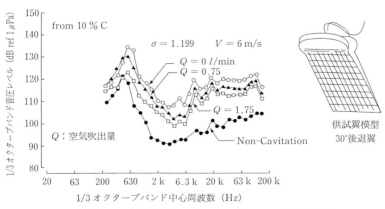

図 6-28　空気吹き込みによるキャビテーション騒音低減[22]

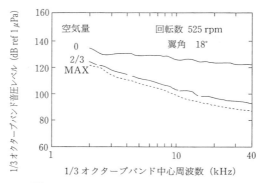

図 6-29 サイドスラスタでのエアエミッションの効果[23]

型に発生するキャビテーションに空気を吹き込んだ場合の騒音レベルの変化を示す．空気を吹き込む位置は，翼前縁から 10 ％翼弦長の位置である．吹き込む空気の量が多いほど，騒音レベルは減少しキャビテーションの発生がない状態に近づいていく[22]．

　他方，キャビテーション騒音を伝播させない（遮音）方法として，気泡群を用いた遮音があげられる．これは，音波が空気泡を含む層を通過する際に，気泡の共振周波数付近で非常に大きな減衰を起こすことを利用するものである．艦艇用プロペラの前縁から空気を吹き出すプレリーエアシステムや，サイドスラスタのダクト周辺部から空気を吹き込むエアエミッション等で実用化されている．図 6-29 にエアエミッションによるサイドスラスタの騒音低減例を示す．10～20 dB の騒音低減が達成されている[23]．

参考文献

1) Lighthill, M. J. : "On Sound Generated Aerodynamically I. General Theory", Proc. of the Royal Soc., A211 (1952) 564-587
2) Brown, N. A. : "Cavitation Noise Problems and Solution", Int. Symp. On Shipboard Acoustics (1976) 21-38
3) Blake, W. K. : "Mechanics of Flow-Induced Sound and Vibration Vol. 1 6. Bubble Dynamics and Cavitation" (1986) 370-421
4) Gray, L. M., Greeley, D. S. : "Source Level Model for Propeller Blade Rate

Radiation for World's Merchant Fleet", BBN TM, No. 458 (1978)

5) Abbot, P. A., Greeley, D. S., Brown, N. A. : "Water Tunnel Pump Cavitation Noise Investigation", ASME Int. Symp. on Cavitation Research Facilities and Techniques FED, Vol. 57 (1987) 99-107

6) Ligneul, P. : "Theory of Tip Vortex Cavitation Noise of a Screw Propeller Operating in a Wake", 17th Symp. on Naval Hydrodynamics (1988) 365-377

7) Bark, G. : "Prediction of Propeller Cavitation Noise from Model Tests and Its Comparison with Full Scale Data", Trans. ASME, Journal of Fluids Engineering, Vol. 107, No. 3 (1985) 112-120

8) Levkovskii, Y. L. : "Modelling of Cavitation Noise", Sov. Phys. Acous., Vol. 13, No. 3 (1968) 337-339

9) 笹島孝夫，大島明："気泡と音波 ―プロペラキャビテーションⅡ―"，海洋音響学会誌，Vol.14，No.3 (1987) 104-111

10) 岡村尚昭，浅野利夫："プロペラキャビテーション雑音の予測と実船計測"，日本造船学会論文集，Vol.164 (1985) 43-53

11) 大島明："プロペラチップボルテックスキャビテーション騒音の相似則"，三菱重工技報，Vol.31，No.2 (1994) 114-117

12) 日本造船研究協会 第183研究部会："船尾振動・騒音の軽減を目的としたプロペラ及び船尾形状の研究"，研究資料，No.358 (1983)

13) Bark, G., Berlekom, W. B. van : "Experimental Investigation of Cavitation Noise", 12th Symp. on Naval Hydrodynamics (1974) 470-493

14) "Twenty-five years of Garfield Thomas Water Tunnel", ARL, The Pennsylvania State University (1974)

15) Blake, W. K., Sevik, M. H. : "Recent Development in Cavitation Noise Research", ASME Int. Symp. on Cavitation Noise (1982) 1-10

16) Sasajima, T., Nakamura, N., Oshima, A. : "Model and Full Scale Measuremests of Propeller Cavitation Noise on an Oceanographic Research Ship with Different Types of Screw Propeller", 2nd Int. Symp. on Shipboard Acoustics (1986) 63-74

17) Yamaguchi, H., Matsuda, K., Kato, H. : "Measurement and BEM Calculation of Acoustic Field inside Cavitation Tunnel", ASME Int. Symp. on Cavitation Noise and Erosion in Fluid Sysytems FED-Vol. 88 (1989) 143-148

18) Noordzij, L., Oossanen, P. van : "Radiated Noise of Cavitating Propellers", ASME Noise and Fluids Engineering (1977) 101-108

19) Leggat, L., Sponagle, N. C. : "The Study of Propeller Cavitation Noise using Crosscorrelation on Cavitation Noise, ASME Int. Symp. on Cavitation Noise

(1982) 49-59

20) Abbot, P. A., Celuzza, S. A., Etter, R. J. : "The Acoustic Characteristics of the Naval Surface Warfare Center's Large Cavitation Channel (LCC)", ASME Flow Noise Modeling, Measurement, and Control FED-Vol. 168 (1993) 137-156

21) 大島明： "サイドスラスタのキャビテーション雑音低減", 第8回キャビテーションに関するシンポジウム（1995）113-116

22) Ukon, Y. : "Cavitation Characteristics of a Finite Swept Wing and Cavitation Noise Reduction due to Air Injection", Int. Symp. on Propeller and Cavitation (1986) 383-390

23) 日本産業機械工業会：スラスタの低水中雑音化の要素に関する研究開発報告書（1983）31-127

7章　キャビテーションによる壊食

7.1　壊食の概要

　機器の中で流体の静圧が部分的に蒸気圧以下に低下したとき（正確には流体に含まれる気泡核も関係する），発生したキャビテーション気泡が後流の圧力の回復する場所で消滅するとき衝撃波やマイクロジェットが発生して壁面を海綿状に壊食する．これをキャビテーション壊食あるいはキャビテーション・エロージョン（Cavitation erosion）と呼んでいる．したがってキャビテーション壊食は，キャビテーションの発生する位置に発生するのではなく，キャビテーション気泡が崩壊する位置に発生する．初期の壊食面は凹凸が増してざらざらになる程度であるが，やがて小さいピットが連結して海綿状の壊食面が形成される．肉眼でも観察できるような際だった壊食に至るまでにはかなりの時間がかかるので，壊食面には多数の気泡崩壊圧が繰り返し作用することになる．

　キャビテーション壊食は水車，ポンプ，トルクコンバータなどの流体機械を初め，舶用プロペラ，バルブ，水管，ディーゼルエンジンのシリンダライナ，燃料噴射パイプ，すべり軸受，メカニカルシール，油圧機器，歯車など，多くの産業機械や部材に発生する．図7-1は，大型舶用プロペラ翼に発生したキャビテーション壊食である．海綿状の壊食面はさらに進行すると翼面に貫通穴が生じたり，翼の端がぼろぼろに欠落して使用できない状態になる．図7-2はディーゼルエンジンのシリンダ壁面に生じた壊食例である[1]．エンジンの振動によってキャビテーション気泡が同じ場所で発生崩壊を繰返して壁面を壊食したものである．図7-3は金採鉱用のロックカッタ・バルブに生じた壊食例である[2]．狭い隙間の流れに発生したキャビテーションによって筋状に壊食が進行している．

　流体機械にキャビテーションが発生すると，機能の低下，騒音・振動の発

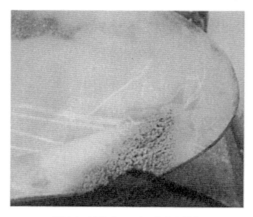

図7-1　舶用プロペラに生じた壊食

図7-2　ディーゼルエンジンのシリンダ壁面に生じた壊食

生，構成部材の壊食や折損などをもたらす原因になるが，壊食は振動や騒音と異なり，キャビテーションが発生するとただちに容認できない状態になるのではない．また，騒音や振動は機械の高速化と共に一層危険な状態になるのに比

図 7-3 ロックカッタ・バルブに生じた壊食

べて，壊食はスーパ・キャビテーションになる以前の状態で最も著しくなるので，機器の運転上特に注意する必要がある．

図 7-4 は各種の流体機器に生じた壊食の激しさと運転時間の関係を示したものである[3]．激しさのスケールは，Thiruvengadam が提案した壊食に使われたエネルギ量 I（watt/m²）である．I は次のように定義されている．

$$I = \frac{i}{t} S_e \tag{7.1}$$

ここで，i：壊食深さ，t：運転時間，S_e：材料の吸収し得る歪みエネルギ．

また，図中にはターボ機械協会キャビテーション分科会で得られたポンプの損傷データ（AC 4 A-F 材）を＋印で示している．また，参考のために 18-8 ステンレス鋼と，舶用プロペラによく使われるアルミ・ブロンズが 10 mm と 1 mm 壊食される場合と，AC 4 A-F が 1 mm 壊食される場合のキャビテーションの激しさと運転時間の関係も示している．図に見られるように，高々数時間の運転で使いものにならないほど壊食される場合もあり，3 年，4 年経ってやっと壊食が発見される場合もある．

壊食が激しい例として，316 ステンレス鋼ニードル・バルブが 10 分間で使用できなくなった（I = 3000 watt/m² と推定されている）例や，アメリカの駆

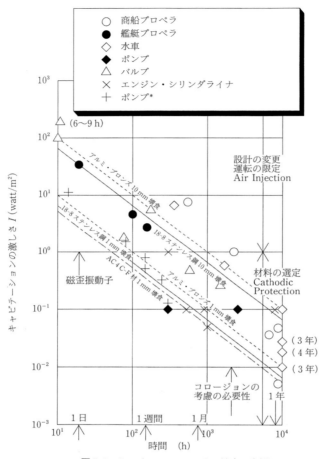

図 7-4 キャビテーションによる壊食の実例[3]

逐艦が最高速力で数時間運転したらプロペラ直上の外板に 30 cm 四方の穴があいた（$I = 250 \text{ watt/m}^2$）例などが報告されている．これらの結果は，壊食試験によく使われる磁歪振動子の試験面の壊食が $I = 1 \text{ watt/m}^2$ 程度であることと比較してみてもその激しさがわかる．このような激しい壊食の場合は，どんな材料でも壊食に耐えることはできないので，設計を変更するか，運転を限定するか，壊食の箇所を一種の消耗品と考えてどんどん交換するか，などの対策が必要である．

一方，水車や商船用のプロペラなどでは壊食の進展速度は僅かであっても運転時間が数十年にもなるのでそれなりの壊食が発生する．このような場合，キャビテーションによる物理的な壊食の速さと腐食（Corrosion）の速さは同程度になり，これらが同時に進行して問題になることが多い．対策として，耐食性と耐壊食性に優れた材料を使う，設計や運転条件を少し楽にするなどで対応できることが多い．また空気吹き込み（Air injection）などの壊食防止法も効果がある．いずれにしても長時間運転後の壊食量をあらかじめ予測することが重要になってくる．

キャビテーション壊食に影響を及ぼす因子としては，表7-1に示すように，流体の物理的特性に関係するもの，流体の流動に関係するもの，材料の物理的，化学的，機械的特性に関係するものがある．これらの因子の影響を明らかにするために種々の壊食試験法が考えられている．

表7-1 キャビテーション壊食に影響を及ぼす因子

液体因子	温度，蒸気圧 音響インピーダンス 表面張力 粘度，圧縮性，腐食性（pH）
流動因子	キャビテーション数 流速，圧力 振幅，振動数
材料因子	物理的性質（弾性係数） 機械的性質 　　（硬さ，歪みエネルギ，破壊靭性値，疲労強度） 組織，結晶粒，結晶構造 相変態，結晶方位 加工硬化性，残留応力 表面処理，表面粗さ 鉄鋼，非鉄金属，高分子材料，セラミックス，被覆材

7.2 壊食試験法

キャビテーション壊食と材料特性の相関が十分にわかっていない現状では，キャビテーション壊食に対する材料の強さは，実際にキャビテーションを材料表面で発生・崩壊させて材料の質量減少量を測定して求めている．しかし壊食

率（壊食量の時間変化率）は，壊食の発達過程と共に大きく異なる．一般に，壊食の初期段階においては僅かな質量減少と塑性変形が繰り返され，やがて疲労破壊が生じて質量減少量は増大する．したがって，材料の耐キャビテーション性を示す壊食率は，図7-5に示すように時間と共に変化し，潜伏期，加速期，最大壊食期，減衰期に大別される．なお，図7-5の質量減少の時間変化曲線において，各試験時刻における曲線の勾配で表される壊食率（瞬間壊食率）と，原点を通る直線の勾配で表される累積壊食率の2通りが考えられる．ASTM G 134[4)]では，従来用いられてきた壊食率（瞬間壊食率）は試験片の計量測定時間間隔に依存するのに対し，累積壊食率は計量時間間隔にほとんど依存しないので，累積壊食率が最大となる最大累積壊食率を材料の耐キャビテーション性を表す代表的壊食率とすることを推奨している．

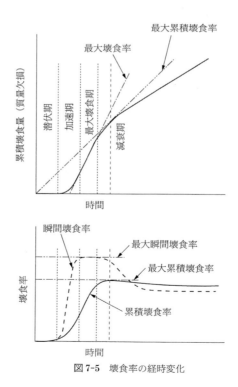

図7-5 壊食率の経時変化

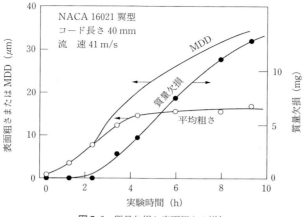

図 7-6　質量欠損と表面粗さの増加

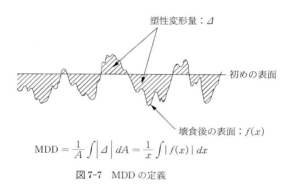

図 7-7　MDD の定義

　質量欠損が生じない潜伏期においても試験片表面の粗さは増大している．塑性変形深さ MDD (Mean Depth of Deformation) を次式のように定義すると，図 7-6 に示すように時間と共に一様に増加する．

$$MDD = \frac{1}{A} \int |\varDelta|\, dA = \frac{1}{x} \int |f(x)|\, ds \tag{7.2}$$

ここで $\varDelta$：図 7-7 に示すような初めの表面からの変形量，f：変形後の表面形状，A：面積．

　以下では，キャビテーション壊食量を求める壊食試験法について述べる．試験法は，キャビテーションの発生方法により次のように分類される．

（1） 振動子による方法
（2） ベンチュリ管による方法
（3） キャビテーション噴流による方法
（4） 渦キャビテーションによる方法
（5） 回転円板による方法
（6） キャビテーション水槽による方法

振動子による方法

　磁歪振動子やピエゾ圧電素子を利用する方法で，材料の壊食試験としては最も簡便で一般に広く利用されている．高周波で振動させることから，超音波法と呼ばれることもある．図7-8の装置の概要はASTMが1972年に規格化した方法［ASTM G 32 "Standard Test Method for Cavitation Erosion Using Vibratory Apparatus"(1985年，1992年に改訂)][5)]で，磁歪あるいは電歪によ

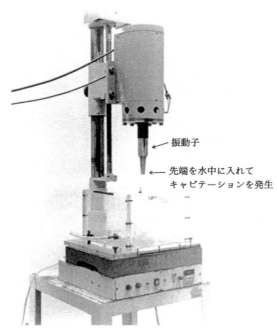

図7-8　振動式キャビテーション試験装置

り 20 kHz で振動子を振動させ，振動子先端を絞り込むことにより，先端での振幅を増大させて，水中に入れた振動子先端にキャビテーションを発生させる．振動子先端に試験片を取り付ける方法と，振動子に対向して試験片を設置する方法（静置試験片法）がある．静置試験片法では，振動子先端と試験片の距離を変えることによってもキャビテーションの強さを変化させることができる．振動子による試験では，試料水の温度（25℃）および振動子先端の振幅（50 μm±5 ％）を一定に保つことが重要である．試験片の質量損失を計量して，壊食率から材料の耐キャビテーション性を評価する．試料水が少量で済み，キャビテーション強さも大きいので，壊食試験を短時間で行える．しかし，キャビテーション壊食の支配パラメータである流速や寸法に対応した試験をすることができない．

ベンチュリ管による方法

ベンチュリ管によって発生するキャビテーションの壊食域に試験片を挿入して試験する方法で，キャビテーション数，流速，静圧などの流体パラメータに対する材料の壊食抵抗を知る上で便利な試験方法で，世界の多くの研究機関で用いられている．しかし，（1）の方法に比べて壊食量は非常に少ない．また，ベンチュリ管の形状によってキャビテーションの発生状態が異なるので，できるだけ統一した形状のベンチュリ管を使用することが望ましいが，現在そのような気運は見られない．

キャビテーション噴流による方法

水中に高速水噴流を噴射し，噴流まわりに生じるキャビテーションにより壊食試験を行う方法である．振動子による試験では流速などを考慮した試験ができないために，ASTM では Lichtarowicz が考案したキャビテーション噴流法に基づき，1995 年に G 134 "Standard Test Method for Erosion of Solid Materials by a Cavitating Liquid Jet" を新しく規格化している[4]．試験部の概要を図 7-9 に示す．水を満たした試験部にノズルにより高圧水を噴出し，噴流のまわりに生じたキャビテーションを試験片表面で崩壊させる．噴流の吐出し圧力や試験部の圧力を変えることにより，キャビテーション壊食において重要なパラメータである流速，静圧やキャビテーション数の影響を調べることがで

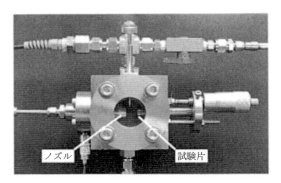

図7-9 キャビテーション噴流式壊食試験装置

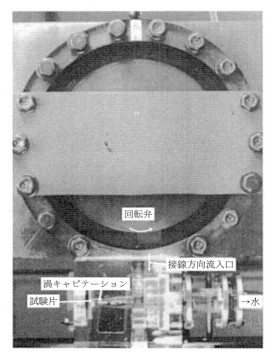

図7-10 渦キャビテーションによる壊食試験装置

きる．試験ではノズル上流側圧力・下流側圧力を精度良く制御するだけでなく，口径（$\phi 0.4\,\mathrm{mm}$）と流量係数が厳密に等しいノズルを用いることが重要である．

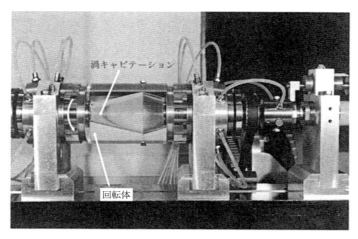

図7-11 渦キャビテーション発生装置

渦キャビテーションによる方法

Lecoffre は，図7-10 に示すような回転弁1サイクルで単一の渦キャビテーションを発生させる装置を考案した[6]．試験部内に流入する流れにより渦キャビテーションを発生させ，回転弁による圧力変動により渦キャビテーションを崩壊させる．また Michel と Franc らは試験部を回転させて渦キャビテーションを発生させる装置（図7-11 参照）を製作した[7]が，壊食試験を行うためには，ASTM の2つの方法に比べて格段に長い試験時間を必要とする．

回転円板による方法

供試液体中に設置した回転円板にキャビテーションを発生させるキャビテータ（穴もしくは突起物）を取り付けて，キャビテーションを発生させ，その崩壊位置に試験片を取り付けて壊食量を計測する方法である．実際に流体機械に生じるキャビテーションと同様なキャビテーションを発生できるが，壊食を生じるためには，大出力のモータを必要とする．

7.3 気泡の崩壊

キャビテーション壊食は，液体中に発生した多数の気泡が表面近くで崩壊するとき部材表面に損傷を与える現象であるが，気泡の崩壊は複雑な物理現象で

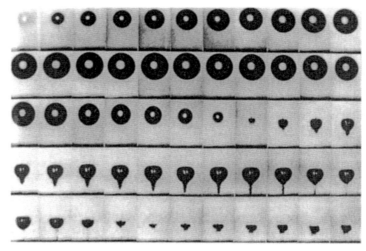

図7-12 壁面近くの気泡の崩壊[8]
(気泡最大半径 2.0 mm, コマ速さ 75,000 コマ/秒)

ある．観察や解析を容易にするために，単一気泡を用いて成長や崩壊挙動に関する研究が数多く行われている．図 7-12 は気泡が成長，収縮，再膨張，再収縮を繰返しながら崩壊していく過程を高速度カメラで撮影したものである[8]．気泡が一度収縮してから再膨張するのは，気泡が縮みすぎて気泡中に含まれている空気などのガスの静圧が逆に高くなるためで，その際，部材を壊食するような極めて高い圧力の衝撃波が発生する．このような衝撃波をシュリーレン法で写真撮影すると，球状の衝撃波が水中を高速で伝播する様子が観察できる[9]．

　一方，気泡が崩壊する場合，必ずしも球形のままで崩壊するとは限らないという意見がある．球形気泡が壁面近くで崩壊した場合，壁面に近い側の流体はほとんど移動できないために気泡壁の位置はあまり変わらないが，反対側の気泡壁は壁面の影響が小さいために速くつぶれるので，気泡はドーナツ状になりながら壁面に向かって液体ジェットすなわちマイクロジェットを発生する．KlingとHammitt[10]は，流速 26.7 m/s で流したディフューザ中でスパークによって発生させた気泡が非球形状に崩壊する過程を，1秒間に 10^4〜2×10^6 コ

7.3 気泡の崩壊 201

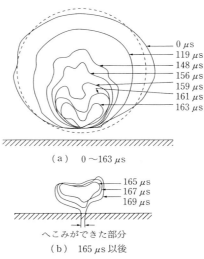

(a) 0〜163 μs

(b) 165 μs 以後

図 7-13 気泡の非球形崩壊の様子[10]

マ撮影できる高速度カメラで写真観察した．図 7-13 に示すように，163 μs までは非球形崩壊し，それ以後壁面に向かって気泡が移動して，気泡の体積が最小になるとマイクロジェットを発生して軟質のアルミニウムにピットが形成されることを見出している．また，マイクロジェット発生過程の数値解析は，Plesset ら[11]により速度ポテンシャルを導入して差分法を用いて行われている．

気泡の崩壊には壁面との相対位置が重要な因子になる．Knapp ら[12]は図 7-14 に示すように，マイクロジェットの発生する条件として，(a)気泡が半球状で壁面に付着している場合，(b)流れ方向に圧力勾配がある場合，(c)気泡が壁面に近い場合の 3 種類を提案している．同様な考えは，赤松ら[13]の衝撃波管を使った実験でも，気泡が壁面から気泡径の 3 倍以上離れると球形のまま崩壊するが，それよりも壁面に近づくとマイクロジェットを発生し，気泡が壁面に接する状態ではマイクロジェットの発生と共に気泡が壁面へ移動することを観察している．島ら[14]は，スパークによって発生させた気泡の崩壊を高速度カメラで観察して，壁面からの距離と衝撃圧の関係を図 7-15 のように示している．L を壁面から気泡中心までの距離，R_{max} を崩壊前の気泡半径とすると，壁面に作用する衝撃圧は $L/R_{max} < 0.3$ または $L/R_{max} > 1.5$ では衝撃波によ

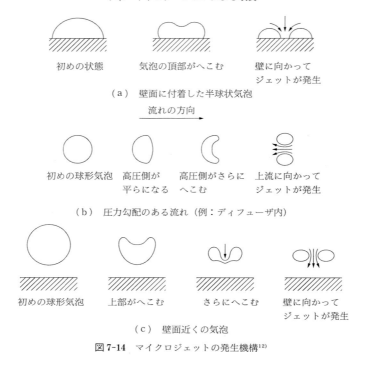

(a) 壁面に付着した半球状気泡

(b) 圧力勾配のある流れ（例：ディフューザ内）

(c) 壁面近くの気泡

図 7-14 マイクロジェットの発生機構[12]

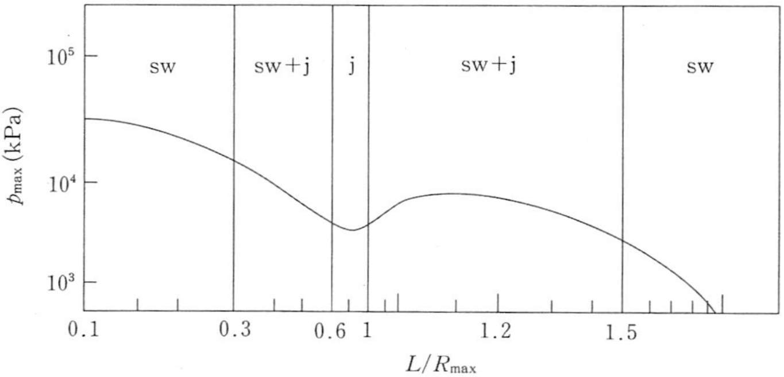

($p_\infty = 102.0\,\text{kPa}$, $R_{max} = 3.5\,\text{mm}$; sw = 衝撃波, j = 液体ジェット)

図 7-15 壁面最大衝撃圧 p_{max} と無次元変数 L/R_{max} の関係[14]

って生じ，$0.6 < L/R_{max} < 0.8$ ではマイクロジェットによって発生する．その中間では両者が混在するとしている．

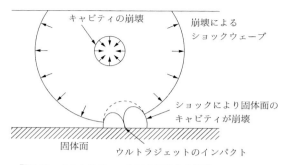

図7-16　ウルトラジェットによる壊食の仮説

　Tulin は，図7-16に示すように壁面から離れた気泡の崩壊により衝撃波が発生し，これが壁面のごく近くにある気泡にウルトラジェットを発生するという機構を提案している[15]．このジェットの速度は，計算によると音速の2倍程度になることがある．このように，固体表面に達する圧力は衝撃波，マイクロジェット，ウルトラジェットの3つの説があるが，気泡の位置や試験条件によっては3者が混在して複雑に影響し合っている場合もある．

7.4　崩壊圧の大きさと分布

　気泡崩壊圧は気泡力学で詳細に解析されている．表7-2は，各研究者が理論的あるいは実験的に得た気泡崩壊圧の大きさと崩壊時間をまとめたものである[16]．崩壊時間は僅か 2 μs であるが，最大崩壊圧力は 1 GPa 以上に達することはほぼ間違いないようである．この値は破壊応力が 1 GPa 以上の工具鋼やステライトなどの高強度材料の表面を衝撃的に破壊させるのに十分な値で，これらの材料がキャビテーションによって衝撃的にピットを形成することは納得できることである．

　実際の流れでは多数の気泡がクラウド状態で崩壊して激しい壊食が発生するが，個々の気泡は大きさ，形状，壁面からの距離，隣接気泡との相互関係などが異なるために，様々な大きさの崩壊圧が作用することになる．このような状態の気泡崩壊圧を知るために，最初キャビテーション・クラウドにマイクロホンを近づけて音響インピーダンスが測定された[17]が，どのような大きさの気泡

表7-2 気泡崩壊圧[16]

		研 究 者	気 泡	崩壊圧計算法・計測法	結 果[注1]
理論		Reyleigh	真空気泡	球形・非圧縮性	外部圧力の1260倍 (1/20に収縮の場合)
		Hickling, and Plesset	ガス気泡 気泡中のガス圧 $P_g = 10^{-3}$ atm	球形・圧縮性	$<2\times10^4$ atm
		Ivany, and Hammitt	ガス気泡 初期気泡中のガス圧 $P_g = 10^{-3}$ atm $P_g = 10^{-4}$ atm	球形・圧縮性	6.77×10^4 atm 5.82×10^5 atm
		Plesset, and Chapman	蒸気泡	マイクロジェットの 速度から推定	2×10^4 atm
実験	単一気泡	Jones, and Edwards	電気放電による半球状気泡	ピエゾ式圧力計	10^4 atm
		赤松,藤川	液体衝撃波管内の水素気泡	圧力計ホログラフィ	持続時間 $2\sim3\,\mu s$ $10^4\sim10^5$ atm
		冨田,島	電気放電による気泡	圧力計 光弾性	数10 MPa

		研 究 者	キャビテーション発生装置	崩壊圧の計測法	結 果
実験	キャビテーション・クラウド	Sutton	Acoustic法による	光弾性	崩壊時間 $2\,\mu s$ 1.36×10^4 atm
		遠藤ら	磁歪振動法	鋼表面のピット (結晶によるピット発生の 有無)	$1.2\sim1.4$ GPa
		真田ら	磁歪振動法	ホログラフィにより 衝撃波速度	>1 GPa
		加藤ら	翼 模型プロペラ	感圧紙	Max 50 MPa Max 10 MPa
		岡部ら	磁歪振動法	感圧紙	見かけの衝撃圧力 Max 15 MPa
		大場ら	ジェットフロー型仕切弁	感圧紙	>70 MPa の 壊食衝撃圧

(注1) 単位はそれぞれの研究者の記述による.

崩壊圧がどのような頻度で壁面に作用したのか,直接的に知ることはできない.

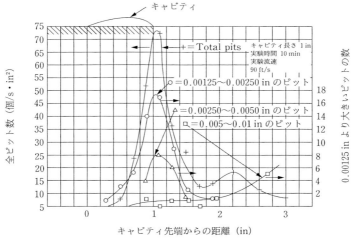

図 7-17　渦キャビティの様子とピットの分布[18]

Knapp[18]は，ステンレス製の半球の後部に純アルミニウムの円筒部分を取り付けた試験体を流れの中に置いて，キャビティの様子とその表面にできるピットの分布を測定して図 7-17 のように示している．ピットが集中するキャビティの後縁付近が最も激しく壊食される．また，ピットの大きさを 3 段階に分けて分布を示してみると，小さいピットは後縁付近に多く，大きいピットは下流のところに多い．これは大きい気泡は崩壊に要する時間が長いから，小さい気泡に比べてより下流まで行って崩壊するためで，大きな気泡ほど持つエネルギも大きく，より大きいピットを作ることになる．

服部ら[19]は，酸化マグネシウム (MgO) 単結晶の (100) 面を磁歪振動キャビテーションにさらした後，転位検出液でエッチングすると，気泡崩壊圧によって表面に十字形の転位列が観察できることを見出した．図 7-18(c) は僅か 30 秒間キャビテーションにさらした後の (100) 面であるが，大小様々の大きさの十字列が観察され，壁面には種々の大きさの気泡崩壊圧が作用していることがわかる．60 秒後には十字形の転位列がつなぎ合わされて網目状のようになり，さらに時間が経過すると，完全に転位列で埋め尽くされて区別がつかなくなる．図 7-19 は，このような状態になった試験片を 2 つに劈開して断面の

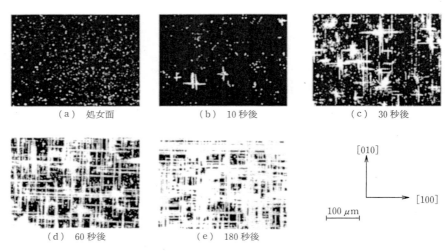

図7-18 MgO表面上の十字形転位列増加の様子(暗視野写真)

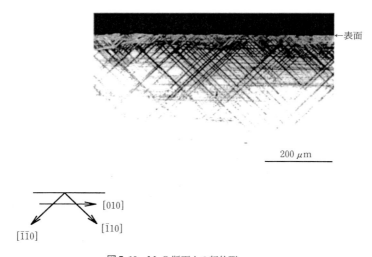

図7-19 MgO断面上の転位列

転位列を観察したものである。断面では表面に対して平行と45°方向にすべり線が現れる。転位列は表面から30μmぐらいまでは密集して白い帯状になって個々の区別はつかない。その中から,数は少ないが45°方向に突き抜けた比

較的長い転位列が観察される．これは大きい気泡崩壊圧が作用したことを示すもので，試験時間が長くなると長い転位列の数も増加して密集してくるが深さは増加しない．これは気泡崩壊圧が繰返し作用しても同じすべり面を再びすべってすべり深さを増加するのではなく，隣接の新しい面にすべりが発生していることを示している．

前述のKnappの実験[18]では，ピットを作るような大きい衝撃圧の頻度は推定できるが，材料の強度によってそれ以下の小さい気泡崩壊圧の頻度を明らかにすることはできない．Hammitt[20]や岡田ら[21]は，圧力センサを用いて気泡崩壊圧の分布を測定する方法を考案している．図7-20は圧電セラミックスを組み込んだ圧力検出器で磁歪振動キャビテーションの気泡崩壊によって発生した衝撃力を測定した一例である．振動子の共振周波数は14.5kHzで，直径3mmの受圧面を持った圧力検出器を振動子の端面より僅かに離れた位置に対向して設置し，振動子の1サイクルまたは2サイクルの間（サンプリング間隔

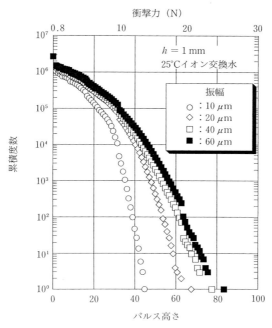

図7-20 パルス高さ，衝撃力の累積度数分布

110 μs) に発生した最大衝撃パルスを 5 分間にわたって計測したものである．計測回数は 296 万回で，キャビテーション諸条件（振動子の振幅の大きさ）によって気泡崩壊圧の分布が変化するが，いずれの場合も大きい衝撃力の発生数は加速度的に減少しており，MgO で観察された傾向とよく一致している．

個々の気泡崩壊圧による衝撃エネルギ E_i は，次のように示される．

$$E_i = I_i t_i A_i \tag{7.3}$$

ここで，I_i：音響エネルギ，t_i：作用時間，A_i：個々のパルスの作用面積．

なお，振幅 P の音響エネルギ I は，音速 c と密度 ρ を用いて，

$$I = P^2/(2\rho c) \tag{7.4}$$

と表されるので，

$$F_i = P_i A_i \tag{7.5}$$

とすると，

$$E_i = F_i P_i t_i/(2\rho c) \tag{7.6}$$

となる．ここで，P_i，t_i は未知数であるが，P_i が F_i に比例し，t_i は一定と仮定すると，

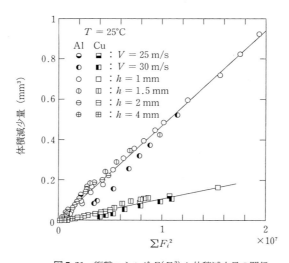

図 7-21　衝撃エネルギ $\Sigma(F_i^2)$ と体積減少量の関係

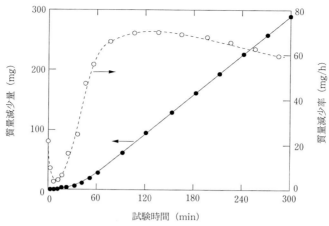

図7-22 S 15 C 炭素鋼の質量減少量曲線と質量減少率曲線

$$E_i \propto F_i^2 \tag{7.7}$$

となるので，衝撃力の2乗の累積値はキャビテーション壊食エネルギの累積値に比例することになる．

　磁歪振動試験では隙間を変化させ，ベンチュリ管試験では流速を変化させて，種々のキャビテーション強さのもとで $\sum F_i^2$ と体積減少量の関係を示してみると，図7-21のように1本の直線関係で示される[22]．このことは，試験装置や試験条件が異なっても同じ量の衝撃エネルギが作用した場合，材料表面からの壊食量が同じであることを示している．また図は省略するが，原点付近を拡大すると初期に潜伏期が観察される．最初塑性変形が繰返されたのち壊食粉となって破壊が進行することを裏付けている．

7.5 壊食のミクロ的な機構

　磁歪振動法で試験したS 15 C 炭素鋼の質量減少量曲線と質量減少率曲線を描いてみると図7-22のようになる[23]．質量減少量曲線では最初の潜伏期を経たのち質量減少が始まり単調に増加するように見えるが，単位時間当たりの質量減少量（質量減少率）で示すと，壊食量は試験開始直後に比較的大きい値を示したのち，潜伏期でも若干の質量減少率を示しながら再び増加を始める．こ

れは，潜伏期間を経たのち壊食が始まるのではなく，僅かであるが最初から衝撃的な壊食が含まれているためである．その後定常値（最大値）を示したのち，減少して壊食の進行が低下する．これは壊食粒子が順次定常的に脱落する一方，壊食面が海綿状になって気泡崩壊圧の作用が緩和されるためである．

このような壊食過程をSEM観察してみるとより明瞭になる．図7-23は試験開始僅か30秒後の試験面である．処女面と比べると，フェライト粒子に数μm程度の角形をしたピットが数多く観察される．しかも，結晶ごとにその角度が異なっている．体心立方格子のα-Feの劈開面は$\{100\}$面であるので，表面が$\{111\}$面で脆性的にピットが生じた場合を考えると，表面上で劈開面のなす角は60°または120°になる．表面が$\{100\}$面，$\{110\}$面であるときには90°になる．したがって，図の中央の1のピットは左側は$\{100\}$面，右側は$\{111\}$面に近い面に脆性的に生じたピットであることを示している．

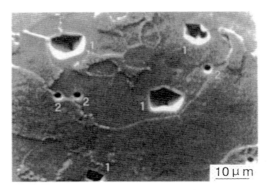

図7-23　試験開始30秒後の試験面

図7-24は潜伏期初めに相当する試験面で，フェライト粒子に多数のすべり線が発生する．フェライトの被害は結晶粒子によって異なっている．エッチングの際，腐食されにくい安定な$\{110\}$面が最も早く変形する．体心立方晶のα-Feの主なすべり系は$\{100\}$面，$\langle 111 \rangle$方向であるから，キャビテーションによる衝撃圧が面に垂直方向にのみ作用すると仮定すると，すべりを起こさせるのに必要な応力は表面が$\{111\}$面，$\{100\}$面，$\{110\}$面で1：0.73：

7.5 壊食のミクロ的な機構

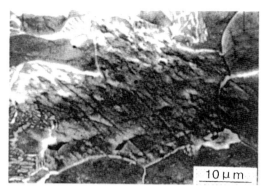

図 7-24 潜伏期初めの試験面

0.70 の割になる．そのため，表面が {110} 面の結晶が最も早くすべりを起こすことになる．図 7-25 は潜伏期の終りに近い頃の壊食面である（図 7-24 と同じ場所）．塑性変形が著しくなって，すべり線にそって亀裂（矢印 1）が発生する．この亀裂は壊食時間と共に進展して粒内に網目状に広がる．また，粒界に発生した亀裂は粒界に沿って進展する（矢印 2，3）．このほか，初期に生じた角ピットも変形されて亀裂状となり亀裂発生源となる．

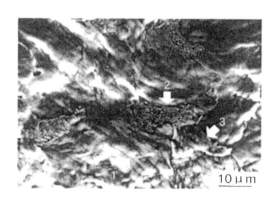

図 7-25 潜伏期終りの試験面

増加期では，表面が {110} 面のようなすべりやすい結晶粒ほど周囲より押し縮められて小さくなり，粒内に多数の亀裂が発生して細分化されて脱落す

る．増加期ではこのようにして次々と小さいクレータができる．定常期では表面がすべりにくい面のフェライト粒子も浮き上がった状態となり，粒子全体が変形を受けて脱落する．

　フェライト粒子間に点在しているパーライト粒子では，最初突出していたセメンタイトが脱落して組織が消滅するが，フェライトとセメンタイトの層間にすべりが生じて再び組織が現れる．その間にも周囲のフェライト粒子が脱落すると，パーライト粒子はほとんど原形のままで脱落する．

　一方，試験液を最大透過径 $0.1\,\mu m$ の均一な円筒形状の直孔を持つ多孔質高分子フィルタを用いた真空減圧濾過装置で濾過して，回収した壊食粉を観察すると，さらにその過程が明瞭になる[24]．図7-26(a)は壊食の初期（試験5分後）に採取したもので，$1\,\mu m$ 以下の微小な表面酸化膜の壊食粉に混じって $3\,\mu m$ 程度の角形をした壊食粉が観察される．これは図7-23で観察した角形のピットが衝撃的に発生したことを裏付けている．また図7-26(b)は定常期の液中から採取した壊食粉で，大きい粒子の周囲に点在している小さい粒子が(a)の角形粒子に相当する．この大きい粒子の中には亀裂が発生しているものもある．定常期では衝撃的に発生する脱落粒子と亀裂の進展によって形成され

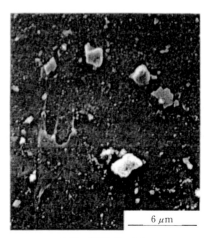
(a) 初期（5 min）

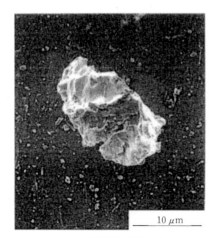
(b) 定常期（140 min）

図 7-26　初期と定常期の脱落粉

る大きい粒子が混在して，衝撃的な破壊と疲労破壊によって壊食が進行することを物語っている．

　面心立方晶の銅やアルミニウムの壊食面では劈開面が存在しないことと降伏点の歪み速度依存性が低いために円形のくぼみが各所で観察され，S15Cの炭素鋼のような衝撃ピットは発生しない[23]．したがって，銅やアルミニウムでは初期に相当する質量減少は発生しない．最初から潜伏期が続いたのち壊食が始まる増加期へ進展する．増加期での個々の結晶をよく観察すると，銅では粒内すべりによって低くなった結晶はあまり変形しないが，浮き上がった結晶は大きく変形して低くなった結晶におおいかぶさるようになり，周辺から欠けるようにして小さい壊食粉を脱落させる．その間，粒界すべりと結晶全体の変形が繰り返されて，やがて粒界から大きい壊食粉の脱落が始まり，定常期になる．

　稠密六方晶の純チタンでは劈開面が存在しないうえ，最大弾性歪みエネルギが比較的高いために，個々の気泡崩壊によるピットやくぼみは生じない[24]．一般に試験開始直後から表面に波状のうねりが生じ，その後，幅 $10\sim20\,\mu$m，長さ $40\sim100\,\mu$m 程度のうねりになる．山の部分は著しく加工硬化され，拡大してみると，峰に沿って生じた亀裂が次第に枝分かれして谷の方向に進展し，山の部分から微細な壊食粉を脱落させている．壊食粉の大きさは $1\sim2\,\mu$m で，$10\,\mu$m 以上の大きいものはほとんど含まれていない．いずれも壊食はうねりによって生じた微細粒子の脱落によって進行するので，ある時期から急に質量減少が始まり，そのまま一定の質量減少率を示す．チタンのような稠密六方晶では粒界すべりが起こらず，また加工硬化率が高いために，低炭素鋼や純銅よりも高い壊食抵抗を示す．

　このように結晶構造の相違だけでも壊食過程が異なるように見えるが，いずれの場合もキャビテーション壊食は衝撃的な破壊と疲労破壊が並行して進行し，ただその占める割合が材料によって異なると考えた方がよい．

7.6 流体パラメータ

キャビテーション数

キャビテーション数 σ が同一であれば，キャビテーションの発生領域，壊食領域は相似とみなせる場合が多い．図 7-27 に示すように，一般にキャビテーション数が小さくなるのに伴い，キャビテーションの初生，サブ・キャビテーション状態（揚力係数などの性能が σ と無関係の状態），やがてスーパ・キャビテーション状態（性能と σ が相関する状態；チョーキング状態など）となる．サブ・キャビテーション状態からスーパ・キャビテーション状態への遷移領域では，スーパ・キャビテーション状態とサブ・キャビテーション状態が交番的に発生し，巨大な渦キャビテーションもしくはクラウド・キャビテーションが周期的に放出される[25)26)]ために，壊食は最も激しくなる．なおスーパ・キャビテーション状態になると逆に壊食率は減少する．

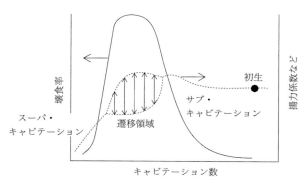

図 7-27　遷移領域での壊食率の増大

流　速

同一のキャビテーション数では，キャビテーションの発生領域は相似とみなせるが，流速 V が増大すると壊食率が急激に増大する例が数多く見られる．すなわち，

$$（質量または体積欠損）\propto V^n \tag{7.8}$$

としたとき，べき指数 n の値は，壊食量が流れのエネルギに比例して増加す

るならば $n = 3$ であるが,報告されている n は 4〜11 程度で, $n = 6$ としたものが多い. Lecoffre は,図 7-28 で示されるように,キャビテーションの衝撃エネルギの分布（強さ I と発生頻度の関係）は流速が V から $2V$ に増加すると衝撃エネルギの分布も変化し,また材料の強さは衝撃エネルギの分布の閾値（図中,材料 1 は I_1,材料 2 は I_2 で示す）に相当することから, V_0 以下では壊食を生ぜずに,壊食率の増加分 n は流速と共に変化し, V_1 以上では壊食率は流速の n 乗に比例すると報告している[27]. また,べき指数 n が大きく

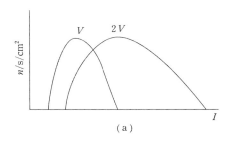

(a)

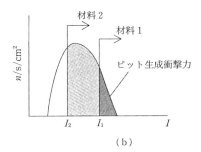

(b)

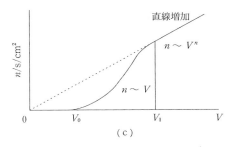

(c)

図 7-28　壊食における流速の n べき乗則

ばらつく他の原因のひとつは，キャビテーションには，シート・キャビテーション，渦キャビテーション，バブル・キャビテーションなど種々のタイプがあるので，キャビテーションのタイプにより壊食における流速のべき乗則が異なるためである．

機器の寸法

流速を一定のまま機器の寸法 L を大きくすれば，気泡の成長時間が長くなり，気泡径が大きくなる．そして，その気泡が崩壊したときの衝撃エネルギも大きくなって，壊食量が増大する．従来の計測では機器の寸法の2〜5乗に比例して壊食率は急増すると報告されており，3乗に比例するという結果が多い[28]．

$$（質量または体積欠損）\propto L^m$$

加藤らは，翼型にインジウムの薄板を貼り付けて壊食ピットを計測した結果，翼弦長 80 mm と 150 mm ではピットの発生率に差はなく，平均直径は 50 ％増加したと報告している[29]．また伊藤らは，翼弦長 53〜160 mm の平板状翼型に感圧紙を貼り付けてキャビテーション衝撃圧を計測した結果，平均衝撃圧は翼弦長に対して僅かに増加するだけであると報告している[30]．祖山は，平均衝撃圧では評価できない渦キャビテーションに起因する局所的高衝撃圧を壊食ピットにより計測した結果，べき指数 m が 2〜4.5 になるとし，大寸法になるほど壊食が極端に増加する危険性を示唆している[31]．

流体の粘性

振動子による壊食試験において水–グリセリン[32]（図7-29参照），水–グリコール[33]の混合比を変えたり，油を用いたりして液体の粘性を変えた試験結果は，粘性が増大すると壊食量は減少する傾向を示す．図7-29には，振動子への入力エネルギ一定の場合と振動子先端の振幅を一定にした場合について，粘性と質量欠損の関係を示す．図中○で示した入力一定の条件では，粘性の増大に伴って振動子の振幅が減少するので，壊食量が減少する．一方，振幅を一定にした場合，粘性が大きくなると空気を含んだ小さな気泡が液中に安定に存在するようになり，壊食量は図の×印のように変化する．

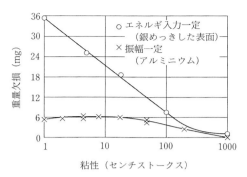

図 7-29 壊食量に対する粘性の影響[32]

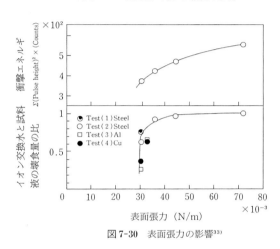

図 7-30 表面張力の影響[33]

表面張力

図 7-30 には，水-界面活性剤・エチレングリコールを用いて液体の表面張力を変えた場合について，振動子による壊食試験結果を示す[33]．表面張力の増大に伴い，気泡崩壊衝撃力が増大し，壊食量も増大する．

圧力（静圧）

キャビテーション気泡が崩壊する領域の圧力が高いほど，気泡と周囲の圧力差が大きいので，気泡は激しく崩壊し，衝撃力も大となり激しい壊食をもたらす．例えば，遠心ポンプ羽根車前縁で切断された渦キャビテーションが負圧面と正圧面でそれぞれ崩壊した場合，正圧面に激しい壊食が生じる[34]．また，キ

ャビテーション噴流による壊食試験で，ノズル上流側と下流側の圧力差 Δp を一定にしてノズル下流側圧力 p_2 （壊食試験片を設置した水槽の圧力）を増大すると，壊食率が増加する．しかし，さらに高圧にすると，ある静圧よりも高圧では壊食率は減少することが報告されている（図 7-31 参照）[35]．壊食率が極大となる静圧 p_2 は，ノズル上流側圧力 p_1 によらず，$\sigma = p_2/p_1 = 0.014$ である[35]．すなわち，高圧下ではキャビテーション衝撃力が増大するが，キャビテーションが生じにくくなるために，キャビテーションを発生させるエネルギを一定（キャビテーション噴流ではノズル上流側と下流側の圧力差一定）にした場合に，壊食率は静圧に対して極大値をとる．

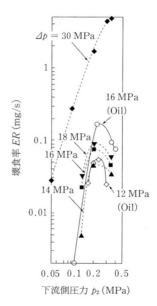

図 7-31　壊食率に対する静圧の影響[35]

温　度

温度が低い場合には液体中の気体の溶解度が大きいので，キャビテーション気泡内にも多くの気体が含まれ，気泡の崩壊時に気泡中の気体がクッション効果を果たし，衝撃力が弱まり壊食率が減少する．一方，温度が上昇すると蒸気圧が増すために蒸気によるクッション効果が現れる．したがって，図 7-32 に

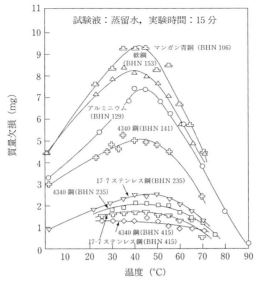

図 7-32 壊食量に対する温度の影響[36]

示すように蒸気圧がそれほど増加せず，また気体の溶解度も比較的小さい温度（水では 50°C 前後）で壊食率は極大値をとる[36]．

音響インピーダンス（密度，音速）

キャビテーション気泡の崩壊時に発生するマイクロジェットが固体壁に衝突し，ウォータハンマ効果により生じる圧力 p は，液体の密度 ρ，音速 c，速度 U により，

$$p = \rho c U \tag{7.9}$$

と表される．ρc は音響インピーダンスと呼ばれ，図 7-33 に示すように，この値が増加するほど衝撃力が増し，壊食率が増大する．液体ナトリウム，水銀，水を用いた壊食試験結果から，音響インピーダンスの相似性についての報告がある[37]．

空気含有度

一般に静置貯留された試料水は過飽和水の状態となっており，試料水に含まれる空気量とその試料水の飽和空気量との比で示される空気含有度は 1 以上

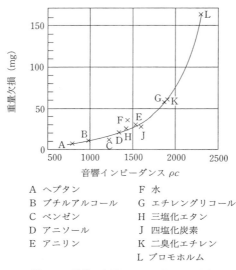

A ヘプタン　　　F 水
B ブチルアルコール　G エチレングリコール
C ベンゼン　　　H 三塩化エタン
D アニソール　　J 四塩化炭素
E アニリン　　　K 二臭化エチレン
　　　　　　　　L ブロモホルム

図7-33　液体の音響インピーダンスと壊食量[37]

で，1.05〜1.10程度（酸素濃度で約8ppm）である．したがって，キャビテーションをもたらすキャビテーション核は十分に存在している．空気含有度が1よりもかなり小さい場合はキャビテーションは初生しにくいが，いったん発生すると衝撃力が大きい[38]．また空気含有度が大きいと，気泡の崩壊時に溶存空気がクッションの役割を果たすので衝撃力が弱まる．キャビテーションの発生領域に空気を導入することを通気と呼び，適切な領域に通気すればキャビテーション壊食を抑制できる[39]．しかしながら，上流にキャビテータが存在してキャビテーション発生領域に豊富なキャビテーション核を供給する場合には，キャビテーションを発達させて激しい壊食が生じることが報告されている[40]．

キャビテーションの形成

気泡崩壊圧はキャビティの発生状況によって大きく異なる．翼に生じるキャビテーションのパターンは5章に詳述しているので，参照されたい．表7-3は，キャビテーションのパターンと壊食の関係を示したものである[41]．加藤は，キャビテーション壊食は，（a）どれだけ多くのキャビテーション気泡が，（b）どれだけ激しく，（c）固体面の近くで崩壊するかに支配されると指摘して

表7-3 キャビテーション・パターンと壊食の関係

キャビテーション・パターン	壊食の危険性	説　明
シート・キャビテーション		
キャビティが安定	小	キャビティ量が多くても危険は少ない
キャビティが不安定/非定常	大	キャビティ塊がちぎれ下流域で崩壊すると危険
バブル・キャビテーション	大	模型でバブルとなっても実機では別のパターンになることがある
ストリーク・キャビテーション	大	前縁付近のキズ，加工の不適切によるものは危険
ボルテックス・キャビテーション		
渦の軸が流れに平行	小	主流中で崩壊するときは安全
渦の軸が流れに垂直	大	渦の端が固体面に付着して崩壊すると危険

いる．

噴　流

図 7-34 はキャビテーション噴流の様相である[35]．図中，白い矢印で示した部分に衝撃力センサが埋め込んであり，衝撃力を同時に計測している．キャビテーションは，微細なキャビテーション気泡が集まった白い渦糸状もしくはクラウド状に見えている．噴流まわりの剪断層の低圧部に発生したキャビテーションが下流に移動するのに伴い，合体してクラウド・キャビテーションとなる．クラウド・キャビテーションは試験片表面に衝突し，衝突面中心から広がるにつれてリング渦キャビテーションとして発達する．やがてリング渦キャビ

図 7-34　噴流衝突面のキャビテーション[35]

テーションは凹凸を生じて波打ち，その一部が衝突面に垂直に渦コアを持つ状態で崩壊する（図7-34中の挿入図参照）．すなわち，キャビテーション噴流は流体機械に致命的損傷を与える渦キャビテーションを簡単に多数発生する．

渦

図7-35は，遠心ポンプ内に激しいキャビテーション壊食を生じる場合のキャビテーションの様相と壊食領域の様相を対比したものである[42]．損傷は渦キ

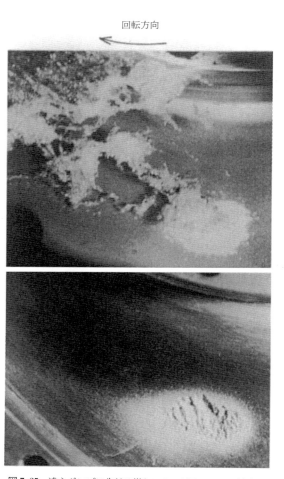

図7-35　遠心ポンプに生じる激しいキャビテーション壊食[42]

ャビテーション（あるいはクラウド・キャビテーションと呼ばれる）が崩壊する箇所に生じている。図7-36は，バタフライ弁後流に生じる縦渦状のキャビテーションで，このキャビテーションが崩壊する管路内壁に壊食性高衝撃圧が生じる。このような渦キャビテーションが流体機械に激しい壊食を生じさせる[43]。

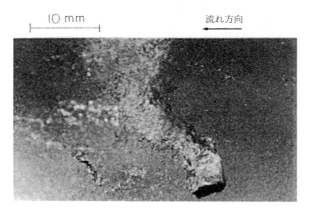

図7-36　高壊食性渦キャビテーション[43]

7.7 材料パラメータ

7.7.1 物理的性質（弾性係数）

液体が固体壁に当たったとき，ウォータ・ハンマ効果による圧力は，

$$p = \frac{U}{\dfrac{1}{\rho_l c_l} + \dfrac{1}{\rho_s c_s}} \tag{7.10}$$

となる。

ここで，ρ, c：それぞれ液体と固体の密度・音速，U：液体の速度，$c_s = \sqrt{E/\rho_s}$（E：縦弾性率）である。したがって，固体の弾性率が液体に比べて著しく大きい金属材料の場合には，$p = \rho_l c_l U$となって，前節で述べたように主として液体の性質に依存するが，ρcの値が流体とほぼ同程度になるゴムやプラスチックのような材料では，弾性率が小さくなるほど固体材料表面に作用

する衝撃圧が小さくなって，見かけ上材料の耐壊食性が向上する．

7.7.2 機械的性質（硬さ，歪みエネルギ，破壊靱性値，疲労強度）

硬さと壊食抵抗（体積減少率の逆数）の関係を図7-37に示す[44]．ただし，縦軸の値は18-8ステンレス鋼（Hv 170）を標準にとり，これに対する壊食抵抗の比率である．ステライト（Co合金）の結果を除けば，ステンレス鋼，合金鋼，鋳鉄，銅合金，ニッケル合金，アルミニウム合金など，約300種類の材料の壊食抵抗は硬さの約5/2乗で増加する．

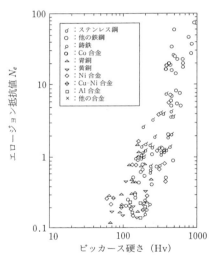

図7-37 硬さとエロージョン抵抗の関係[44]

Thiruvengadam[3]は，11種類の金属材料について，歪みエネルギ（1/2×引張強さ×伸び）と体積減少率の関係を示し，比較的良い比例関係が得られるとしている．Hobbs[45]は，気泡崩壊のエネルギが材料の弾性変形＋塑性変形＋破壊によって吸収されるとの考えから，Proof resilience $[1/2×(耐力)^2/E]$，Ultimate resilience $[1/2×(引張強さ)^2/E]$，歪みエネルギ $[\{耐力+2/3×(引張強さ-耐力)\}×伸び]$ のような材料パラメータを定義して，磁歪振動法試験で得られた体積減少率の逆数とこれらの関係を，24種類のステンレス鋼と低炭素鋼，4種類の非鉄合金について求め，相関係数がそれぞれ0.60，

0.65, −0.54 となり，Ultimate resilience が比較的相関性が良いとしている．Heymann は約 100 種類の実験結果を歪みエネルギと Ultimate resilience で整理した．図 7-38，図 7-39 に示すように，歪みエネルギではうまく整理できないが，Ultimate resilience では比較的まとまりが良い．遠藤[46]は，衝撃応力

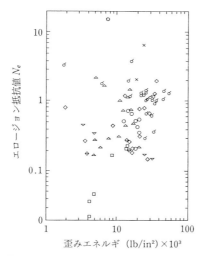

図 7-38 歪みエネルギとエロージョン抵抗の関係[44]

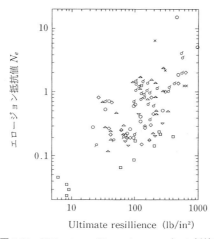

図 7-39 Ultimate resilience とエロージョン抵抗の関係[44]

は弾性係数 E の1/2乗に比例することから，耐食性が同等のとき壊食抵抗は $H/\sqrt{E}$ に関係すると考えて，Glikman[47]の実験結果から質量減少率の逆数 $1/w$（壊食抵抗）を求め，材料の E を推定して H_B^2/E との関係を図7-40のように示している．H_B が σ に比例すると考えると，Ultimate resilience になる．鋳鉄を除くと比較的良い直線関係が得られる．H_B^2/E は材料の弾性歪みエネルギに相当する値であるから，壊食抵抗は硬さよりも歪みエネルギにより関連深いといえる．

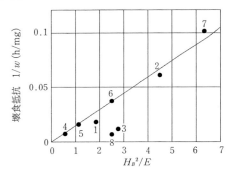

番号	材料	(H_B)	E (kg/mm²)
1	黄銅	105	0.63×10^4
2	Mn-Al-Fe 黄銅	217	1.05
3	改良鋳鉄	197	1.40
4	S 10 C	107	2.07
5	S 31 C	153	2.10
6	ステンレス鋼	229	2.10
7	Ni-Cr 鋼	365	2.10
8	ねずみ鋳鉄	187	1.40

図7-40　H_B^2/E と壊食抵抗の関係[46]

また，セラミックスなど気孔が存在する材料は，一種の切欠き材とみなされる．切欠き材は亀裂の進展が損傷評価の対象となるので，破壊靱性値が重要なパラメータになる．詳しくは後述する．

キャビテーション壊食の主要な破壊機構は表面の疲労破壊と考えられるのに，材料パラメータの中に疲労強度を取り入れた例は極めて少ない．単位体積壊食に要する衝撃エネルギ相当量（$\sum F_i^2$）は気泡崩壊圧の繰返し作用による

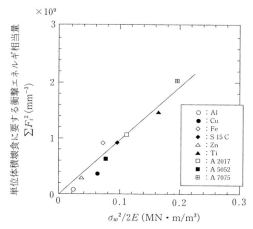

図 7-41　$\sigma_w^2/2E$ と単位体積壊食するのに要する衝撃エネルギ相当量の関係

表面の疲労破壊に関与した値であるので，この値と Ultimate resilience のかわりに疲労破壊に要する歪みエネルギとして σ_w^2/E（σ_w：試験材料の疲労強度）と対応させると，図 7-41 のように非常に良い相関がある[48]．相関係数は 0.97 である．

7.7.3　金属学的性質（組織，結晶粒，結晶構造，結晶方位，加工硬化性，相変態）

キャビテーション壊食は材料表面の弱い箇所が集中的に損傷を受けるので，多相組織になると，複合則として得られる値よりも耐壊食性がかなり低下するので注意が必要である．例えば鋳鉄や軸受メタルに見られるように，マトリクス中に弱い箇所が存在すると最初にその部分から脱落が始まり，続いてその箇所が応力集中部として作用し，マトリクス中を亀裂が発生進展するので耐壊食性を著しく低下させる．逆にセラミックスを混入した溶射材料に見られるように，弱いマトリクス中に強い箇所が混入されたとしても，弱いマトリクスが集中的に壊食され強い箇所が原形のまま脱落するので，あまり効果がない．

結晶粒の大きさの影響[2]については，通常の材料の引張試験における降伏点に見られるような単純な Hall-Petch の関係は存在しないが，多くの材料では結晶粒径が小さくなるほど耐壊食性は向上する．しかし，Nb-Zn 合金の耐壊

食性は粒径に対して逆の傾向，またステライト 6 B は粒径にはあまり依存しない傾向を示す．

結晶構造はすべり系の数を変化させ，材料の塑性変形のしやすさに関係する．アルミニウムや銅などの面心立方晶は，鉄などの体心立方晶やチタンなどの稠密六方晶よりも変形しやすく，そのため耐壊食性が悪い．また，結晶方位は亀裂の進展方向を定める．図 7-42 に示すように，亀裂が表面と平行に進展する (100) 面は，亀裂が内部方向へ進展する (111) 面や (110) 面よりも耐壊食性が悪くなる[49]．

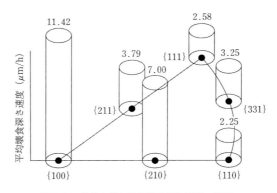

図 7-42 結晶方位と平均壊食深さ速度の関係

材料の加工硬化性もキャビテーション壊食特性に影響を与える．図 7-43 は各種合金鋼の 180 分後の質量減少量を硬さで整理したものである[47]．炭素鋼焼鈍材では，炭素含有量が増すほど硬さが大きくなり，壊食抵抗は増大する．高クロム鋼では，低温で焼戻してトルスタイト組織やマルテンサイト組織にすると硬さが大きくなり，壊食抵抗は向上する．オーステナイト鋼では，同じ硬さの炭素鋼や高クロム鋼に比べて加工硬化性のために壊食抵抗は一段と優れている．

キャビテーションによって相変態が生じる合金の壊食抵抗は，硬さなどの静的機械的性質から予想される値よりもはるかに優れている．相変態の生じる材料は，コバルト合金，アルミニウム青銅，オーステナイト系ステンレス鋼など

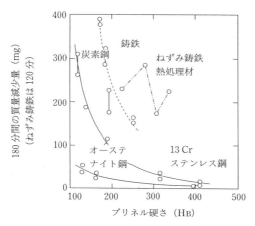

図7-43 ブリネル硬さと180分間の質量減少量の関係[47]

がある．これは，相変態によってキャビテーションのエネルギが吸収されると同時に，これらの合金は低積層欠陥エネルギ材料であり，プラナーすべりが生じて高い加工硬化性を示すためである[2]．

7.8 材料の耐壊食性

7.8.1 金属材料の耐壊食性

Heymann は硬さ $H_V = 170$ の 18 Cr-8 Ni オーステナイトステンレス鋼の壊食抵抗を1としたとき，各種工業材料の壊食抵抗を図7-44のように示している[44]．アルミニウム材料とステライトやタングステン工具鋼は硬さが10〜30倍変化するのに対して，壊食抵抗は30〜80倍変化する．また，同種の材料でも壊食抵抗は10倍も差が生じるものもある．キャビテーション壊食は，材料の硬さの変化以上に大きく変動する．

低炭素鋼はフェライト粒子とパーライト粒子が混ざった状態であるので，ミクロ的に見た場合，壊食速度はそれぞれの粒子で異なり2相合金の様相を示すが，マクロ的には炭素含有量，硬さや塑性変形能などの材料強度，結晶組織，表面の結晶方位，壊食亀裂の伝播特性などに影響されて変化する．各種の低炭素鋼の壊食抵抗（壊食率の逆数）と，下降伏点，引張強さ，ビッカース硬さの

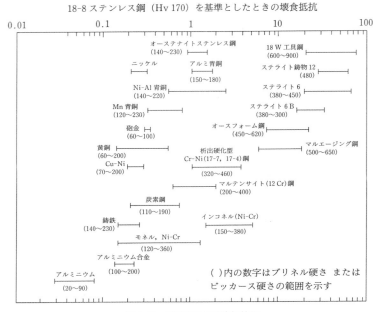

図 7-44 工業材料の壊食抵抗[44]

単独の機械的性質との相関性を調べてみると，0.91, 0.95, 0.90 となり，引張強さや硬さとの相関性の方が強い[50]．Ultimate resistance σ_B^2/E, H_v^2/E の材料パラメータと対比させると，図 7-45 のようにより良い相関性が認められる．相関係数は 0.97 と 0.96 である．また，3%食塩水中での結果は破線で示すように，σ_B が大きく硬い材料ほど腐食の影響を受けやすいことがわかる．

オーステナイト鋼は，同じ硬さの 13 Cr 鋼や炭素鋼に比べて耐壊食性は一段と向上する．これは先に述べたように気泡崩壊の衝撃圧に対する加工硬化性が高いためである．図 7-46 は Ni 相当量と質量減少率の関係を示したものである[51]．Ni 相当量はオーステナイト相の安定度を示すパラメータのひとつで，その値が小さいほど不安定である．18～24 Cr 7～20 Ni ステンレス鋼では，点線で示すように，Ni 相当量が 20%付近以下からオーステナイト相が不安定になり耐壊食性が向上している．18 Cr 4～6 Co ステンレス鋼では壊食量は Ni 相当量が 18～25%の広い範囲で Ni-Cr 鋼よりも少ない．Co の含有によって

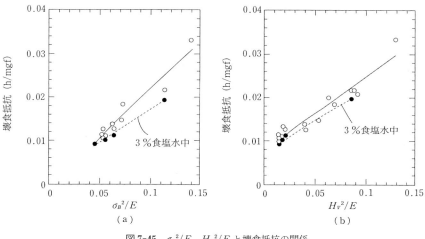

図 7-45 σ_B^2/E, H_V^2/E と壊食抵抗の関係

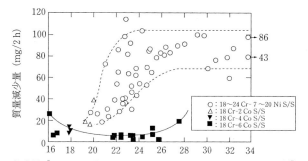

図 7-46 ステンレス鋼のキャビテーション壊食における Ni 相当量と質量減少量の関係[51]

マルテンサイト変態が起こりやすい材料になるためである．

　鋳鉄のキャビテーション壊食は最初に強度の低い黒鉛部分の脱落から始まるので，壊食抵抗は黒鉛の形状や分布状態とマトリックスの強度に影響される．鋳鉄の壊食が黒鉛の切欠き作用とマトリックスの切欠き感受性に支配されると考えて，鋳鉄の切欠き係数 β_g（平滑材の疲労強度/切欠き疲労強度）を材料強度のパラメータ中に含めて評価すると，図 7-47 に示すように鋳鉄も炭素鋼も同じように評価できる[52]．しかし，3％食塩水中になると，鋳鉄の壊食抵抗は

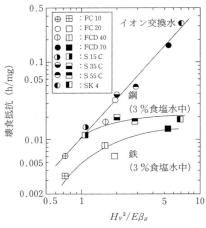

図 7-47　$Hv^2/E\beta_g$ と壊食抵抗の関係

鋼の約 1/2 となり，液の腐食性の影響を著しく受ける．特にパーライト地鋳鉄ではその傾向は一層著しく，鋳鉄の耐壊食性向上のためにマトリックスをパーライト地にして強化しても，腐食性の強い環境中では無意味になることがあるので注意を要する．

　舶用プロペラ材料のように，海水中での機械的性質と耐食性，耐壊食性を同時に必要とする材料として，マンガン青銅やアルミニウム青銅がある．表 7-4 は，実用プロペラ材料の比較のために行った各種材料の振動試験結果である[53]．Ni-Al 青銅の耐壊食性はマンガン青銅に比べて 4.8 倍優れ，18-8 ステンレス鋼やチタン合金とほぼ同程度の耐壊食性を示す．これは微細クラックの抑制と加工硬化層の生成によるためである．

　純チタンおよびチタン合金は，比強度（強度/重さ），耐食性，高温での強度に優れているので，近年各方面で用途が広がり，一部舶用プロペラにも使用され始めている．チタン合金には結晶構造によって α 型，β 型，$\alpha+\beta$ 型があるが，なかでも $\alpha+\beta$ 型の Ti-6 Al-4 V は世界生産の 2/3 を占め，使用量が最も多い．Ti-6 Al-4 V の受入材は，一般にマトリックスの α 相と析出相の β 相の 2 相混合組織であり，壊食は β 相から始まる．キャビテーションにさらし続けると，β 相周辺の α 相が壊食されるようになる．β 相の粒径が約 5 μm

7.8 材料の耐壊食性

表 7-4 各種材料の磁歪振動試験結果

材　料	硬さ (H_B)	引張強さ (MPa)	伸び (%)	質量減少量 (mg/2 h)	壊食比較値 (ニッケル・アルミ青銅の壊食量を1として)
マンガン青銅	143	531	30.4	26.6	4.8
ニッケル・アルミ青銅	178	684	21.2	5.5	1.0
高マンガン・アルミ青銅 (Mn 9.5%)	186	702	29.6	5.8	1.0
〃　　　　　　　　(Mn 12%)	181	705	33.4	6.8	1.2
ニッケル・マンガン青銅	161	595	23.4	21.7	3.9
Cu-Al-Be 合金溶接材	280	—	—	1.3	0.2
鋳　　鋼 (SC 42)	—	—	—	53.2	9.7
ステンレス鋼 (18 Cr-8 Ni 系)	—	—	—	5.5	1.0
〃　　　　(13 Cr 系)	—	—	—	15.3	2.8
純チタン		402	37	14.8	2.7
チタン合金 (Ti-6 Al-4 V)		911	15	5.6	1.0

と非常に小さいので，鋳鉄での黒鉛のような大きな応力集中源にはならない．各種の金属材料の壊食抵抗を H_v^2/E で整理すると，図 7-48 に示すように，マクロな壊食率は鉄鋼材料と同様に H_v^2/E で評価できる[54]．なお，図中には Ti-6 Al-4 V 熱処理材の結果も示している．

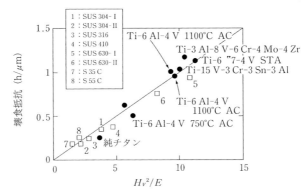

図 7-48　チタン合金における H_v^2/E と壊食抵抗の関係

耐壊食性の非常に優れた鋳造合金材料にステライトがある．Co 40％〜，Cr 25〜35％，C 1.5〜3.0％を含む合金で，硬くて脆いが，鋳造してタービン

ブレードやキャビテーション壊食の発生した部分の補修用などに用いられる．図7-49は表7-5に示すステライト合金の体積減少量曲線である[55]．それぞれの合金成分によって体積減少量は大きく異なる．ステライト合金はコバルトのマトリックスにCr_7C_3などのカーバイドが分散しているので，壊食はカーバイドとマトリックスの界面から始まり，カーバイドが選択的に壊食される．したがって，硬くて脆性的な塊状のカーバイドが高い割合で脱落することと，マトリックスのカーバイドの界面の大きさが壊食を左右することになるが，一方，マトリックスの変形能も重要な役割りを果たす．鉄やニッケルを添加するとコバルト合金の安定性が増し，加工硬化を促進させるので，界面での変形能が悪くなり損傷が生じやすくなる．そのため，鉄，ニッケルを含まない合金3の耐壊食性は他の合金より極めて優れており，比較的鉄，ニッケルを多く含む合金2006（正確な成分は不明）は，他の合金よりも一段と耐壊食性が低下してい

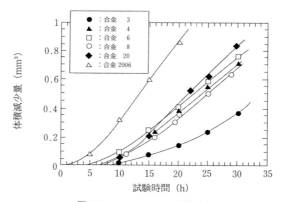

図7-49 ステライトの体積減少量曲線[55]

表7-5 図7-49に用いた材料

合金	C	Cr	W	Fe	Ni	Mo	Co
合金 3	2.61	30.2	11.9	—	—	—	Bal.
合金 4	1.17	31.30	13.98	1.06	0.16	—	Bal.
合金 6	1.15	24.30	5.11	3.32	1.43	0.27	Bal.
合金 8	0.27	27.00	—	0.78	2.86	5.25	Bal.
合金 20	2.35	33.10	16.26	2.22	1.38	—	Bal.
合金 2006			不		明		Bal.

る．また，合金の耐壊食性が優れているのは，マトリックスが衝撃圧によって面心立方晶から稠密六方晶に変態し，衝撃のエネルギを吸収するためであるともいわれている．

中/低速のディーゼル機関やガソリンエンジンの連接棒大端軸受，発電タービン装置の高圧圧縮機軸受などのすべり軸受ではキャビテーション壊食が発生するので，軸受材料に対しても耐壊食性の考慮が必要である．図 7-50 はハイホワイト油中で試験したホワイトメタル (WJ 7, WJ 2)，ケルメット (KJ 3)，鉛青銅 (LBC 3) の体積減少量曲線である[56]．KJ 3 より LBC 3 の方が耐壊食性が良いのは介在物の鉛が細かく分散しているためで，WJ 7 より WJ 2 の方が良いのは Cu_6Sn_5 の針状晶がまんべんなく分散して SbSn の方晶を拘束しているためである．また，これらのすべり軸受では溶融した軸受メタルを裏金にライニングした状態で使用するので，壊食が進行すると裏金との界面に亀裂が進展して大きな剥離が発生する．そのため，ライニング厚さによる影響も考慮しなければならない．ライニング厚さが薄くなるほど耐壊食性は向上するが，すぐに壊食されて界面からメタルの剥離が起こるので，適当なライニング厚さが必要である．

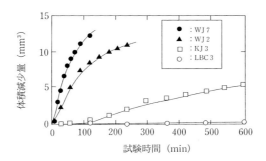

図 7-50 ハイホワイト油中の軸受材料の体積減少量曲線

軸受や歯車を焼結金属で作ると，バルクの構造材料に比べて均一な組成の材料が得られる反面，微小な気孔が多数発生する．図 7-51 は，純鉄の粉末を種々の気孔率に焼結した材料の壊食抵抗を示したものである[57]．燃結金属の弾性係数 E_p は気孔率 V_p が零のときの弾性係数を E_0 とすると，$E_p = E_0(1-$

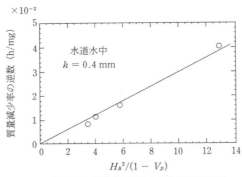

図 7-51　焼結鉄の硬さと壊食抵抗の関係

V_p) で与えられるので，横軸を $H_B{}^2/E$ の代わりに $H_B{}^2/(1-V_p)$ にすると，耐壊食性との間に良い直線関係が得られる．

7.8.2　セラミックスの耐壊食性

セラミックスは，流体機械の部品やバルブ，軸受の摺動面などに利用されていて，低比重で高強度，高耐熱性，高耐食性といった優れた性質を有している反面，焼結によって作られるために多数の気孔が存在し，脆いという致命的な欠陥がある．セラミックスを焼結成形する場合，焼結助剤を用いる場合と用いない場合がある．キャビテーション壊食では表面に存在する気孔から拡大する傾向が強いが，焼結助剤の有無によって壊食の進展に相違が見られる．図7-52 は焼結助剤を用いない Al_2O_3 の場合で，結晶粒子径と体積減少率の関係を示したものである[58]．Al_2O_3 の壊食は，最初表面の気孔やくぼみなどを核にして結晶粒界に沿って亀裂が発生，進展して粒子が表面から原形のまま1個ずつ次々に脱落するので，材料の体積減少率は粒子径によってよく整理できる．

SiC，Si_3N_4，ZrO_2 のような焼結助剤を用いた粒界強度の高いセラミックスでは，壊食は粒界破壊よりも粒内破壊によって気孔の周辺が細かい壊食粉を形成して進行する．壊食抵抗は気孔の密度と割れにくさ，すなわち破壊靭性値に依存する．図7-53 は（気孔密度と破壊靭性値の−2乗の積）と体積減少率の関係を示したものである[59]．粒界強度の高いセラミックスについては，まとまった良い相関関係が得られる．

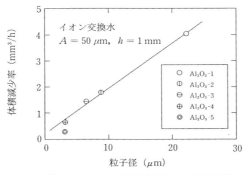

図 7-52　Al$_2$O$_3$の体積減少率と粒子径の関係

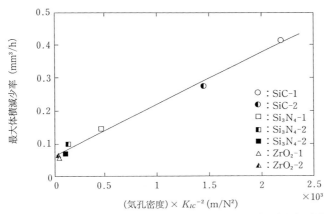

図 7-53　（気孔密度と破壊靭性値の−2乗の積）と体積減少率の関係

7.8.3　高分子材料の耐壊食性

　高分子材料について，熱可塑性樹脂9種類，熱硬化性樹脂1種類，複合材料5種類のバルク材の体積減少量曲線を延性，中間，脆性的破壊にグループ分けして示すと図7-54のようになる[60]．ポリスチレンなどの脆性材料は減少量は大きく，延性材料で結晶性高分子は減少量が少ない．特に結晶化度の大きいポリエチレンやポリアセタールは，純鉄よりも優れた耐壊食性を示す．これは材料の強度特性と共に，高分子材料の音響インピーダンスは小さいので，金属材料に比べて衝撃力が半分以下になることも影響している．しかし，気泡崩壊が

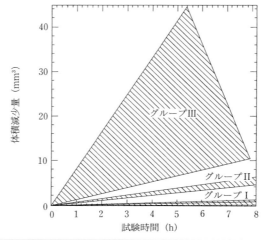

グループ	高分子材料名	体積減少量 (mm³) 5時間	体積減少量 (mm³) 7時間	ショア硬さ
グループ I (延性破壊)	High density polyethylene	1.06	1.35	68
	Polyamide 66 + Glass fiber	1.09	—	83
	UHMWPE	0.85	0.96	66
	Polyamide 66 + Polyethylene	0.09	0.36	78
	Polyacetale + Polyethylene	0.24	0.90	81
	Double sintered ultra high molecular weight polylene UHMWPE	0.53	0.70	66
	Polyacetal polyacetal	0.64	0.92	81
グループ II (中間破壊)	Polyacetal + Glass fiber	3.14	5.35	66
	Polyacetal	2.79	4.07	69
	Polyacetal + Polyethylene + Glass fiber	3.01	4.93	83
グループ III (脆性破壊)	Poly (amide + imide)	10.07	13.31	86
	Polypropylene	11.20	—	76
	Polysulfon	21.53	—	86
	Polyethylene + Terephthalate	35.57	—	86

図 7-54　各種高分子材料の体積減少量曲線[60]

激しい場合には材料内部の温度が上昇して，材料の強度低下や，母材との間の密着性が問題になるので，高分子材料はキャビテーション気泡の崩壊が弱いときだけ効果的なようである．さらに，高分子材料は経年劣化して強度が著しく

低下するので，長年にわたって使用する場合は注意が必要である．

7.9　壊食量の予測

　実際の流体機械におけるキャビテーション壊食量を計算だけで予測するのは困難であり，一般には模型による壊食試験を行い，実機と模型の寸法差，流速，試験時間，材料の強さなどを考慮して実機の壊食量を予測している．これらのパラメータについて，簡単な仮定をして壊食量を推定する簡易式による方法が提案されている．当然のことながら，模型から実物への換算が大きな問題となっている．そこで，センサや壊食ピットの大きさなどからキャビテーションの壊食強さを実際に計測して，壊食量を予測する方法がある．また，キャビテーション壊食の発生領域を簡単に推定する方法としては，感圧紙による方法，ペイントによる方法，キャビティ長さによる方法などがある．ポンプなどでは流量，NPSH，目玉周速などの種々のパラメータから壊食量を予測する方法もあり，8章8.2.6項を参照されたい．また，模型試験を全く必要としない壊食の推定法も提案されている[6]．

簡易式による方法

　簡易的に壊食深さを推定するために，べき乗則を仮定して，次式により壊食率 ER を推定する方法がある[63]．本方法では，壊食率は時間に対して一定と仮定している．

$$ER = CM^l L^m V^n \tag{7.11}$$

　　C：定数，M：材料の機械的性質，L：機器の寸法，V：流速，

　　l, m, n：べき指数で，$m = 3$，$n = 6$ が用いられることが多い．

　材料の機械的性質 M は7.7.2項で述べたような，硬さ，歪みエネルギ，破壊靱性値，疲労強度などを用いるか，7.2節の試験法で述べたような材料試験の結果を用いる．なお，いずれの機械的性質を用いるかによって，べき指数 l が異なる．キャビテーション数が同一，形状が相似の場合に適用できる．

センサを用いる方法

　壊食に係わるキャビテーションの衝撃を定量的に計測して，壊食量を推定する方法が試行されている．キャビテーション気泡の崩壊時に発生する衝撃は，

数 μs のオーダーで，かつ数 μm の微小領域に数 GPa の圧力を生じる[63]（表7-2参照）．このような衝撃を直接計測するセンサは市販されていないので，種々のセンサが研究者や技術者らによって考案・製作され，用いられている．主なセンサには，図7-55 に示すような圧電セラミックス[22)64)-66)]や，PVDF フィルムを用いたセンサ[67]がある．なお，PVDF フィルムは圧電係数が大きいので，アンプやノイズフィルタなしに明瞭な信号を得ることができ，また曲面にも加工可能である．これらのセンサにより得られた信号から壊食率を以下のように推定する．

（1）　壊食試験とセンサによる衝撃力の計測を行う（模型試験もしくは実機試験）．

（2）　キャビテーションの衝撃エネルギと壊食率の関係を求める（例えば図7-56[67]）．

（3）　任意の条件における衝撃力の計測を行う．

（4）　キャビテーションの衝撃エネルギから壊食率を推定する．

　市販されているセンサを用いて間接的にキャビテーション衝撃力を計測する方法として，アコースティック・エミッション（AE）センサ[42)68]，水中マイクロホン[42]，振動加速度計[69)70]などを用いる方法もある．この市販品による間接的計測・波高分析において，壊食量の定量的評価には最低 10 kHz 以上の高周波数帯域の信号が重要である．また，材料表面で繰り返される電気化学的反応（損傷と再被膜形成）を用いて壊食量を予測する方法[71]もある．

壊食痕による方法

　実機に用いる材料もしくは，それよりも軟らかい材料をキャビテーションの発生領域に設置し，材料表面に生じた塑性変形ピットの深さや大きさからキャビテーションの衝撃力を求めて壊食率を推定する方法が行われている[72)73]（図7-57 参照）．図7-57 の左側には，干渉顕微鏡により塑性変形ピットの形状を計測する方法の概要を示し，この方法によってピットを観察した例を右側に示す[73]．干渉縞の数と波長から塑性変形ピットの深さを精度良く計測することができる．本方法は，壊食の潜伏期の状態から将来の損傷量を予測するひとつの方法である．前述のセンサを用いる方法に比べて実機に取付けやすい利点があ

7.9 壊食量の予測　　　　　　　　　　　　　　　　　　　241

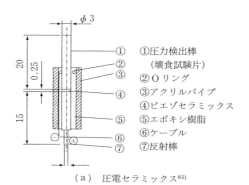

(a) 圧電セラミックス[65]

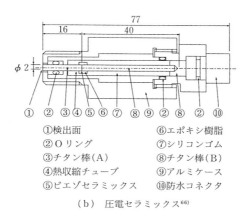

(b) 圧電セラミックス[66]

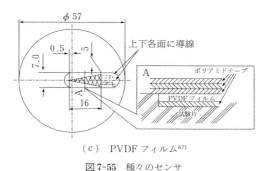

(c) PVDFフィルム[67]

図 7-55　種々のセンサ

る．また，単結晶酸化マグネシウムを用いて結晶面のすべりからキャビテーションの衝撃力を計測する方法も行われている[74]．

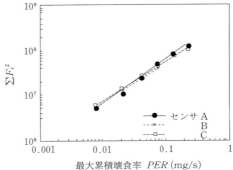

図 7-56 衝撃エネルギと最大壊食率の関係[67]
(センサ A, B, C は受圧部面積・形状が異なる)

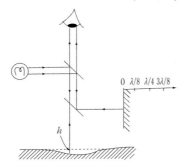 

図 7-57 干渉顕微鏡による塑性変形ピットの観察例[73]

感圧紙法

圧力に応じて変色する感圧紙*を用いてキャビテーション衝撃力を計測する方法[75]である．圧力値は実際のキャビテーション衝撃圧力とは異なるが，キャビテーションの強さを示すひとつの指標を得ることができ，壊食の発生領域を調べるには有効である．

ペイント法

ケガキに用いる青ニスなどを材料表面に塗布して，塗料がはげた領域から壊食の発生領域を推定する方法で，容易に実機に適用できる[42]．

＊富士写真フィルム社製　プレスケール

キャビティ長さを用いる方法

キャビテーションの発生領域が大なるほど壊食量が増大するという仮定に基づき，キャビティ長さ L から壊食率を求める方法である．壊食に支配的なキャビテーションのタイプが同一である場合には有効である．壊食率が L のべき乗に比例するという報告[76)]がある．壊食領域はキャビテーションの発生領域ではなく，キャビティ後端近傍である．

参考文献

1) Hercamp, R. D. and Hudgens, R. D. : "Cavitation Corrosion Bench Teat for Engine Coolants", SAE Tech. Paper Series 881269 (1988)

2) Preece, C. M. : "Treatise on Materials Science and Technology, Vol. 16 Erosion", Academic Press (1979) 249-308

3) Thiruvengadam, A. : "The Concept of Erosion Strength : Erosion by Cavitaion or Impingement", ASTM, STP408 (1967) 22-41

4) ASTM Designation G134-95, "Standard Test Method for Erosion of Solid Materials by Cavitating Liquid Jet", Annual Book of ASTM Standards, Vol. 03. 02 (1997) 537-548

5) ASTM Designation G32-92, "Standard Test Method for Cavitation Erosion Using Vibratory Apparatus", Annual Book of ASTM Standards, Vol. 03. 02 (1997) 103-116

6) Lecoffre, Y., et al. : "Generator of Cavitation Vortex", Cavitation Erosion in Fluid Systems, ASME, Fluid Eng. Conf. (1981) 83-94

7) Dominguez-Cortazar, M. A., Franc, J. P. and Michel, J. M. : "The Erosive Axial Collapse of a Cavitating Vortex: An Experimental Study", Trans. ASME, J. Fluids Eng., 119-3 (1997) 686-691

8) Lauterborn, W. and Bolle, H. : "Experimental Investigations of Cavitation-bubble Collapse in the Neighbourhood of a Solid Boundary", J. Fluid Mech., Vol. 72, Part 2 (1975) 391-399

9) 富田幸男，島　章： "単一気泡の崩壊による衝撃圧の発生機構と損傷ピットの形成"，東北大速研報告，Vol. 58，No. 476（1987）135-185

10) Kling, C.L. and Hammitt, F. G. : "A Photographic Study of Spark-Induced Cavitation Bubble Collapse", Trans. ASME Ser. D-94 (1972) 825-833

11) Plesset, M. and Chaopman, R. B. : "Collapse of an Initially Spherical Vapour Cavity in the Neighbourhood of a Solid Boundary", J. Fluid Mech., Vol. 47,

Part2 (1971) 283-290

12) Knapp, R.T. : "Cavitaion", McGraw-Hill, Inc. (1970)

13) 赤松映明，藤川重雄：“液体衝撃波間によるキャビテーション気泡の崩壊の観測”，キャビテーションに関するシンポジウム（第1回），日本学術会議（昭和50.5）21-35

14) Shima, A., et al. : Acoustica, Vol. 48 (1981) 293-301

15) Eisenberg, P. : "Cavitatiion and Impact Erosion-Concept, Correlations, Controversies-", Characterization and Determination of Erosion Resistance, ASTM, STP 474 (1970) 3-28

16) 岡田庸敬，岩井善郎：“機械材料の耐キャビテーション・エロージョン性”，日本機械学会誌，Vol. 91，No. 831（1988）168-173

17) 沼知福三郎，本郷三夫：“磁歪振動壊蝕試験におけるキャビテーションに対する解明”，東北大速研報告，Vol. 24，No. 242（1968/1969）207-228

18) Knapp, R. T. : "Recent Investigations of the Mechanics of Cavitaion and Cavitation Damage", ASME, Vol.77 (1955) 1045-105 または Knapp, R. T., et al.: "Cavitation", McGraw-Hill Inc. (1970) Ch. 8

19) Hattori, S., Miyoshi, K., Buckley D. H. and Okada, T. : "Plastic Deformation of a Magnesium Oxide {001} urface Produced by Cavitation", Lubrication Engineering, Vol. 44, No. 1 (1988) 53-60

20) De, M. K. and Hammitt, F. G. : "New Method for Monitoring and Correlating Cavitation Noise to Erosion Capability", Trans. ASME, Vol. 104 (1982) 434-442

21) 岡田庸敬，栗津　薫，岩井善郎：“キャビテーション気ほう崩壊圧とその評価”，日本機械学会論文集（A），Vol. 51，No. 471（1985）2656-2662

22) Okada, T., Iwai, Y., Hattori, S. and Tanimura, N. : "Relation between Impact Load and the Damage Produed by Cavitation Bubble Collapse", Wear Vol. 184 (1995) 231-239

23) 岡田庸敬，岩本充司，佐野　薫：“キャビテーション・エロージョンに関する基礎的研究”，日本機械学会論文集（A），Vol. 43，No. 365（1977）8-17

24) 服部修次，中尾栄作，山岡　龍，岡田庸敬：“脱落粉形成からみたキャビテーション壊食機構の検討と壊食量の評価”，日本機械学会論文集（A），Vol. 65，No. 630（1999）393-399

25) 久保田晃弘，加藤洋浩，山口　一，前田正二：“翼型に発生するクラウド・キャビテーションの非定常構造”，日本造船学会論文集，Vol. 160（1986）233-247

26) 伊藤幸雄，大場利三郎，祖山　均，奈良坂力，大島亮一郎：“キャビテーショ

ンを伴う翼形に発生する気泡大脱落"，日本機械学会論文集（B），Vol. 54，No. 503 (1988) 1555-1559

27) Lecoffre, Y. : "Cavitation Erosion, Hydrodynamic Scaling Laws, Practical Method of Long Term Damage Prediction", Proc. Int. Symp. Cavitation (1995) 249-256

28) Hammitt, F. G. : "Cavitation and Multiphase Flow Phenomena", 273, McGraw Hill, N. Y. (1980)

29) Kato, H., Ye, Y. P. and Maeda, M. : "Cavitation Erosion and Noise Study on a Foil Section", Proc. 3rd Int. Symp. Cavitation Noise and Erosion (1989) 79 -88

30) 伊藤幸雄，大場利三郎，祖山　均，緒方宏幸，岡村共由，須藤純男，池田隆治："キャビテーション衝撃圧に対する寸法効果"，日本機械学会論文集（B），Vol. 54，No. 506 (1998) 2727-2733

31) 祖山　均："キャビテーション壊食ピットの寸法効果"，日本機械学会論文集，58 B-555 (1992) 3366-3372

32) Wilson, R. W. and Graham, R. : "Cavitaion of Metal Surfaces in Contact with Lubricants", Conf. Lubrication and Wear, IME, London (1957) 707-712

33) 岩井善郎：文部省科学研究費補助金（国際学術研究・共同研究）成果報告書，研究代表者加藤洋治，"キャビテーション壊食の機構とその予測法の研究" (1997) 69-72

34) 祖山　均，李　受人，外崎昌志，浦西和夫，加藤洋治，大場利三郎："高比速度遠心ポンプに生じる激しい壊食性キャビテーションの高速写真観察"，日本機械学会論文集（B），Vol. 61，No. 591 (1995) 3945-3951

35) 祖山　均："キャビテーション噴流による材料試験と表面改質"，材料，47-4 (1998)，381-387；祖山　均："キャビテーション噴流における材料試験・表面改質における支配因子"，噴流工学，Vol. 15，No. 2 (1998) 31-37

36) Devine, R. E. and Plesset, M. S. : "Temperature Effects in Cavitation Damage", Trans. ASME, J. Basic Eng., 94 (1972) 559-566

37) Franc, J. P. and Michel, J. M. : "Cavitation Erosion Research in France: the State of the Art", J. Marine Science and Techn., 2 (1997) 233-244

38) 大場利三郎，金　健泰，浦西和夫："不飽和水中のキャビテーションの特異な挙動"，日本機械学会論文集（B），Vol. 48，No. 430 (1982) 1025-1031

39) 大場利三郎，佐藤恵一，伊藤幸雄，樋口二郎："ベンチュリ内のキャビテーションに及ぼす通気の影響"，日本機械学会論文集（B），Vol. 45，No. 394 (1979) 794-800

40) 祖山　均，伊藤幸雄，市岡丈彦，浦西和夫，加藤洋治，大場利三郎："遠心ポ

ンプにおける激しいキャビテーション壊食の発達過程（第1報　顕著な上流キャビテータの影響）”，ターボ機械，Vol. 18，No. 12（1990）691-698

41) 加藤洋治：“キャビテーション損傷に関与する諸因子”，ターボ機械，Vol. 18，No. 10（1990）558-567

42) 祖山　均，岡村共由，斉藤純夫，加藤洋治，大場利三郎：“遠心ポンプに発生する高壊食性渦キャビテーションの観察”，日本機械学会論文集（B），Vol. 59，No. 560（1993）1140-1144

43) 祖山　均，大場光太郎，武田渉，大場利三郎：“バタフライ弁まわりの高壊食性渦キャビテーションの高速写真観察”，日本機械学会論文集（B），Vol. 60，No. 572（1994）1133-1138

44) Heymann, F. J. : “Toward Quantitative Prediction of Liquid Impact Erosion”, Characteriazation and Determination of Erosion Resistance, ASTM STP 474 (1970) 212-248

45) Hobbs, J. M. : “Experience with a 20-kc Cavitation Erosion Test”, Erosion by Cavitation or Impingement, ASTM, STP 408 (1967) 159-185

46) 遠藤吉郎：“キャビテーション・エロージョンに対する強さと試験法（2）”，機械の研究，Vol. 21，No. 4（1969）576-582

47) Glikman, L. A. :“Corrosion-Mechnical Strength of Metals”, London Butterworths (1962) 100

48) 岡田庸敬，服部修次，水島一寿，渡辺靖久：“流れ環境中の材料強度評価”，日本機械学会材料力学部門講演論文集，No. 940-37（1994）395-396

49) 服部修次，中尾栄作，青山純士，岡田庸敬：“二相ステンレス鋼キャビテーション壊食にみられる結晶方位の影響”，日本機械学会論文集（A），Vol. 64，No. 619（1998）773-779

50) 岡田庸敬，岩井善郎，山本信弘：“リムド鋼とキルド鋼の耐キャビテーション・エロージョン性”，材料，Vol. 33，No. 366（1984）259-265

51) 尾崎敏範，小沼　勉：“海水流体機械用耐キャビテーション・エロージョン性ステンレス鋼の開発”，防食技術，Vol. 36，No. 2（1987）83-90

52) 岡田庸敬，岩井善郎，山本章博，沢辺利和：“鋳鉄のキャビテーション・エロージョンに関する研究”，日本機械学会論文集（A），Vol. 49，No. 443（1983）788-795

53) 中野市次，日高利雄：“舶用プロペラの腐食と壊食”，神戸製鋼所技報，Vol. 21，No. 3（1971）49-56

54) 岡田庸敬，服部修次，河合良英：“Ti-6 Al-4 V合金の耐キャビテーション・エロージョン性”，日本機械学会講演論文集，No. 930-63（1993）376-378

55) Heathcock, C. J., Ball, A. and Yamey, D. : “Cavitation Erosion of Cobalt

Based Stellite Alloys, Cemented Carbides and Surface Treated Low Alloy Steels", Proc. Int. Conf. on Wear of Materials (1981) 597-606

56) Okada, T., Iwai, Y. and Hosokawa, Y. : "Resisitance to Wear and Cavitation Erosion of Bearing Alloys", Wear, Vol. 110 (1986) 331-343

57) 遠藤吉郎, 岡田庸敬, 中島政明 : "焼結金属エロージョン損傷について", 日本機械学会論文集 (A), Vol. 35, No. 275 (1969) 1397-1403

58) 岡田庸敬, 岩井善郎, 服部修次, 中出純一 : "Al_2O_3 と SiC の耐キャビテーション・エロージョン性", 日本機械学会論文集 (A), Vol. 55, No. 517 (1989) 2049-2056

59) 岡田庸敬, 服部修次 : "セラミックスの耐キャビテーション・エロージョン性", 日本機械学会論文集 (A), Vol. 58, No. 552 (1992) 1502-1507

60) Barletta, A. and Ball, A. : "Cavitation Erosion of Polymetric Materials", Proc. 6th Int. Conf. on Erosion by Liquid and Solid Impact (1983) 1.1-1.8

61) Kato, H., Konno, A., Maeda, M. and Yamaguchi, H. : "Possibility of Quantitative Prediction of Cavitation Erosion without Model Test", Trans. ASME, J. Fluids Eng., Vol. 118, No. 3 (1996) 582-588

62) Hammitt, F. G. : "Cavitation and Multiphase Flow Phenomena", 255-281, McGraw Hill, N. Y. (1980)

63) Jones, I. R. and Edwards, D. N. : "An Experimental Study of the Forces Generated by the Collapse of Transient Cavities in Water", J. Fluid Mech., 7 (1960) 596-609

64) 金野祥久, 加藤洋治, 山口 一, 前田正二 : "キャビテーション壊食量の推定法 第1報 : 気泡崩壊による衝撃圧スペクトル", 日本造船学会論文集, Vol. 117 (1995) 81-89

65) 森 啓之, 服部修次, 岡田庸敬, 水島一寿 : "キャビテーション気泡崩壊圧と壊食量に関する一考察", 日本機械学会論文集 (A), Vol. 62, No. 602 (1996) 2326-2332

66) 寺崎尚嗣, 和田英典, 高杉信秀, 藤川重雄, 杉野芳弘 : "水中ウォータジェットにおけるキャビテーション衝撃力に関する研究", 日本機械学会論文集 (B), Vol. 64, No. 623 (1998) 2004-2010

67) Soyama, H., Lichtarowicz, A., Momma, T. and Williams, E. J. : "A New Calibration Method for Dynamically Loaded Transducers and Its Application to Cavitation Imact Measurement", Trans. ASME, J. Fluids Eng., Vol. 120, No. 4 (1998) 712-718

68) 吉田, 川上, 山田, 上出 : "AE センサーによるポンプのキャビテーション衝撃パルスの計測", ターボ機械, Vol. 18, No. 6 (1990) 11-16

69) Bourdon, P., Simoneau, R., Dorey, J. M. : "Accelerometer and Pit Counting Detection of Cavitation Erosion on a Laboratory Jet and a Large Francis Turbine", Proc. 17th IAHR Symposium (1994) 599-615

70) 祖山　均，李　受人，外崎昌志，浦西和夫，加藤洋治，大場利三郎："高比速度遠心ポンプに生じる激しい壊食の壊食率の推定法"，日本機械学会論文集 (B)，Vol. 62，No. 595（1996）841-846

71) Chincholle, L. : "Flow Erosive Intensity Measurement", Proc. 3rd Int. Symp. on Cavitation, 2 (1998) 203-208

72) Stinebring, D. R., Holl, J. W. and Arndt, R. E. A. : "Two Aspects of Cavitation Damge in the Incubation Zone: Scaling by Energy Considerations and Leading Edge Damage", Trans. ASME, J. Fluids Eng., Vol. 102, No. 4 (1980) 481-485

73) Belahadji, B., Franc, J. P. and Michel, J. M. : "A Statistical Analysis of Cavitation Erosion Pits", Trans. ASME, J. Fluids Eng., Vol. 113, No. 4 (1991) 700-706

74) Okada, T., Hattori, S. and Shimizu, M. : "A Fundamental Study of Cavitation Erosion Using a Magnesium Oxide Single Crystal", Wear, 186-187 (1995) 437 -443

75) 大場利三郎，伊藤幸雄，樋口二郎，野崎　智，石毛忠志，園田修次，宮倉秀人："ジェットフロー形仕切弁まわりのキャビテーションが発する衝撃圧"，日本機械学会論文集（B），Vol. 52，No. 473（1986）3-9

76) Gulich, J. F. : "Guidelines for Prevention of Cavitation in Centrifugal Feedpumps", EPRI GS-6398 (1989)

8章　流体機械のキャビテーション

8.1　管路，オリフィス，バルブ

8.1.1　管　　路
管路系設計とキャビテーション

　管路系や流体機械を据え付ける際，管路に沿った静圧分布あるいは流体機械入口（ポンプの場合）・出口（水車の場合）での圧力を基準にしてキャビテーションを考えねばならない．図 8-1 のような密閉型管路系があり，管路断面 I には開放型のタンクが接続されているとする．断面 I を基準とした開放タンク液面までの高さを z_I，断面 I での流速を V_I，大気圧を p_a，流体の密度を ρ，重力加速度を g とすれば，その下流のある断面における静圧（絶対圧）p は次のベルヌーイの式より得られる．

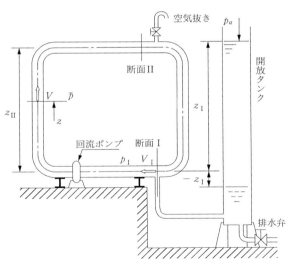

図 8-1　密閉型管路モデルと内部圧力

$$\frac{\bar{p}}{\rho g} + \frac{V^2}{2g} + z = \frac{p_a}{\rho g} + \frac{V_1^2}{2g} + z_1 - h_{loss} \pm H \tag{8.1}$$

ここで，任意断面での流速を V，断面Ⅰからの高さを z，断面間の管路損失ヘッドを h_{loss}，断面間の途中にポンプまたは水車がある場合は，その揚程または落差を H とし，ポンプのときに ＋，水車のときに － をとる．流速は流量保存則（VA ＝ 一定，A は管路断面積）より求める．キャビテーション回避を考慮した設計には管路損失を小さくすることが必要であり，それには，管径を極力大きく取り，不必要なエルボやベンドを避けるべきである．さて，この管路系の流体を回流させるためのポンプはどこに置くべきであろうか．(8.1)式から管路系において静圧が高いのは低い断面位置（断面Ⅰの下流）であることが知られ，その位置に据え付ければポンプでのキャビテーションを発生し難くすることができる．また，この管路系を用いて流体機械・機器のキャビテーション試験を行おうとすれば，どの位置が最適であろうか．管路系で高い断面位置（図において断面Ⅱ）に据え付ければ，容易に低圧を作り出すことができる．この場合，開放タンク下部に設けた排水弁を開いてタンク内液面を下げてやれば，管路内の圧力も液面高さ z_1 に応じて変え得ることになる（1章1.4キャビテーション・タンネルの項参照）．

局所圧力とキャビテーション発生

管路内の断面平均静圧 $\bar{p}$ は(8.1)式より求められ，位置ヘッド（$z - z_1$）が高いほど，また流速 V が速いほど低圧となる．直管の場合には断面での静圧は一様で平均静圧に等しいが，管断面の位置によって流速が異なるベンドなどの曲り管や絞りの場合には図8-2のように局所的な圧力はその平均より低くなっている．したがって，一般には管路断面において最も低圧部となる位置とその局所的圧力 p を求め，圧力 p がその流体の蒸気圧 p_v に達するか否かによってキャビテーション発生が推定される．ただし，厳密なことをいえば，流れ場に含有するキャビテーション核によって蒸気圧より高い圧力でガス・キャビテーションが発生することもあるので，注意が必要である（3章3.1キャビテーション発生のメカニズムの項参照）．管路内にキャビテーションが発生すると有効流路断面積が狭められて流速が増加し，キャビテーションの成長度合に応

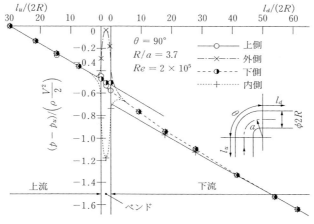

図 8-2 ベンドの内外壁面上の圧力分布

じて管路抵抗(損失係数)が増加するので,それを避ける管路要素の選定が必要となる[1].例えば,ベンドの場合には損失低減策として用いられる偏流板の設置がキャビテーションの抑制に有効であることが知られている.

水撃現象と液柱分離

定常な流れのときはキャビテーションを生じない管路でも,その途中にあるバルブを急閉・急開すると,その上流・下流には圧力波が伝播し,上流で大きな圧力上昇,下流で圧力降下 Δp を生じる.これを水撃(water hammer)現象という.

$$\Delta p = \rho a \Delta V \tag{8.2}$$

ここで,ΔV はバルブ急閉・急開に伴う瞬時の流速変化,ρ は流体の密度,a は圧力波の伝播速度である.降下後の圧力が流体の蒸気圧以下になれば,液体は相変化を生じキャビティが発生する.この現象を液柱分離(water column separation)といい,その消滅時の異常な圧力上昇により管が破損するなどのトラブルを招くことがある[2].

8.1.2 オリフィスとベンチュリ管

オリフィス

オリフィス内の流れは剥離流れとなっており,剥離層内に断続的に発生する

渦中心部にキャビテーションが発生する．これらの渦は，互いに干渉するなどの複雑な振舞いをしており，キャビテーション気泡の発生やその挙動に影響を及ぼす．このような剪断流中に発生するキャビテーションは，流体機械の内部にも見られ，キャビテーション現象の基本形態のひとつとして，研究が進められている．

剪断層の構造を見るため，図8-3に2流体の混合層に形成される渦のシャドウグラフによる可視化例[3]を示す．この剪断層には整然とした渦構造が存在し，界面の変動波の崩壊，巻込み，微細構造からなる乱れを持つ渦への成長が認められる．この渦による圧力低下部にキャビテーションが発生することになる．

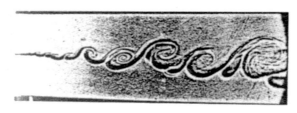

図8-3 ヘリウム（上層）と窒素ガス（下層）間の混合層にできる渦（窒素ガス速度/ヘリウムガス速度＝0.38，レイノルズ数＝0.3×10^5)[3]

図8-4に示すオリフィスを用いて，下流側の圧力を徐々に上昇させて，キャビテーションが発達した状態から，消滅する状態までを観測した結果[4]を図8-5に示す．キャビテーションの相似則に用いられるキャビテーション数に気泡が発生する場の圧力を採用すれば，

$$\sigma = \frac{p_2 - p_v}{\frac{1}{2}\rho v_2^2} \tag{8.3}$$

となる．ここに，p_2：オリフィス下流側の圧力，p_v：液体の飽和蒸気圧，ρ：液体の密度，v_2：オリフィス孔部の平均流速である．

オリフィスを通過した流れは噴流を形成し，噴流界面には不安定波が発生し，それが成長して渦を形成するようになる．渦の中心はその旋回速度により

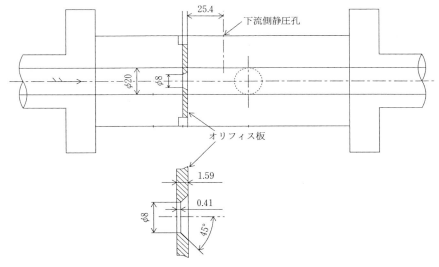

図 8-4　オリフィスの形状[4]

圧力が低くなり，渦中心部分の圧力がある値（空気分離圧，飽和蒸気圧）を越えて低下すると，この部分にキャビテーションが発生する．断続的に発生する渦の強さは変化しており，初生時におけるキャビテーションの発生は渦発生の周期とは一致しないが，キャビテーション数がさらに低下すると，渦中心にキャビテーションが絶えず形成されるようになる．さらに圧力が低下すると，発生した気泡は干渉しあって合体などの複雑な挙動を示す．また，渦キャビテーションのまわりには多数のキャビテーションが発生し，オリフィス下流側の管路はキャビテーションで満たされるようになる．

図 8-6 は，オリフィス（管径 50 mm，オリフィス孔径 25 mm）により作られる噴流の中心に平板を挿入して計測した圧力変動波形[5]である．圧力波形には，流れそのものの圧力変動を含み，渦が均質性でないことや，その軌跡も個々に異なることから，極小値を含む部分の波形は同じ形状とはならない．図 8-6 は比較的整った波形を選んでおり，着目した極小値とその部分の圧力降下量と渦核の外周位置を決定してランキン渦（半径に比例して旋回速度が増加す

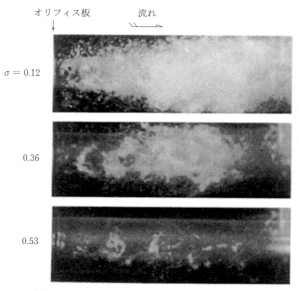

図 8-5 オリフィス流に発生するキャビテーション[4]

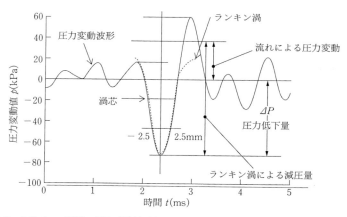

図 8-6 オリフィス下流の圧力変動波形(オリフィスからの距離=21 mm, 管中心からの半径位置=10 mm)[5]

る強制渦が中心にあり,そのまわりを半径に反比例して旋回速度が減少する自由渦が取囲んでいる組み合せ渦)の圧力分布を求め,重ね合わせて比較してい

る．圧力変動波形はランキン渦の圧力分布によく合っている．図8-7は，渦中心の減圧量（オリフィス下流の壁面静圧からの圧力低下量）から求めた圧力係数と初生キャビテーション数を比較している．平均値 $\varDelta P_{\mathrm{ave}}$ をとるか，最大減圧量 $\varDelta P_{\max}$ をとるかによってその値は異なるが，渦による減圧によってキャビテーションが発生していることがわかる．

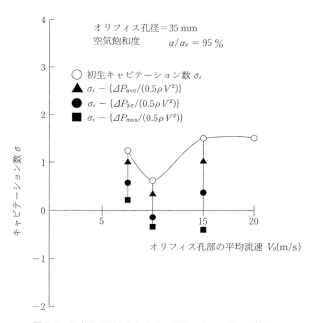

図8-7 渦中心の圧力と初生キャビテーション数の関係[5]

キャビテーション現象は発光現象を伴うことがあり，最近，オリフィス流れにおいても研究[6]が行われている．図8-8は清水を用いて計測した例（管径26.5 mm，オリフィス孔径11 mm）で，キャビテーションの発光は気泡量の減少する部分で最も強くなり，気泡の崩壊が発光現象に強く関与していることを示している．上流側の圧力と共に光の相対強さが増大しており，キャビテーション衝撃圧に対する上流側圧力の影響と同じであるが，これは，発光現象，衝撃圧いずれの量もキャビテーション崩壊時の強さを示しているためである．このような発光現象の観測される所は壊食が発生しやすいので注意を要する．

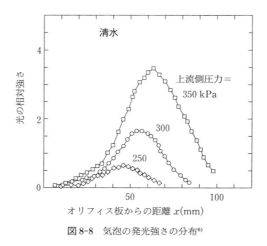

図 8-8 気泡の発光強さの分布[6]

　この発光現象の観測は，発光量が僅かなため増光物質などを混合して行われているが，増光物資の増加につれ清水の発光特性からずれていくことも確認されている．光は紫外線波長域（青白い色）が強く，連続スペクトルからなっているが，発光時間の計測（38 kHz の超音波で観測される単一気泡の発光時間は 60〜250 ピコ秒である[7]）や発光機構の解明は今後のテーマのひとつである．

ベンチュリ管

　ベンチュリ管に発生するキャビテーションは，翼型などの境界層に発生するキャビテーションと類似で，キャビテーションの挙動は境界層の影響を受けることになる．

　図 8-9 にはベンチュリ管の形状を，図 8-10 にはアクリル製ベンチュリ管に発生したキャビテーション[8]を，上流側圧力 P_1 とベンチュリのど部平均流速で定義したレイノルズ数 Re をパラメータとして示す．観測に用いたタンネルの違いにより，微細な球状気泡がまず初生し，キャビテーション数の減少と共にトーラス状気泡が発生し，図 8-10 に示す細管列状気泡に順次移行する場合と，初生とほとんど同時に細管列状気泡が発生する場合がある．この細管列状気泡の発生点は，入口のど部円周上を絶えず移動している．また，レイノルズ数 $Re > 1.05 \times 10^5$ においては，気泡中央部には表面波（ブレネン波と呼ばれ

8.1 管路,オリフィス,バルブ

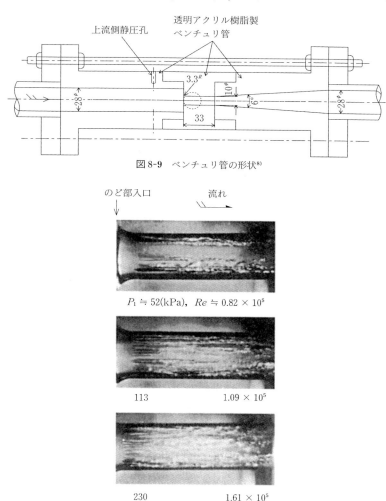

図 8-9 ベンチュリ管の形状[8]

図 8-10 ベンチュリ管に発生するキャビテーション[8]

る)が発生しており,細管列状気泡の前半部の表面は層流であると判断される.この細管列状気泡は上流側の静圧の減少により気泡の大きさは増大し,その数が少なくなる傾向がある.また,細管列状気泡の後端からは多数の気泡が流出している.低静圧の場合は,放出気泡の形状は不規則であり,球状崩壊や寸法の減少はあまり見られないが,高静圧の場合には,その形状はやや球状に

近く,急激に崩壊して微細な球状気泡へと変化する.

8.1.3 バルブ

バルブのキャビテーションの一般的現象(流れ場の圧力変化とキャビテーション数)

バルブは基本的には最小面積可変の絞り装置であるから,流体は上流側弁室の1次圧力 P_u から減圧・加速され,最小面積部付近で最小圧力 P_{vc},最大流速 V_{vc} に到達した後,下流側弁室あるいは下流接続管で減速され,圧力回復して2次圧力 P_d に達する.

図8-11にバルブ前後の流れ場の圧力変化を示す[9].ここで,弁室圧力降下 ΔP_x の上流側分担割合を r とし,絞り部での圧力降下を ΔP_0 で表す.

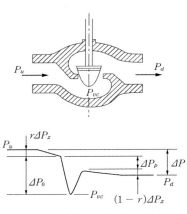

図 8-11 バルブ前後の流れ場の圧力変化[9]

通過流量 Q と弁差圧 $\Delta P = P_u - P_d$ の関係は,流量係数 C_d を用いて,

$$Q = A[\{C_d^2/(1-C_d^2)\}(2\Delta P/\rho)]^{1/2} \tag{8.4}$$

と表される.ここで,A:弁入口面積,ρ:密度である.

また,キャビテーション数 σ は,次式により表される.

$$\sigma = (P_d - P_v)/(P_u - P_d) \tag{8.5}$$

ただし,P_v:流体の飽和蒸気圧である.

調節弁のキャビテーション

コンタード型弁,ケージ弁,多孔ケージ弁の構造　図 8-12 に,コンタード

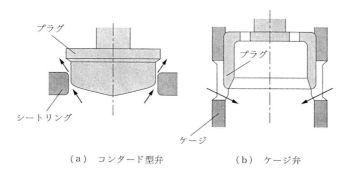
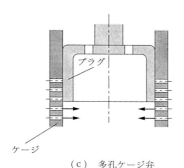

図 8-12 コンタード型弁，ケージ弁および多孔ケージ弁の構造[10]

型弁，ケージ弁および多孔ケージ弁の構造を示す[10]．コンタード型弁では，プラグ曲面と弁座間の通路から流出する環状噴流が下流弁室内で拡散する．ケージ弁では，数個のポートの開口面積が円筒プラグの上下動で変化し，各ポートからの噴流がケージ中央部で衝突し，それを利用して圧力回復がなされる．多孔ケージ弁では，多数の小孔が設けられており，プラグの上下によって開口する孔の数を変えて流量調節する．

各種バルブのキャビテーション限界についての相似性　図 8-13 に各種調節弁について，初生，臨界，閉塞および流量閉塞のキャビテーション数 σ を流量係数 C_d に対して示す．図中には，参考値として Tullis[11]らによる大口径グローブ弁の臨界値および観察用モデル弁での結果も併記してある．

ここで，初生，臨界，閉塞および流量閉塞は，キャビテーション数の減少に

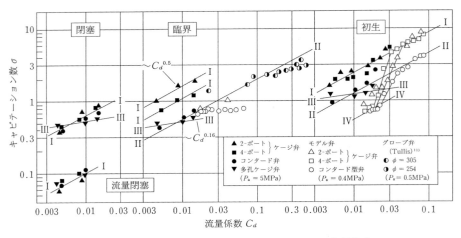

図8-13 各種調節弁のキャビテーション限界についての相似性[10]

伴う,弁壁振動レベルの変化に対応して,次のように定義する.

初生:縮流部流速の増大に伴い,振動レベルが急増する状態.

臨界:振動レベルの上昇割合が穏やかになり,キャビテーションの発達が定常になった状態.

閉塞:臨界時よりキャビテーション数が低下すると,下流変動P_dのみが急増し,下流側乱れの上流伝播が制限され始める状態.

流量閉塞:流れが閉塞した状態.

ケージ弁およびコンタード型弁では,いずれのσもほぼ$C_d^{0.5}$に比例して変わる(図中のI〜I,II〜II).多孔ケージ弁では,開度の増加は通路孔径の増加を意味し,キャビテーション状態は単独の孔によってほぼ定まるので,C_dに対してσはあまり変わらない.またケージ弁では,他に比較して小さい圧力差で初生と臨界状態に達し,キャビテーションの発生しやすい構造である.さらに,多孔ケージ弁およびコンタード型弁では,臨界と閉塞がほぼ同時に生じる.

紐状泡の初生限界とキャビテーション初生前段階における軸対称2次元流れ解析 コンタード型弁では,各弁開度,すなわちC_dに対して,縮流部の流路形状,流れの向きが異なるため,圧力差に対するキャビテーションの形態,発

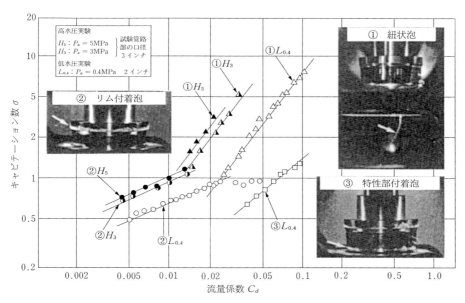

図 8-14 キャビテーションの発生部位による初生限界と代表的な泡形態[12]

生部位は種々変化する.

図 8-14 にキャビテーションの発生部位による初生限界と代表的なキャビティの関係を, σ と C_d の線図で示す[12]. 初生キャビティは中高弁開度と低開度によって異なる. 中高弁開度 ($C_d = 0.02 \sim 0.1$) では, σ の低下に対して最も早く初生する泡は, 弁室内に生じる紐状のキャビテーションである. これは旋回流の渦中心に発生すると考えられ, 最縮流部下流のプラグ近傍から上流室底部に伸び, 比較的低差圧の範囲にきわめて瞬時的および間欠的に発生する. そこで, 図 8-15 に示すように, 旋回流のモデルには, 渦断面の中心部が強制渦域, 外周部が自然渦域で構成されるランキン渦を仮定したモデルが提案され, 実験結果との比較がなされている[12]. 一方, 小・中弁開度では, プラグからの放出渦の中心が最初に飽和蒸気圧に達すると考え, その直前の非キャビテーション流れにおける渦系の構造と挙動が 2 次元非定常 Navier-Stokes 方程式の数値解析により検討されている[13].

計算した瞬時壁面圧力の分布, 等圧線および等渦度線の分布を図 8-16 に示

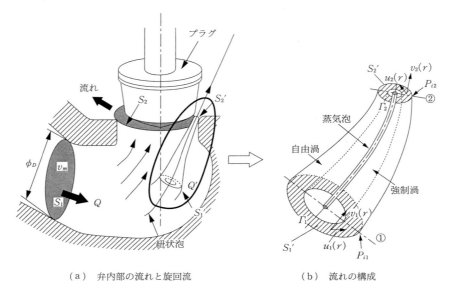

(a) 弁内部の流れと旋回流　　　(b) 流れの構成

図 8-15　弁上流室における旋回流のモデルとランキン渦で構成される旋回流路[12]

す．平均圧力はリム前縁 A で最小圧力をとっていたが，瞬時最小圧力はさらにわずか下流の K 点で生じており，K 点に近接する渦の中心圧力は相当に低く，飽和蒸気圧 P_V に近いことがわかる．

　計算結果から中開度以下のキャビテーションは，プラグ表面境界層が締切リムで剥離し，その剥離渦の中心圧力が飽和蒸気圧に達したときに初生すると考え，図 8-17 に示すように，剥離渦に循環 Γ のランキン渦を仮定した解析モデルが提唱されている[13]．

仕切弁のキャビテーション

　ジェットフロー型仕切弁には，発生場所，気泡のタイプとその消滅時のキャビテーション数 σ_d が異なる 3 種のキャビテーションが存在する[14]．

　すなわち，図 8-18 に示すように，タイプⅠ（紐状渦型キャビテーション），タイプⅡ（剪断層型キャビテーション）およびタイプⅢ（誘発キャビテーション）である．そこで，タイプ別のキャビテーション発生域を求めるため，視覚により捉えたキャビテーション消滅時の σ_d を弁開度に対して示したのが図 8-

8.1 管路，オリフィス，バルブ

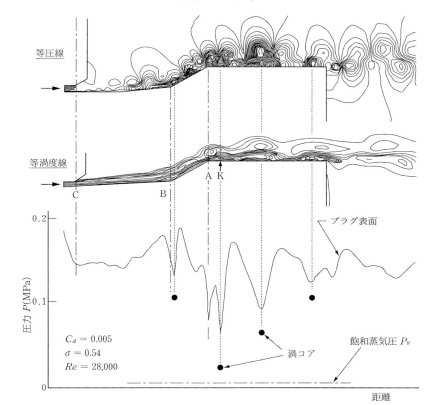

図 8-16　瞬時の圧力，渦度のパターンと壁面圧力[13]

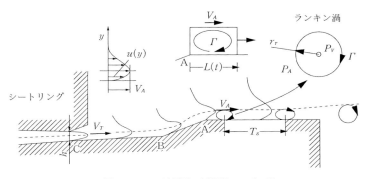

図 8-17　リム境界層と剥離渦のモデル[13]

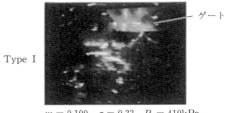

Type I

$m = 0.100, \ \sigma = 0.33, \ P_1 = 410\text{kPa}$

Type II

$m = 0.171, \ \sigma = 0.50, \ P_1 = 200\text{kPa}$

Type III

$m = 0.047, \ \sigma = 0.30, \ P_1 = 440\text{kPa}$

タイプ-I：紐状渦型キャビテーション，タイプ-II：剪断層型キャビテーション，タイプ-III：誘発キャビテーション

図 8-18 種々のタイプのキャビテーションの様相[14]

19 である．これより，タイプIIの σ_d は弁開度の減少とともに単調に増加するが，タイプIおよびタイプIIIのそれは逆に弁開度の減少に対し，単調に減少しており，発生するキャビテーションのタイプによりその発生域が著しく異なることを表している．この傾向は音響法による方法[14]でも確認されている．

さらに図 8-20 に示すように，感圧紙により測定した等衝撃圧線図から，壊食性衝撃圧を発するキャビテーションは，自由剪断層内に生ずるタイプIIのものであることが明らかにされている[15]．

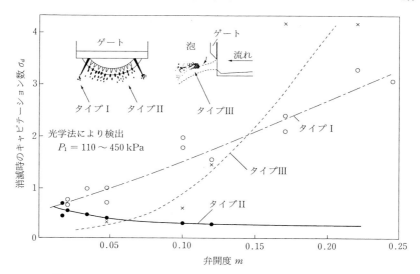

図 8-19 消滅キャビテーション数と弁開度との関係（光学法による検出）[14]

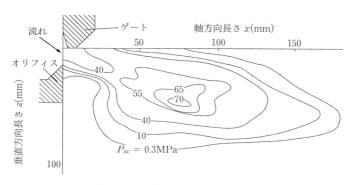

図 8-20 壊食性衝撃圧の空間分布[15]

8.2 ポンプ

8.2.1 ポンプの形式

ポンプは，その作動原理により容積型（positive displacement type）とターボ型（turbo type）に大別される．容積型は，吸込み口で一定容積の流体を取り込んで吐出し口へと押し流すもので，極低流量で高揚程を必要とするとき

に用いられる．これには，往復式（プランジャとシリンダ）と回転式（偏心ロータ型，噛み合いロータ型，ねじロータ型）がある．容積型におけるキャビテーションは，吸込み側において液体を取り込む回転部入口周りの低圧域や回転部と静止部間の隙間流れが作り出す渦の中心に生じる．一方，ターボ型は，吸込み口から吐出し口まで連続している流体を，その間にある羽根車の翼作用によって昇圧するものであり，流量 Q と全揚程 H に応じて遠心（半径流）型（centrifugal, radial flow type），斜流（混流）型（diagonal, mixed flow type），軸流型（axial flow type）に分類される．さらに羽根車において，ケーシング側に翼端を持つ羽根車を開放型（open impeller，軸流や斜流型はほとんど），翼端を側板で覆ったものを密閉型（closed impeller，遠心型で多用）という．ターボ型におけるキャビテーションは，羽根車入口の翼面上の低圧域や，開放型羽根車におけるポンプケーシングと翼端との隙間からの漏れ渦，密閉型羽根車におけるラビリンス部の吐出し側からの漏れ部，さらには入口逆流の渦中心に発生する（8.2.4 キャビテーションの発生状況の項参照）．図8-21に形式によるポンプ断面形状の違いを示す．この違いを表すパラメータとして，次の比速度 n_s（specific speed，国際規格では，無次元数である形式数 κ，type number）が用いられる．ここで N は回転数である．

$$n_s = \frac{N[\mathrm{min^{-1}}]\sqrt{Q[\mathrm{m^3/min}]}}{(H[\mathrm{m}])^{3/4}} \qquad (8.6)$$

$$\kappa = \frac{(2\pi N/60)[1/\mathrm{s^{-1}}]\sqrt{(Q/60)[\mathrm{m^3/s}]}}{(g[\mathrm{m/s^2}]H[\mathrm{m}])^{3/4}} \qquad (8.7)$$

ただし，両吸込みポンプの場合は片側の吸込み口を通過する流量を用いる．(8.6)式から，高比速度ほど低揚程・大流量であることが知られる．

8.2.2　キャビテーションと NPSH

必要 NPSH（NPSH$_R$）

あるポンプの運転を考える．ポンプ内部での流れの速度と圧力はその流路形状に応じて変化するが，ポンプ入口での全圧を基準とした内部圧力分布は，ポンプ回転数，流量および流入状態により，入口全圧の値とは無関係に，そのポンプ固有の値として決まる．したがって，ポンプ内部の最低圧力点での静圧を

8.2 ポンプ

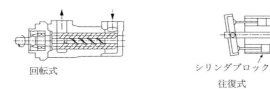

容積型ポンプ

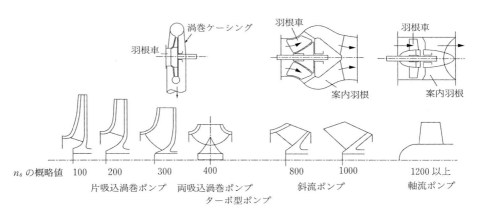

図 8-21 型式によるポンプ断面形状

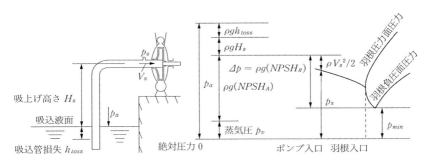

図 8-22 ポンプ羽根車入口近傍の圧力分布

p_{min} とすれば，図 8-22 に示すように，入口から最低圧力点までの圧力降下量 Δp も固有の値となる．

$$\frac{\Delta p}{\rho g} = \left(\frac{p_s}{\rho g} + \frac{V_s{}^2}{2g}\right) - \frac{p_{\min}}{\rho g} = NPSH_R \tag{8.8}$$

ここで，右辺第1項の（　）内は入口全水頭（ヘッド）で，ρ は流体の密度，g は重力加速度である．$p_{\min}$ が液体のその温度での飽和蒸気圧 p_v に達したときにキャビテーションが初生するとすれば，キャビテーションの回避には，ポンプ入口での全圧が絶対圧表示で（$\Delta p + p_v$）以上であればよいことがわかる．このように，キャビテーションの程度に応じた圧力降下量 Δp はそのポンプ固有の限界値として得られ，これを水頭の単位で示したものを，必要 $NPSH$（Required Net Positive Suction Head）と呼び，ここでは $NPSH_R$ と書くことにする．限界状態にはキャビテーション初生点，揚程が無キャビテーション時の値から3％降下した点（3％揚程降下点），揚程が急激に低下する点（揚程ブレークダウン点）などが取られる．この必要 $NPSH$ はキャビテーション試験から求められることが多いが，最近では，ポンプ内部流れの数値解析から求める試みもある．また簡単な試算には次式を用いる．

$$NPSH_R = \lambda_1 \frac{W_o{}^2}{2g} + \lambda_2 \frac{V_o{}^2}{2g} \tag{8.9}$$

ここで，W_o と V_o は羽根車直前での相対速度と絶対速度であり，(8.9)式の右辺第1項は羽根車入口から最低圧力点までの静圧降下量を，第2項は羽根車入口での速度水頭とポンプ入口から羽根車入口直前までの損失水頭の和を表す．通常，設計点近傍では $\lambda_1 = 0.2 \sim 0.3$，$\lambda_2 = 1.1 \sim 1.2$ の値を用い，ポンプ入口や羽根車形状および流量点によって変化する[16]．

有効 $NPSH$

図 8-22 のようにポンプを設置したとき，ポンプの運転上，キャビテーションが問題となるか否かは次のように考える．ポンプ入口での全圧水頭は，液面での絶対圧 p_a，基準面となるポンプ入口までの吸込管内での損失水頭 h_{loss}，液面からのポンプ基準面までの吸上げ高さ H_s（液面が基準面より上にあり押込みとなるときは負値）として次のように得られる．

$$\left(\frac{p_s}{\rho g} + \frac{V_s{}^2}{2g}\right) = \frac{p_a}{\rho g} - H_s - h_{loss} \tag{8.10}$$

ポンプのキャビテーション限界を示す $NPSH_R$ に対して，(8.10)式の値が

($NPSH_R + p_v$) 以上であれば，限界に達することはないので，次式は有効 $NPSH$ (Available NPSH) と定義され，$NPSH_A$ と書くことにすれば，

$$NPSH_A = \left(\frac{p_s}{\rho g} + \frac{V_s^2}{2g}\right) - \frac{p_v}{\rho g} \tag{8.11}$$

ポンプ設置に際して，

$$NPSH_A > NPSH_R \tag{8.12}$$

を満足していれば，キャビテーションが問題となることはない．なお，ポンプ入口全圧を評価する基準面には，ポンプの据付け姿勢に対して図 8-23 に示すように，羽根車翼先端を連ねた面とポンプ軸との交点を含む水平面をとる[17]．

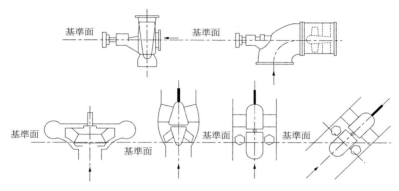

図 8-23　ポンプ入口全圧を評価する基準面[17]

8.2.3　キャビテーションの相似則

吸込比速度

ポンプ形状が幾何学的に相似な場合，ポンプの流量 Q と全揚程 H は回転数 N とポンプの代表寸法 D に対して次の相似関係を持つ．

$$Q \propto D^3 N, \qquad H \propto D^2 N^2 \tag{8.13}$$

(8.13)式を満足する相似運転点では，(8.9)式の W_o と V_o も相似で λ_1，λ_2 の値は変わらないので，必要 $NPSH$ も次の相似関係を持つ．

$$NPSH_R \propto D^2 N^2 \tag{8.14}$$

そこで，(8.13)式を満足するならば，すなわち比速度 n_s が同じならば，$NPSH_R$ と H との比は同じ値となる．この比をトーマ（Thoma）のキャビテ

ーション数という．

$$\sigma_T = NPSH_R/H \tag{8.15}$$

(8.13)式の関係から羽根車形状を示す比速度の(8.6)式が導かれたように，(8.13)式と(8.14)式から次のパラメータ S が導かれる．

$$S = \frac{N[\text{min}^{-1}]\sqrt{Q[\text{m}^3/\text{min}]}}{(NPSH_R[\text{m}])^{3/4}} = n_s/\sigma_T^{3/4} \tag{8.16}$$

これは吸込比速度 (suction specific speed) と呼ばれる．吸込比速度 S は比速度 n_s とトーマのキャビテーション数 σ_T の関係であることから，比速度が異なる種々のポンプの設計点でのキャビテーション試験結果を用いて，n_s と σ_T と関係を対数座標上に表すと図8-24のようになり，ポンプの形式によらず $S = 900 \sim 1800$ (m, m³/min, min⁻¹) のほぼ直線上にある[18]．これは(8.14)式からわかるように，$NPSH_R$ が羽根車の形式とは関係なく，流量 Q と回転数 N および羽根車入口形状から決まることを示している．通常に設計されたポンプにおけるキャビテーションの初生点での吸込比速度は，軸流ポンプで $S = 900$，遠心ポンプで1200程度であり，揚程3％降下点は $S = 1500 \sim 1800$ である．キャビテーション対策を施したポンプ，例えばロケット用インデューサポンプでは $S = 10,000$ にも達する．

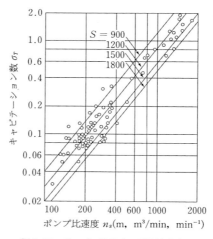

図8-24 ポンプの比速度と吸込比速度[18]

液体の温度および物性の影響

同じ液体であっても，作動入口温度が異なるとポンプのキャビテーション性能は変化する．温度上昇と共に性能向上をもたらすことが知られており[19]，これは高温の場合にはキャビテーション気泡の成長に多くの熱移動を必要とし，これによる局所的温度低下が気泡の成長速度を抑えるためである（4章4.1キャビテーションに及ぼす熱力学的効果の項参照）．また，液体の種類が異なってもキャビテーション性能の違いとなって現れる．そこで，これを推定する経験的な方法が提案されている[19]．これは，あるポンプに対して同じ回転数・流量における常温水での必要 $NPSH$（$NPSH_R$）から熱的効果による性能向上量 $\Delta NPSH$ を差し引いて，他の液体・異なる温度での $(NPSH_R)^*$ を算出する方法である．

$$(NPSH_R)^*_{otherliquid} = (NPSH_R)_{water} - \Delta NPSH \tag{8.17}$$

Stepanoff[19]は，右辺第2項に液体の熱的効果を表すパラメータとして $B_1(\mathrm{m}^{-1})$ を導入し，3%揚程降下点での $NPSH_R$ に対して次の実験式を示している．

$$\Delta NPSH = C/[(p_v/\rho_l g) B_1^{4/3}], \qquad B_1 = C_{pl}\theta\left(\frac{\rho_l}{\rho_v L}\right)^2 \tag{8.18}$$

ここで $p_v/(\rho_l g)$ は蒸気圧ヘッド (m)，C_{pl} は液体の比熱 (kW/kgK)，θ は絶

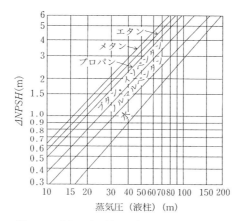

図 8-25　常温の水に対する各種液体の $\Delta NPSH$ [19]

対温度 (K)，ρ_l，ρ_v は液体と気体の密度 (kg/m³)，L は蒸発潜熱 (kW/kg) で，実験定数 C には 144 が用いられる．(8.18)式により計算される水および種々の有機液体の $\mathit{\Delta NPSH}$ を図 8-25 に示す．また，Zika[20]は $\mathit{\Delta NPSH}$ 推定に関する既存式を比較検討して，温度降下量 $\mathit{\Delta \theta}$ と関係付けた新たな方法を提示している．

8.2.4 キャビテーションの発生状況

ポンプにおいては，運転流量や $NPSH$ により種々のタイプのキャビテーションが発生する．また，遠心，斜流や軸流などのポンプの形式によってもキャビテーションの発生する場所，発達の状態や崩壊位置などが異なってくる．以下では，ポンプの形式別に，キャビテーションの様相を見てみる．

遠心ポンプのキャビテーション発生状況

遠心ポンプのキャビテーションの例として，壊食試験を実施した 2 種類の遠心羽根車に発生するキャビテーションの様相を示す．

図 8-26 は，$n_s = 150$(m，m³/min，min⁻¹) の 2 次元羽根車の形状を，図 8-27 は，設計点流量において 3 % 揚程低下点の $NPSH_R$ と $1.25 \times NPSH_R$ で観測したキャビテーション[21]を示す．止めビスを用いて羽根に取付けられている透明アクリル樹脂製の側板を通してキャビテーションの後端部分を観測している．羽根車の回転方向は時計回りである．

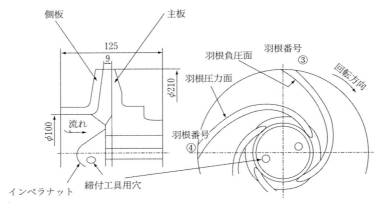

図 8-26 $n_s = 150$ の羽根車形状[21]

回転方向

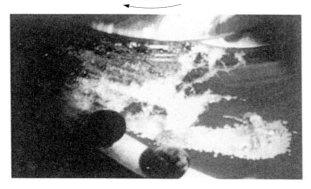

(a) $NPSH_R$ (3%揚程低下点)

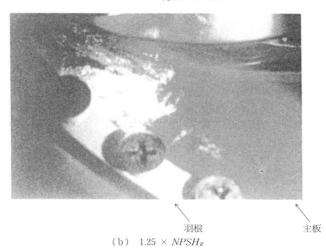

(b) $1.25 \times NPSH_R$

図 8-27　$n_s = 150$ 遠心羽根車のキャビテーション[21]

　損傷領域が主板の場合，羽根車負圧面前縁から透明なシート・キャビテーションが発生し，気泡の後端はクラウド・キャビテーションを伴い，気泡表面や後端の剪断層内に生じた渦キャビテーションが下流側に放出されている．気泡の崩壊位置は，主板に塗布した塗料の剥離から見て取れる．羽根負圧面が損傷を受ける場合にも，クラウド・キャビテーションが発生しており，その後流に発生した渦キャビテーションが羽根面をアタックするのが観測されている．

274　8章　流体機械のキャビテーション

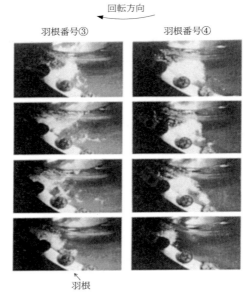

図 8-28　キャビテーションに対する気泡核の影響[21]

　上流側から多量の気泡核が流入する場合のキャビテーションへの影響を図 8-28 に示す．この場合の気泡核は，インペラナット表面に設けられた締付工具用の穴から発生している．気泡核が流入する羽根番号③の列は，シート・キャビテーションも長く，気泡表面の剪断層から生ずる渦キャビテーションの発達が著しくなる．なお，キャビテーション数が低下すると，気泡核の流入がない羽根番号④おいても同様の渦キャビテーションが生ずるようになる．

　図 8-29 は，$n_s = 300$(m, m³/min, min^{-1}) の 3 次元羽根車の形状を示す．このポンプは，設計点流量 Q_d の 70％近傍で吸込側逆流が始まり，このフローパターンに対応してキャビテーションの様相は変化する．

　図 8-30 は，低流量から設計点流量までの間で観測したキャビテーションの様相[22]を示す．写真左端に羽根負圧面が見えており，その右側に隣の羽根の前縁がある．羽根車の回転方向は時計回りである．

　設計点流量（$Q/Q_d = 1.0$）ではキャビテーションの発生は定常的で，羽根負圧面および圧力面にシート・キャビテーションが発生している．逆流が発生

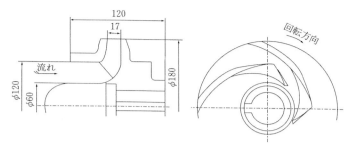

図 8-29　$n_s = 300$ の羽根車形状[22]

していない $Q/Q_d = 0.8$ でもキャビテーションの様相は類似であるが，流入角度が小さくなることにより，負圧面側に発生しているキャビテーション塊は大きくなる．$Q/Q_d = 0.6$ では，前の羽根の負圧面上に発達した渦キャビテーションが次の羽根の前縁により切断されている様子が観測されている．$Q/Q_d = 0.4$ では，左側には羽根負圧面に発生したクラウド・キャビテーションが見られ，隣の羽根前縁近傍に渦キャビテーションが見える．この渦キャビテーションは入口逆流の剪断層内に生じる強い渦の内部に発生したキャビテーションである．

逆流中キャビテーションをより詳しく見るため，吸込ケーシングに設けた窓を通して両吸込ポンプ[23]羽根車入口を観測した様子を図 8-31 に示す．渦キャビテーションが NPSH により変働している様子を示している．低流量域においては，3％揚程低下点の $NPSH_R$ より高い NPSH においても逆流中にキャビテーションが発生していることに注意する必要がある．NPSH が大きいときは，キャビテーションは羽根前縁近くの剪断層に限定されて発生しており，NPSH の低下と共に，渦キャビテーションは周方向全体に発生するようになる．このように，低流量域においては，$NPSH/NPSH_R$ が 2 倍程度の吸込圧力条件では，渦キャビテーションによる壊食に注意する必要がある．

斜流ポンプのキャビテーション発生状況

斜流ポンプのキャビテーションを発生箇所で分類すると，羽根負圧面，圧力面上のバブル・キャビテーションやシート・キャビテーション，逆流中に発生する渦キャビテーション，チップボルテックス中のチップ・キャビテーション

回転方向

$Q/Q_d = 1.0$

$NPSH = 2.4\mathrm{m}$

0.8

2.1m

0.6

2.1m

0.4

2.1m

←―羽根

図 8-30　$n_s = 300$ 遠心羽根車のキャビテーション[22]

がある．特に，オープン羽根の場合は，チップ隙間の漏れ流れ中に隙間キャビテーションが発生するが，この隙間キャビテーションとチップ・キャビテーションが干渉し合って発達する場合もある．

　図 8-32 に，斜流ポンプの負圧面および圧力面に発生するシート・キャビテーションとチップ・キャビテーションを示す．無衝突流入流量より大きい流量

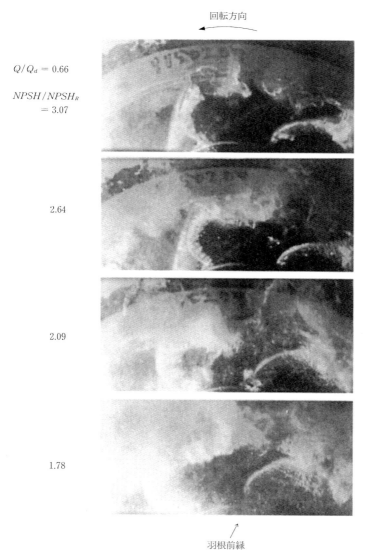

図 8-31 両吸込遠心ポンプの逆流中の渦キャビテーション[23]

では,羽根圧力面にシート・キャビテーションあるいはバブル・キャビテーションが発生し,少ない流量では負圧面に発生する.羽根車内の各流線における

278   8章 流体機械のキャビテーション

圧力面上のシート・キャビテーションとチップ・キャビテーション

負圧面上のシート・キャビテーション

図 8-32　斜流羽根車のキャビテーション

入口角度の設定により異なるが，シート・キャビテーションの長さは，チップからハブに向かうにつれ徐々に短くなる場合が多い．チップ・キャビテーションは安定して発生するキャビテーションで，チップ隙間の漏れ流れの影響を受けて成長する．下流に行くに従い，チップ・キャビテーションは羽根表面から遠ざかり，その大きさも減少して消滅する．

図 8-33，図 8-34 に，斜流ポンプ（$n_s = 930$）を用いて観測した低流量域の

8.2 ポンプ

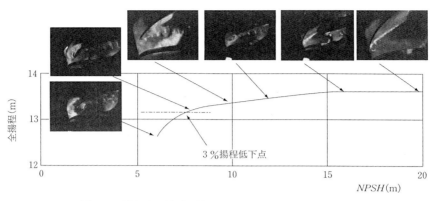

図 8-33　斜流ポンプ低流量域のキャビテーション（$Q/Q_d = 0.6$）

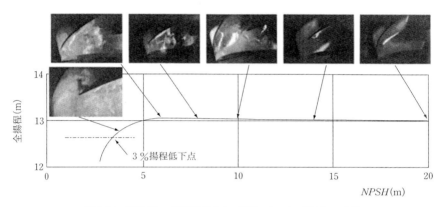

図 8-34　斜流ポンプ低流量域のキャビテーション（$Q/Q_d = 0.4$）

キャビテーションの NPSH による変化を示す．図 8-33 は，逆流が発生していない揚程曲線が右上りの流量域（$Q/Q_d = 0.6$）におけるキャビテーションを，図 8-34 は，逆流が発生している揚程曲線が右下がりの流量域（$Q/Q_d = 0.4$）におけるキャビテーションを示している．いずれの流量でも NPSH の減少に伴い，負圧面上のシート・キャビテーションが発達する．吸込側に逆流が発生していない流量では，NPSH が減少しても羽根入口付近に渦キャビテーションは少ないが，逆流が発生している流量では，NPSH が 3 ％揚程低下点に近づくにつれ渦キャビテーションが大量に発生するようになる．

軸流ポンプのキャビテーション発生状況

軸流ポンプ（$n_s = 2000$）では，キャビテーション数をパラメータとして，設計点近傍の流量範囲（最高効率点流量 $\phi = 0.242$）におけるキャビテーションの様相[24]を見てみる．

図8-35に，軸流ポンプに発生するキャビテーションのタイプの模式図を示す．軸流ポンプに発生するキャビテーションもその発生箇所により，負圧面のチップ部に前縁から発生するキャビテーション K_1，圧力面上に前縁から発生するキャビテーション K_2，負圧面上の羽根中央付近から発生するキャビテーション K_3，羽根先端隙間の漏れ流れ中に発生するキャビテーション K_4 に分けられる．

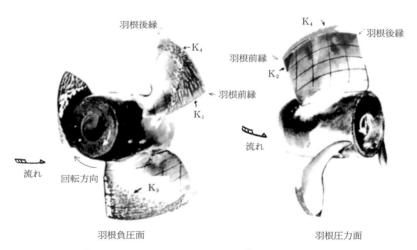

図8-35 軸流羽根車に発生するキャビテーションの分類

羽根面上に発生するキャビテーションは σ（(8.19)式参照）の減少に伴い成長し，さらに他の場所からも複合して発生する．図8-36は，羽根チップ側にて発生するキャビテーションに着目して，キャビテーションの発生パターンを σ および ϕ に対して分類したマップである．図中の σ は下記の定義のキャビテーション数である．

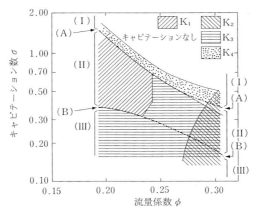

図 8-36 軸流羽根車のキャビテーション発生パターン[24]

$$\sigma = \frac{H_{sv} - (v_{m0}^2/2g)}{w_{1t}^2/2g} \tag{8.19}$$

ここに，$H_{sv} = NPSH = H_s + (v_s^2/2g) - h_v$，$H$：ヘッド，$h_v$：水の飽和蒸気圧ヘッド，$v$：絶対速度，$w$：相対速度，添字は，0：羽根入口直前，1：羽根入口直後，m：メリディアン成分，s：吸込管内の状態，t：羽根チップ部である．

K_4は羽根の厚みまで発達したときを初生として図中に示している．羽根負圧面上にキャビテーションが発生し始める状態を太線(A)，K_1およびK_3領域によらず，羽根負圧面のチップ部出口端までキャビテーションが発達した状態を太線(B)で示している．(A)と(B)曲線間の領域では，$\phi = 0.243$以下の小流量側ではK_1領域でキャビテーションが発生しており，大流量側ではK_3領域にキャビテーションが発生している．さらに，大流量側では，K_3領域の他に羽根圧力面のK_2領域でもキャビテーションが発生するようになる．K_3領域とK_2領域のキャビテーション初生を示す線が交わる流量$\phi = 0.285$は，羽根入口の無衝突流入流量である．(B)線よりさらにσが減少すると，羽根負圧面ではK_3領域でのみキャビテーションが発達するようになる．

8.2.5 キャビテーション特性

代表的な3種類のポンプ，すなわち遠心，斜流および軸流ポンプを例にポン

プのキャビテーション特性を以下に示す．

遠心ポンプのキャビテーション

遠心ポンプのキャビテーション特性　図 8-37 は吸込口径 200 mm の片吸込渦巻ポンプ（公称比速度 $n_s = 350$）の揚程 H，軸動力 L および効率 η の変化を種々の $NPSH (= H_{sv})$ について示したものである[25]．一般に，ある $NPSH$ の値のもとで流量 Q を増加させていくと，揚程はキャビテーションの発生していない状態での揚程曲線より，ある流量で離れて低下し，さらに大きい流量で揚程が直線的に低下する．軸動力は揚程低下点付近で僅かながら増加の傾向を示し，揚程が大きく低下すると減少する．また効率は，揚程と類似の変化を示している．

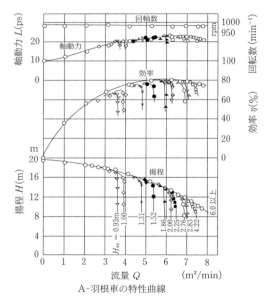

図 8-37　遠心ポンプのキャビテーション特性（揚程，効率，軸動力の変化）[25]

次に，図 8-38 は，キャビテーション初生点，揚程低下開始点および揚程急低下点での $NPSH$ の値を流量に対して示したもので，それぞれ H_{svi}，H_{svd} および H_{svl} で表している．羽根車翼入口部での流れの入射角が $\alpha = 0°$ の場合，

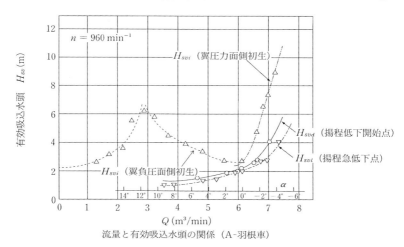

図 8-38 キャビテーション初生点，揚程低下開始点および揚程急低下点での *NPSH* の値[25]

翼入口に対し無衝突で流れが流入している．$a < 0$ では翼圧力面側に，また，$a > 0$ では翼負圧面側にキャビテーションが発生している．$a = 12°$ では，羽根車入口側で逆流が発生し，その状態でのキャビテーション初生時の *NPSH* は増大している．さらに，図 8-39 は，キャビテーション初生点および揚程低下開始点での吸込比速度 S(m, m³/min, min⁻¹) を示したものである（図 8-37，図 8-38 に示した羽根車以外の結果も併記）．図中の A，B，C，D の羽根車はそれぞれ要項が異なったものであるが，おおよその傾向は似ている．

Stepanoff[26]は，種々のポンプについて，実験的にポンプの羽根車入口において，キャビテーションが初生する時の S 値は約 1200 となることを明らかにしている．一般的には，揚程低下時の S 値は 1800～2000 となるが（図 8-24 参照），これ以上の S 値となるような場合には，低周波数の圧力変動などが発生する場合もあり，ポンプ運転上，注意が必要である．

遠心羽根車の圧力分布（流れ解析によるキャビテーション発生の予測） キャビテーションの発生箇所やその量を流れ解析により予測できれば，非キャビテーション時の圧力分布や流れの様相を把握することにより，ある程度はキャビテーション性能の改善やキャビテーション壊食の推定に利用できる[27]～[29]．

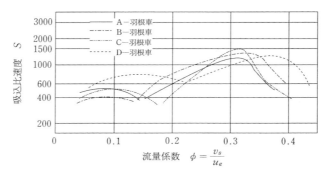

(a) 流量と羽根入口初生点の吸込比速度の関係

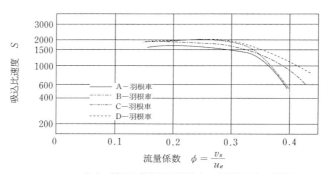

(b) 流量と揚程低下開始点の吸込比速度の関係

図 8-39 キャビテーション初生点および揚程低下開始点での吸込比速度[25]

図 8-40 は，ボイラ給水ポンプ（羽根車目玉（羽根入口部の円形流路部分）周速 89 m/s）を例に，キャビテーション損傷が発生した羽根車とそれを改善した羽根車について，有限要素法により解析した翼負圧面上での圧力分布を示したものである[27]．オリジナルの羽根車は翼入口部での翼圧力面と負圧面上の速度ベクトルが大きく異なり，その結果，特に翼前縁のハブ側付近で圧力の低下が大きい．これに対し，改善した羽根車は速度ベクトルおよび翼前縁のハブ側付近で圧力の低下の領域が大幅に改善され，図 8-41 に示すように，解析によるキャビテーション発生（キャビテーション長さ 15 mm を発生と定義している）の予測値は，より小さいキャビテーション数の方に移動しており，可視

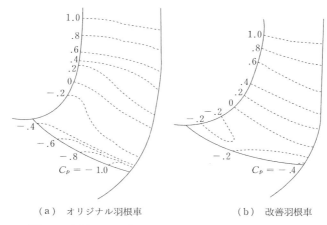

(a) オリジナル羽根車 　　　　(b) 改善羽根車

図 8-40 解析による翼負圧面上での圧力分布
（ボイラ給水ポンプのオリジナルと改善羽根車の比較）[27]

化によるキャビテーション初生の観察結果とも対応している．

斜流ポンプのキャビテーション

斜流ポンプのキャビテーション特性　斜流羽根車は遠心羽根車と比べると羽根長さが短いため，揚程低下に関する $NPSH$ 特性は，キャビテーション初生の影響を強く受け，その最小値は無衝突流量に近い流量で得られる．

図 8-42 は，吸込性能に及ぼす斜流羽根車入口径の影響を検討した 2 種類の供試羽根車を示す[30]．両羽根車は翼枚数 5 枚で，同一の要項および無衝突流量に対して設計されている．また，羽根入口縁形状は，羽根厚さの 1/2 の半径のもの（R 2.5 mm）と，R 1 mm の 2 種類について実験されている．

図 8-43 は，羽根入口縁形状を尖らせた（R 1 mm）両羽根車（a, b）の比較である．種々のキャビテーション状態に対する $NPSH$ 値（図中 H_{sv}）を流量を横軸にとって示しており，キャビテーションはその発生領域により次のように分類されている（図 8-35 参照）．

　K_1：翼の負圧面側に生じるキャビテーション
　K_2：翼の圧力面側に生じるキャビテーション
　K_4：翼先端隙間の漏れ流れに発生するキャビテーション

図中に示した $K_1$20，$K_2$20 などの表示は，キャビテーションの発生領域とキ

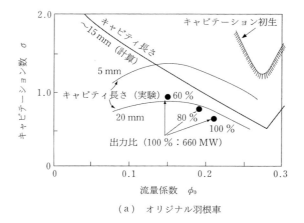

(a) オリジナル羽根車

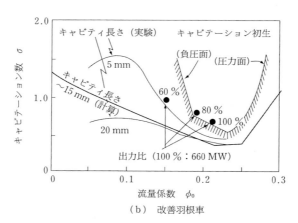

(b) 改善羽根車

図 8-41 解析によるキャビテーション発生の予測と実験との比較
(ボイラ給水ポンプのオリジナルと改善羽根車の比較)[27]

ャビティの長さを表している．数値の単位は mm である．

羽根車 a および b を比較すると，図示の全流量範囲にわたり，K_1 および K_2 領域のキャビテーションに関して，羽根車 b は羽根車 a より高い NPSH（図中 H_{sv}）を示している．羽根車 b は羽根車 a より入口径が約 10 % 大きく，それだけ相対流入速度が大きいことによる．

次に，キャビテーションの発達による揚程の変化を上に述べた 2 種類の羽根

8.2 ポンプ

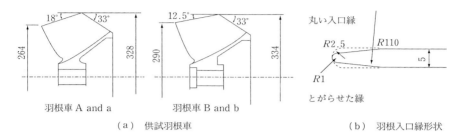

羽根車の呼称			
入 口 径 mm		264	290
羽根入口	$R\,2.5$ mm	A	B
	$R\,1.0$ mm	a	b

（a）供試羽根車　　　　　　　　　　（b）羽根入口縁形状

図 8-42　供試羽根車（羽根車入口径と羽根入口縁形状の影響）[30]

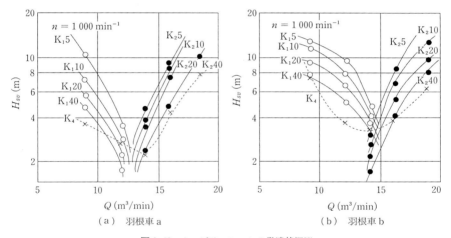

（a）羽根車 a　　　　　　　　　　　（b）羽根車 b

図 8-43　キャビテーションの発達状況[30]

車について示したものが図 8-44 である．これより，揚程低下に及ぼす羽根車入口径拡大の効果は顕著ではなく，両羽根車の無衝突流量 Q_s の違いを考慮すると，図 8-45 に示した性能低下の限界点（効率 1 および 3 ％低下点，揚程 3 ％低下点）においては，両者の羽根車はほぼ同じ限界値を示している．

以上の例のように，最適な翼入口形状を採用した場合，キャビテーション初

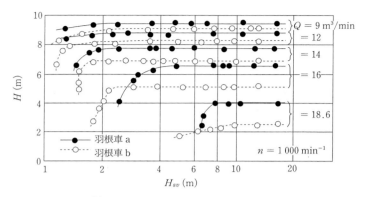

図 8-44 キャビテーションによる揚程低下[30]

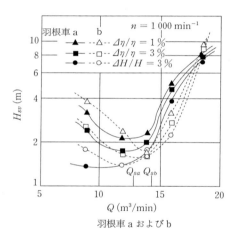

羽根車 a および b

図 8-45 性能低下限界点（効率 1 および 3 ％低下点，揚程 3 ％低下点）[30]

生時の吸込比速度 S 値が 1500 を越え，揚程低下時の S 値が 2000 を越える結果も得られている．

流れ解析によるキャビテーション初生の予測と実験値との比較 図 8-46(a)(b)は，流れ解析によるキャビテーション初生の予測を行うために用いた斜流羽根車の形状と羽根車流路部の解析メッシュを示す[31]．

図 8-47 は，上述の斜流羽根車について，解析および可視化により求めたキャビテーション初生時の $NPSH$ 値を比較したものである．解析結果から求め

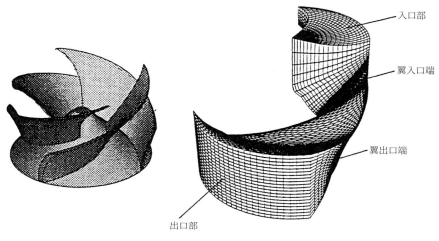

(a) 斜流羽根車　　　　　　　　　(b) 解析メッシュ

図 8-46　斜流羽根車形状と解析流路メッシュ[31]

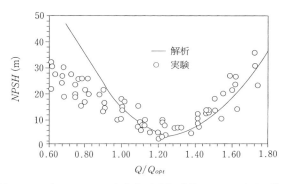

図 8-47　キャビテーション初生時の解析と実験による NPSH の値の比較[31]

た初生時の NPSH は，その最低圧力値から算出したものである．最高効率点流量の 90〜170％流量の範囲においては，解析値と実験値はよく一致しており，また，翼面上でのキャビテーション発生位置も対応していることが示されている．

軸流ポンプのキャビテーション

軸流ポンプのキャビテーション特性 図8-48(a), (b)は軸流ポンプについて, 流量係数 ϕ をパラメータにしてキャビテーション数 σ による揚程係数, 軸動力係数の変化を示したものである[24]. 図中の一点鎖線(A)は, 揚程および軸動力が σ ((8.19)式参照)の減少により変化し始める状態にあたり, このとき翼負圧面上にキャビテーションが初生した状況を示す. また, 一点鎖線(B)は, 翼負圧面のチップ部出口端までキャビテーションが発達した状態を表し, このとき揚程または軸動力が極大値を示す.

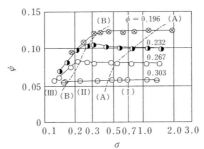

(a) キャビテーション数による揚程係数の変化

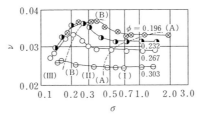

(b) キャビテーション数による軸動力係数の変化

図8-48 軸流ポンプのキャビテーション性能[24]

次に, キャビテーション発生時の羽根車入口, 出口部での翼間流速分布の一例を, キャビテーションの発生していない場合と比較して図8-49に示す. 図中にはキャビテーションの発達状況もあわせて示してある.

非キャビテーション状態では, 羽根車出口部の流速分布を見ると, チップ側に近い位置での後流の幅(各半径位置で絶対速度の大きい箇所)が最も大き

8.2 ポンプ

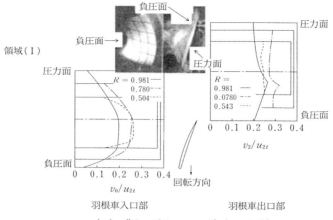

(a) 非キャビテーション時 ($\sigma = 1.67$)

v_0：羽根車入口直前の絶対速度
v_2：羽根車出口部の絶対速度
u_{2t}：羽根車出口チップ部の周速度
R：半径比（翼チップ部の半径に対する比）

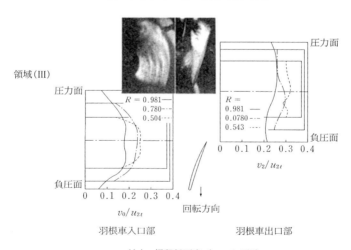

(b) 揚程低下点 ($\sigma = 0.187$)

図 8-49 羽根車入口，出口部での翼間流速分布 ($\phi = 0.232$)[24]

く，その中心位置は翼負圧面側に寄っている．

一方，揚程低下点では，翼負圧面全面にわたりキャビテーションが発達し，

羽根車流路部分が閉塞されるため,後流の位置は翼圧力面側に移動し,後流の幅も増大している.そして,この翼間の流速分布が大きく変化するのに伴い,揚程,軸動力特性に変化が現れることになる.

これに対し,羽根車入口部の翼間流速分布は,キャビテーションの発達に伴い多少変化するものの,羽根車出口部のように際立った変化は見られない.

流れ解析によるキャビテーション発生の予測 軸流ポンプの吸込性能向上をめざし,準3次元流れ解析によりキャビテーション性能を予測する方法が提案されている[32]．

図8-50は,$NPSH$の変化に対する理論揚程の解析値と実験値との比較をしたものである.これより揚程低下時の吸込比速度については,解析値の方が実験値より大きく見積られているが,両者の変化はほぼ同じ傾向を示しており,それを考慮することにより,吸込性能の予測が可能となっている.

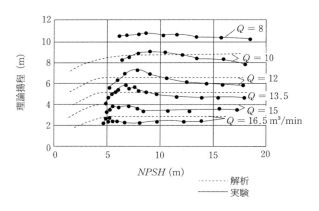

図 8-50 $NPSH$ の変化に対する理論揚程の解析値と実験値との比較[32]

斜流型と軸流型のキャビテーション性能の違い 従来,軸流ポンプの範囲とされてきた高比速度ポンプの場合について,羽根車入口外径が出口外径と等しい軸流型とせずに斜流型とすることにより,キャビテーション性能を改善した一例を示す[33]．

図8-51は,揚程および効率低下開始点での両者の吸込比速度 S 値の比較を

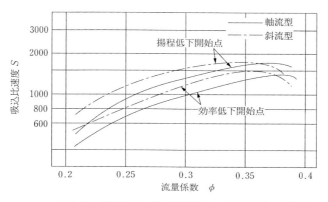

図 8-51 軸流型および斜流型羽根車の吸込比速度の比較[33]

したものであるが，斜流型羽根車では，軸流型羽根車より約 10〜20％大きな S 値を示しており，斜流型にしたことによりキャビテーション性能が改善されている．

遠心，斜流および軸流羽根車におけるキャビテーション数 ポンプに与えられる NPSH，すなわち H_{sv} を種々変えて，キャビテーション数 λ_1 が，次式により求まる（(8.9)式参照）．

$$\lambda_1 = (2gH_{sv} - \lambda_2 v_1^2)/w_1^2 \tag{8.20}$$

ここで，v_1：羽根車入口での流速

w_1：羽根車入口での相対流入流速

$(= (u_1^2 + v_1^2)^{1/2}$，u_1：羽根側板側入口端の周速度)

ここで，係数 λ_2 は，ポンプ羽根車および吸込流路形状によって変化するが，吐出し量によっては変化しない定数である．本来は羽根車入口での速度ヘッドだけということになるが，偏流，損失などの影響を加味し，普通は 1.1〜1.2 となる．また，キャビテーション数 λ_1 は吐出し量によって変化するが，羽根入口での無衝突流量時には 0.3〜0.35 程度となる．これは先端の形状で決まり，先端の尖った円柱の圧力係数と絶対値がほぼ等しい値となる．

図 8-52 は，遠心，斜流および軸流羽根車について，キャビテーション初生時および 3％揚程低下時におけるキャビテーション数 λ_1 の変化をあわせて示してある[34]．

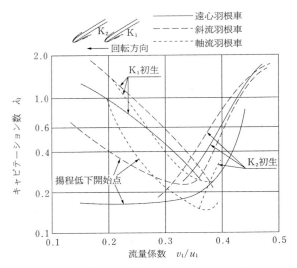

図 8-52　遠心，斜流および軸流羽根車におけるキャビテーション数 λ_1[34]

羽根車入口は，通常，設計流量時に無衝突で流入するよう設計されているため，過大流量および部分流量時には，図 8-53 に示すように，羽根入口に対し，ある入射角をもって流入する．そのため，これらの流量域では，設計流量時よりもキャビテーションは生じやすく，キャビテーション数 λ_1 は大きくなり，設計流量を対称軸としたほぼ対称な初生曲線となる．

図 8-52 では，羽根車負圧面および圧力面側に発生するキャビテーションを

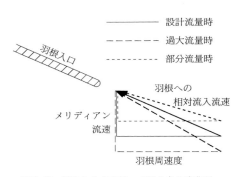

図 8-53　流量による羽根への流入角の変化[34]

K_1 および K_2 と定義して表示した.

これより,遠心,斜流および軸流羽根車では,羽根車形式が異なっても,キャビテーション初生点に対するキャビテーション数 λ_1 は,ほぼ同じ値を示す.圧力低下は羽根車入口最低圧部分までは,吸込面で与えられたエネルギによって賄われ,羽根車によって与えられるエネルギとは無関係であるので,羽根車形式が異なっても羽根車入口までの流れの場はほぼ相似となっているためである.この点より下流側での流れの場はこれら3種類の羽根車で異なっている.

一方,3%揚程低下点では,キャビテーションが発達して,羽根車翼間流路をある程度閉塞した状態となるので,羽根車形状(羽根車入口の半径方向の広がり,羽根枚数など)の相違が関係し,それぞれ異なった値を示している.

8.2.6 キャビテーションによる損傷

キャビテーションによりポンプが被る最も深刻な問題のひとつは,羽根等が破損して運転不能となるキャビテーション損傷(以下,単に損傷と記す)である.先にキャビテーションの発生状況について述べた.損傷は,それらのキャビテーションが生ずる位置ではなく崩壊する位置に発生する.キャビテーションは種々の形態があり,その損傷に及ぼす強さも異なる.具体的には,ポンプ吐出量,*NPSH* により損傷速度,損傷位置が異なる.本節ではキャビテーションと損傷との関係やその抑制法に関して,主として水力設計の観点から述べる.

キャビテーション損傷の発生位置

表 8-1 は代表的な損傷の発生位置と,その損傷をもたらすキャビテーションの形態を示したものである.損傷をもたらす主要なキャビテーションとしては次のようなものがある[35].

(a) 羽根車羽根への流れの入射角増大や減少により羽根前縁付近の急激な圧力低下により発生するシート状のキャビテーションやクラウド状のキャビテーション(表 8-1:K_2,K_1,K_{d1},K_{d2})

(b) 低流量域において羽根車入口が出口に発生する逆流中に生ずる渦(紐)状のキャビテーション(表 8-1:K_v,K_{sv})

(c) 回転部と静止部の細隙部の漏れ流れに発生するキャビテーション(表

表8-1 ポンプのキャビテーション損傷発生位置[35]

羽根車			吸込流路，吐出流路		
記号	発生位置	発生機構	記号	発生位置	発生機構
K_2	羽根負圧面	シート・キャビテーション $Q<Q_{無衝突}$	K_{cl}	ケーシングライナ	羽根先端隙間のキャビテーション
K_1	羽根圧力面	シート・キャビテーション $Q>Q_{無衝突}$	K_{sv}	吸込ケーシング流路壁	低流量域の逆流キャビテーション
K_v	羽根圧力面	低流量域の逆流による渦キャビテーション	K_{sv}	吸込ベルマウス支柱等	同上
K_{hs}	ハブまたはシュラウドと羽根との隅部	渦キャビテーション	K_{d1}	吐出案内羽根（ボリュート）（ディフューザ）負圧面（凸面）	シート・キャビテーション $Q>Q_{無衝突}$（羽根車-案内羽根の間隔が小さいとき）
K_{tc}	羽根先端	先端隙間漏れ流れ内のキャビテーション	K_{d2}	吐出案内羽根（ボリュート）（ディフューザ）圧力面（凹面）	シート・キャビテーション $Q>Q_{無衝突}$（羽根車-案内羽根の間隔が小さいとき）
K_{bv}	羽根負圧面	吸込ケーシングからのキャビテーション	K_{sc}	吐出案内羽根	羽根車羽根のスーパ・キャビテーション

8-1：K_{tc}，K_{cl}）

（d） 静止流路の境界層の発達・剝離から生ずる渦キャビテーション（表8-1：K_{bv}）

最高効率点付近のキャビテーションによる損傷

このキャビテーションは，上述の（a）に属するキャビテーションに起因する損傷である．これらの抑制策としては，次の2点が考えられる．

羽根車入口流れの一様性の向上 これはポンプ軸に対して径方向から流入する吸込流路を有する多段遠心ポンプや両吸込渦巻ポンプに対して特に重要である．また軸方向流入でも，ポンプ全体が円筒状のピットに没しているピットバ

レル型ポンプでは，小型・狭隘な吸込流路に起因して吸込流れの一様性が崩れ，損傷を生じる場合がある．図 8-54 は，多段遠心ポンプの径方向流入の初段吸込流路形状を予旋回なしから予旋回付きに変更し，羽根車入口流れの周方向の一様性を高め，羽根への入射角増大を防ぎ，キャビテーションの発生・損傷を抑制した事例[36]である．

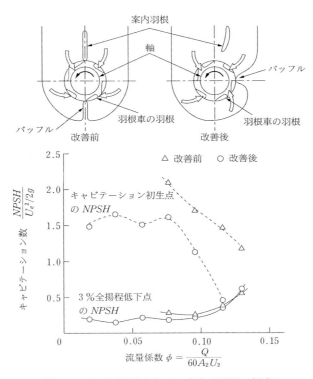

図 8-54 吸込流路形状改善による初生 NPSH の低減[36]

羽根先端の急激な圧力低下の防止　前節の図 8-42(b)に示すように，羽根先端形状を半円形状から羽根厚を徐々に増大させる羽根形状とすると，急激な圧力低下が抑制されキャビテーションの発生が抑制される．軸流ポンプではキャビテーションの発生が少なく，かつキャビテーションが発生しても低い NPSH まで揚力が低下しない，キャビテーション性能の優れた翼型が提案さ

れている[37].

低流量域の逆流の渦キャビテーションによる損傷

最高効率点の 70 ％付近の流量において，羽根車入口のシュラウド側に逆流が発生する．この逆流が発生すると，キャビテーションの発生のない場合でも振動や騒音が激しくなり，ポンプにとって過酷な運転となる．この流量域において $NPSH$ が低くなると，渦状のキャビテーションが発生する．このキャビテーションは非定常性が極めて強く，前述の図 8-30（$Q/Q_d = 60$ ％の場合）に見られるように，各瞬間，瞬間にその形態が大きく変化している．すなわち，羽根負圧面に大きな円錐状のクラウド・キャビテーションが発生し，次いで渦状キャビテーションとなり，隣接する羽根の圧力面にまで達して崩壊している．また一部は，隣接する羽根前縁を圧力面から負圧面へ回り込むような逆流中に発生している．この $N_s = 300$ の遠心羽根車で実施された損傷試験結果の低流量域の結果を図 8-55 に示す[38]．また図 8-56 に $NPSH_A$ が一定の場合，ポンプ流量と損傷速度との関係を示す[38]．図中の B，C は図 8-55 に示した損傷領域である．これらの図から，設計点流量の 60 ％流量点において羽根の圧力面の損傷が最大となっていることがわかる．この種の損傷を防止するには，低流量域の逆流を低減させる必要がある．それには次のような方策が有効である．すなわち，

（i）羽根前縁のシュラウド側とハブ側の回転径の差を小さくする．具体的には羽根前縁を 2 次元形状とする．羽根車入口径（目玉径）を小さくし，シュラウド周速を下げる．あるいはハブ側前縁を後退させる．

（ii）羽根入口角を低流量側に設定し，剥離・逆流開始流量を小にする．

しかし，これらの方策はキャビテーション性能の低下をもたらすので，良好なキャビテーション性能実現と低流量域の損傷低減は相反の関係にある．したがって，現実にはいずれかに重点を置いて設計する必要がある．

細隙部に生じるキャビテーションによる損傷

斜流ポンプで，シュラウドのないオープン羽根車の羽根先端部に生じた損傷例を図 8-57 に示す[39]．シュラウド先端とケーシングとの隙間で，羽根の圧力面側の鋭利な角面から生じたキャビテーションが負圧面側で崩壊して生じた損

8.2 ポンプ

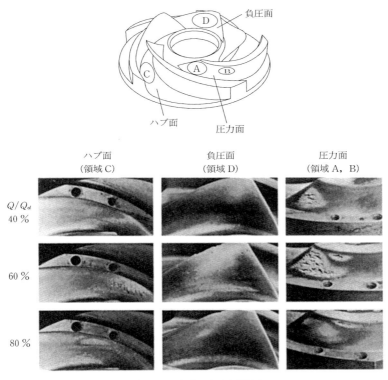

図 8-55 羽根車に生じた損傷[38]

傷である．この損傷を低減するため圧力面の角部に丸みを設け，キャビテーションの発生への影響を調べた結果を図 8-58 に示す．本図から，丸みの設置がキャビテーションの抑制に有効であることが確認される．ただ効率は 2％ほど低下する．

静止流路の境界層の発達・剝離に基づくキャビテーションによる損傷

吸込ボリュートケーシングを持つ両吸込渦巻ポンプの羽根車羽根負圧面に発生した損傷事例を図 8-59 に示す[35]．損傷は羽根前縁から少し下流に位置し，損傷幅が狭く深い様相を呈している．これは次のようなキャビテーションに基づくと考えられる．吸込ボリュートケーシングのボリュートの巻終いには過大な予旋回の発生を抑制するため，旋回止め（バッフル）が設置されている．そ

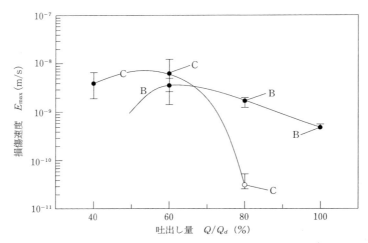

図 8-56 ポンプ吐出し量と損傷速度の関係（$NPSH = 12\,\mathrm{m}$ 一定）[38]

図 8-57 羽根先端隙間に基づくキャビテーション損傷[39]

の旋回止めの背後に図 8-60 に示すような渦糸キャビテーションが発生し，そのキャビテーションが羽根車羽根の負圧面に衝突し，羽根に損傷が発生したと考えられる．この型は吸込ボリュートの不適正な断面積変化に基づき局所的な減速域が生じ境界層が発達し，その境界層がボリュート巻終いのバッフル部のよどみ部で剝離し，渦糸となって下流へ放出されたものと考えられる．本損傷を抑制するには，局所的な減速のない適正なボリュート断面形状や，巻終いのバッフル面積を小にして旋回抑止作用を過大に与えないようにすることが有効である．

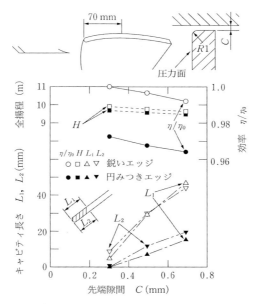

図 8-58 羽根先端隙間のキャビテーションと先端隙間の関係[39]

図 8-59 両吸込渦巻ポンプの羽根車負圧面に生じた損傷[35]

損傷の推定法

ポンプの設計において，形状が定まり運転条件が与えられると，損傷を予測する必要がある．しかし，現時点では純理論的に損傷を定量的に予測する方法はまだ確立されていない．ここでは実用的な次のような損傷推定法を紹介す

図 8-60　ボリュート巻終い最後から発生する渦糸キャビテーション[35]

る．

キャビテーション長さと羽根車目玉周速*に基づく方法　本方法は，キャビテーション強さ I を(8.21)式に示すようにキャビテーション長さと羽根車の目玉周速により定義し，実機の実績データから指数はそれぞれ $a=4$，$b=4$ としている．実機の損傷データに適用し損傷発生限界として(8.22)式を与えている[40]．

$$I = \log(U_1^a \cdot L_c^b) \tag{8.21}$$

$$I = \log(U_1^4 \cdot L_c^4) \leq 10$$

$$U_1 \times L_c \leq 10^{2.5} \approx 300 \tag{8.22}$$

ここに，U_1：羽根車目玉周速 (m/s)，L_c：羽根前縁からのキャビテーション長さ (mm) である．キャビテーション長さは，モデルポンプ羽根車での観察や羽根車内部流れの解析等から求める．実機損傷データに対して(8.21)式を適用した結果を図 8-61 に示す．

ターボ機械協会分科会の提案の推定法　ターボ機械協会のポンプのキャビテーション損傷研究分科会では，実用的な損傷の推定法として，収集した多くのポンプの損傷事例に基づき次のような式を提案している[41]．

・キャビテーション長さを予測できない場合

---

*　目玉周速：羽根車入口径（目玉径 D_e）における周速度

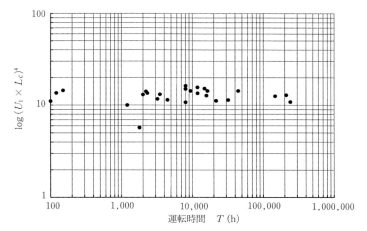

図 8-61 キャビテーション長さと目玉周速に基づく損傷推定法[40]

$$\frac{MDPR_p}{D_e \times 2\pi n} = 2.80 \times 10^{-12} \left(\frac{NPSH_A}{NPSH_R}\right)^{-0.683} \left(\frac{Q}{Q_d}\right)^{-2.19} K^{-0.476} \left(\frac{\sigma_B}{\sigma_{Bref}}\right)^{-1.16}$$
(8.23)

ここに, $MDPR_p$：予測平均損傷速度 (m/s), D_e：目玉径 (m), n：回転数 (1/s)

$NPSH_A$：有効 $NPSH$(m), $NPSH_R$：所要 $NPSH$(m), Q：運転流量(m³/s) ただし, $Q \leq Q_d$, Q_d：設計流量(もしくは最高効率点流量)(m³/s),

K：形式数　$K = \dfrac{2\pi n \sqrt{Q}}{(gH)^{3/4}}$

H：全揚程 多段ポンプでは全揚程を段数で割った値(単段の揚程)(m) とする.

σ_B：材料の引張強さ (MPa)

σ_{Bref}：基準材料 (SCS13, SCS14) の引張強さ (440 MPa) である.

・キャビテーション長さを予測できる場合

$$\frac{MDPR_p}{D_e \times 2\pi n} = 4.30 \times 10^{-12} \left(\frac{NPSH_A}{NPSH_R}\right)^{-0.850} \left(\frac{Q}{Q_d}\right)^{-2.81} K^{-0.597}$$

$$\left(\frac{\sigma_B}{\sigma_{Bref}}\right)^{-1.31} \left(\frac{L_{cav}}{D_e}\right)^{0.156}$$
(8.24)

ここに，L_{cav}：キャビテーション長さ(m)，記号は(8.23)式と同じである．(8.23)式と(8.24)式に基づく推定値と実測値との比較を図8-62と図8-63に示す[38]．図によれば推定精度は±1桁以内にあり，実用的には適用可能なものと考えられる．

CFDによる推定 近年，CFD（Computational Fluid Dynamics）の著しい発展により，水力機械の内部流れや性能を把握できるようになってきた．しかし損傷に関しては，キャビテーション流れ，キャビテーションの崩壊，材料に及ぼす衝撃力発生，材料の損傷という，損傷に至る各過程の解析技術はまだ発展段階にあり，完全に解析的に損傷を予測できるまでには至っていない．一方，キャビテーションがない流れとキャビテーションが発生している流れの間には深い相関関係があると考えられる．したがって，キャビテーションがない流れの乱流解析を行い，その流れと生じた損傷の関係を把握すれば，損傷の推定法として利用できる可能性がある．

図8-64は図8-55に示した遠心羽根車について，低流量域の運転である $Q/Q_n = 60$ ％の場合で，計算から得た羽根表面付近の相対速度ベクトルであ

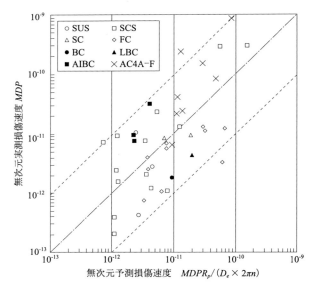

図8-62 損傷速度の推定値と実測値
（キャビテーション長さが予測不能の場合）[38]

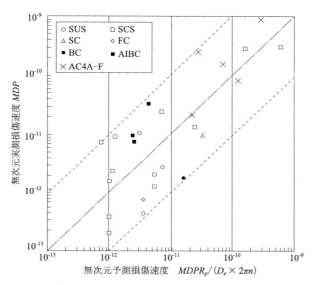

図 8-63 損傷速度の推定値と実測値
(キャビテーション長さが予測可能の場合)[38]

る[42]．また図 8-65 は同じ羽根車の渦度分布である．これらの図から，(1) 羽根先端付近に逆流が発生している，(2) 羽根圧力面の先端付近には渦度の高い領域が生じている，(3) この領域は図 8-55 の損傷の激しい部分に対応しているということ等が観察される．図 8-66 は実験から得られた圧力面損傷部の最大損傷速度と解析から得られた渦度との関係を示した図である[43]．損傷速度と渦度の間に良好な関係があることがわかる．したがって，このように乱流解析から得られる情報と損傷データとの関係を把握できれば，CFD による損傷推定もある程度可能と考えられる．

8.2.7 キャビテーションによる脈動・非定常現象

ポンプの高速・小型化の傾向が強まる中で，最近キャビテーションが原因と考えられる脈動現象や非定常現象が新たに注目されている．従来，キャビテーションに伴うポンプの不安定現象は，流体系のシステム振動，ポンプ入口逆流に関係する低周波振動やポンプ入口に発生する旋回キャビテーション，などに分類されている．最近，旋回キャビテーションが実験と理論の両面からよく解

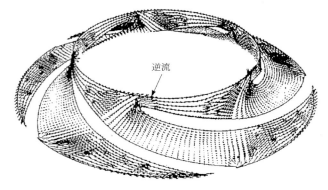

図 8-64 羽根車の相対速度ベクトル（損傷試験羽根車）[42]

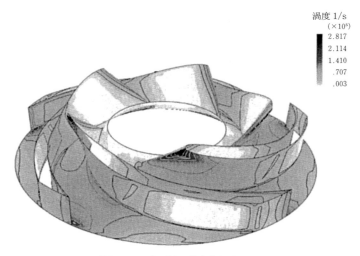

図 8-65 羽根面上の渦度分布[42]

明され，キャビテーションによる流体系のシステム振動（キャビテーション・サージ）との類似性やその発生原因が明らかにされた．旋回キャビテーションは特異な性質を有し，また他の不安定現象と同時に発生することから，従来，数多くの大変複雑に見えた現象もよく理解できるようになった．

キャビテーション・サージ

キャビテーション・サージは，ポンプ入口部に発生するキャビテーションと

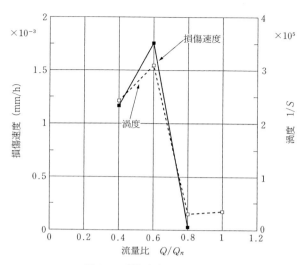

図 8-66 損傷速度と渦度の関係

ポンプおよび配管系の諸特性が相互に関係して生じるシステム振動であり，ポンプ上流・内部・下流に周期的な流量および圧力変動を発生させる．キャビテーション・サージの主たる原因がキャビテーションである点において，コンプレッサなどに生じるサージとは異なる現象である．

キャビテーション・サージを説明するために図 8-67 の流体系について，以下の線形化した式を用いた安定解析を示す．

$$\tilde{h}_0 - \tilde{h}_1 = R_1 \tilde{Q}_1 + L_1 \frac{d\tilde{Q}_1}{dt} \tag{8.25}$$

$$\tilde{h}_2 - \tilde{h}_0 = R_2 \tilde{Q}_2 + L_2 \frac{d\tilde{Q}_2}{dt} \tag{8.26}$$

$$\tilde{h}_2 - \tilde{h}_1 = -R_p \tilde{Q}_2 + \mu \tilde{h}_1 - L_p \frac{d\tilde{Q}_2}{dt} \tag{8.27}$$

$$\frac{d\tilde{v}_c}{dt} = \tilde{Q}_2 - \tilde{Q}_1 \tag{8.28}$$

$$\tilde{v}_c = -C_B \tilde{h}_1 - M_B \tilde{Q}_1 \tag{8.29}$$

$$C_B = -\frac{\partial \bar{v}_c}{\partial \bar{h}_1} \tag{8.30}$$

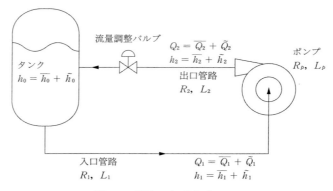

図 8-67　計算モデル流体系

$$M_B = -\frac{\partial \overline{v}_c}{\partial \overline{Q}_1} \tag{8.31}$$

ここに，h，Q，R，L，$1+\mu$，v_c は，それぞれ圧力ヘッド，流量，抵抗，通路の有効長さ，ポンプダイナミックゲイン，キャビティ体積である．また (8.30)，(8.31)式で表される C_B，M_B は，それぞれキャビテーション・コンプライアンスとマスフローゲイン・ファクタである．添字 0，1，2，p，〜および─は，それぞれタンク，入口，出口，ポンプ，変動成分および平均値を示している．

(8.25)〜(8.30)式をラプラス変換して整理すると，下記の特性方程式が得られる．

$$A_3 s^3 + A_2 s^2 + A_1 s + A_0 = 0 \tag{8.32}$$

ここで，

$A_0 = R_1(1+\mu) + R_2 + R_p$
$A_1 = C_B R_1(R_2 + R_p) - M_B(R_2 + R_p) + L_1(1+\mu) + L_2 + L_p$
$A_2 = C_B\{R_1(L_2 + L_p) + L_1(R_2 + R_p)\} - M_B(L_2 + L_p)$
$A_3 = C_B L_1(L_2 + L_p)$

である．

フルビッツの判定法によれば(8.32)式において係数 A_0，A_1，A_2，A_3 がすべて同じ符号にならない場合，図 8-67 は不安定になる．ポンプの抵抗 R_p は

一般に正である．ポンプゲイン $1 + \mu$ を正と仮定すれば，C_B は正であるから，唯一 M_B が正のときのみ前記係数が異なる符号を持つ可能性がある．一般に流量が減少すると入口における迎角が大きくなり，キャビティ体積は増加し，逆に流量が増加すればキャビティ体積は減少する．すなわち M_B は (8.31) 式から正の値を持つ．すなわち，キャビテーション・サージの発生原因は M_B ということになる．ただし $(1 + \mu)$ が負の値を持つとき，すなわち吸込性能曲線が $NPSH$ の減少と共に大きく落ち込み，再び上昇する場合には，キャビテーション・サージが生じる可能性がある．

　従来の研究によれば，キャビテーション・サージを発生するポンプ入口部のキャビティのフローパターンは 2 種類[44)45)]存在するようである．まず，ポンプが設計流量付近で運転されてポンプ内のキャビティがポンプ内で伸縮あるいは発生消滅を繰り返す場合である．この場合のキャビテーション・サージの計算例[46)]を図 8-68 に示す．H–II ロケット第 1 段主エンジン LE-7 液体酸素ポンプに発生した，かなり周波数の高いキャビテーション・サージの (8.32) 式による安定解析の結果である．この解析においては，キャビティ体積の圧力および流動変動に対する位相遅れを考慮して，C_B，M_B の代わりに $C_B e^{-j\alpha\omega}$，$M_B e^{-j\beta\omega}$ を用いている．ここに α，β の値は文献[56)57)]より求めた．一点鎖線は位相遅れを考慮しない計算結果であり，実線と点線は位相遅れを考慮した結果である．解が 2 つあるのは，位相遅れを考慮した場合，(8.32) 式の係数が虚数となるため，周波数の異なる解が 3 個となり，そのうちの 2 個が不安定になるからである．また，斜線を施した四角形は，インデューサの作動範囲を文献[40)]から計算したものである．

　ポンプが低流量域で運転されると，吸込管内の逆流中に発生するキャビテーション（図 8-69）が脈動発生の原因になることが報告[45)47)48)]されている．この現象も一種のキャビテーション・サージと見なすことができるが，この現象の特徴は脈動周波数が極端に低い点にある．この低周波の脈動についても，前記周波数の高いキャビテーション・サージと同様な解析により，その不安定発生がよく説明[47)48)]されている．

310   8章 流体機械のキャビテーション

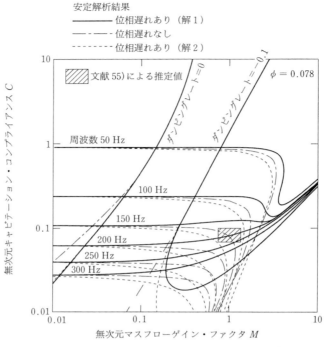

図 8-68 キャビテーション・サージの計算例
(LE-7 液体酸素ポンプ試験)

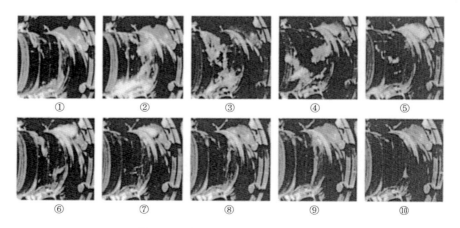

図 8-69 逆流と羽根車のキャビテーション

旋回キャビテーション

ポンプ入口部に発生するキャビティが,羽根の回転速度と異なる速度(一般に回転速度の 1.0〜1.3 倍)で周方向に旋回する現象を旋回キャビテーションと呼ぶ.入口チップ羽根角度が 12°の 3 枚羽根ヘリカルインデューサの 1 枚の羽根に発生した旋回キャビテーションの高速度写真を図 8-70[49]に示した.チップと羽根表面上のキャビティがほぼ同位相で伸縮をくり返し,羽根の回転速度(周波数 f_s)の約 1.2 倍で旋回する旋回キャビテーションを発生させる領域の存在が確認された.旋回キャビテーションの旋回速度は,$NPSH$ の低下と共に遅くなり,ときには羽根の回転速度と一致する定常非対称キャビテーションが現れることもある.

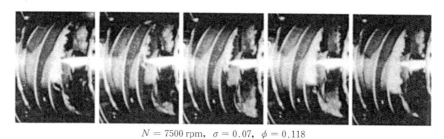

$N = 7500$ rpm, $\sigma = 0.07$, $\phi = 0.118$

図 8-70 旋回キャビテーションの高速度写真
($N = 7500$ rpm, $\sigma = 0.07$, $\phi = 0.118$)

旋回キャビテーションが発生すると,ポンプには旋回速度に対応する半径方向荷重が加わり,軸振動の原因になる.またポンプ入口側には旋回速度に等しい周波数 (f_r) の圧力振動が現れるほか,旋回キャビテーションを発生させる領域を羽根が通過するときに発生する圧力振動(周波数 $f = f_r - f_s$, $2f$, $3f$)が現れるため,複雑な圧力波形になる.

旋回キャビテーションの発生原因は,キャビテーション・サージと同様に正のマスフローゲイン・ファクタであることが,2 次元アクチュエータを用いた理論解析により明らかにされた[50].なおこの解析では,羽根の回転速度よりも速く旋回する旋回キャビテーションの他に,羽根の回転方向とは逆向きに旋回する旋回キャビテーションの解が得られ,これを裏付ける実験結果[51]も示され

ている．この理論解析を，前述の LE-7 液体酸素ポンプインデューサに発生した旋回キャビテーションに適用した結果を図 8-71[52]に示した．なお図 8-68,図 8-71 においては，それぞれ減衰比が負の場合に不安定現象が発生するように定義されている．図 8-68 と図 8-71 を比較した場合，安定と不安定領域を分ける減衰比が零の曲線が極めて近い値を示している．また，周波数一定の曲線も極めて類似している．最近，辻本らはターボ機械の不安定性を統一的に説明[53]しているが，1 つの単純な流体系ではキャビテーション・サージと旋回キャビテーションは同一の条件で発生することを示している．

キャビテーション・コンプライアンスとマスフローゲイン・ファクタ

キャビテーション状態のポンプの非定常特性は 1960 年代から解析が行われている．液体ロケットのポゴ（キャビテーション状態のポンプを含む推進系と機体が相互に関係して生じる自励振動）を予測するための解析の中で，まずキ

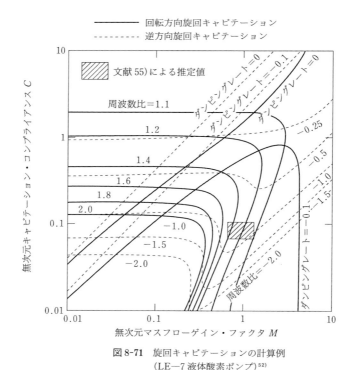

図 8-71 旋回キャビテーションの計算例
(LE-7 液体酸素ポンプ)[52]

ャビテーション・コンプライアンス（C_B）が導入された．このキャビテーション・コンプライアンスは，実際に発生したポンプ入口管の脈動の振動数（f）から，その概略値を求めることができる．

$$C_B = \left(\frac{1}{2\pi f}\right)^2 \frac{1}{L} \tag{8.33}$$

ここで L は流路の長さである．

1970 年代 Pratt & Whiteny 社において，インデューサを含む流路の不安定性が詳細に調べられ[54]，この解析の中でフローコンプライアンス（マスフローゲイン・ファクタ：M_B）が導入された．

その後，Acosta，Brennen らは C_B と M_B を定量的に評価する解析や実験を精力的に行い，インデューサに対して Bubbly flow model を利用して下記の経験式[55]を求めた．

$$C = \frac{1}{2}K \cdot s \cdot \varepsilon \tag{8.34}$$

$$M = -s\varepsilon\{Z/\phi - K\phi/\sin^2\beta\} \tag{8.35}$$

ここに，C，M は無次元キャビテーション・コンプライアンスとマスフローゲイン・ファクタであり，s，ϕ，β はそれぞれ，ソリディティ，流量係数，インデューサチップ入口角度である．また ε はインデューサの流路の長さに対するキャビティを含む流路の長さの割合であり，$\varepsilon = 0.02/\sigma$ を推奨している（σ：キャビテーション数），さらに K と Z は Bubbly flow model から得られるパラメータであり，$K = 0.9 \sim 1.3$，$Z = 0.8 \sim 0.95$ を推奨している．

王らは，低流量域で遠心ポンプに発生したキャビテーション・サージの実験データを詳細に調べ，C_B と M_B を求める方法を示している[45]．

キャビテーション・コンプライアンスとマスフローゲイン・ファクタを解析的に求める試みがなされてきた．しかし準定常を仮定したり，完全に非定常的取り扱いはしているものの，キャビティ長さを固定して解析するなど，実際の現象を十分に表すものではなかった．最近，羽根表面に生じるキャビティに対して解析解[56][57]が示された．2 次元翼列に対して解析がなされたが，キャビティ長さの変動が考慮されているため，より現実に近い解が得られているものと

考えられる．図 8-72 は非定常キャビテーション・コンプライアンスとマスフローゲイン・ファクタの計算結果である．これらの値は振動周波数の関数であり，振動数の増加と共に圧力および流動に対する位相遅れが大きくなる様子がよく示されている．

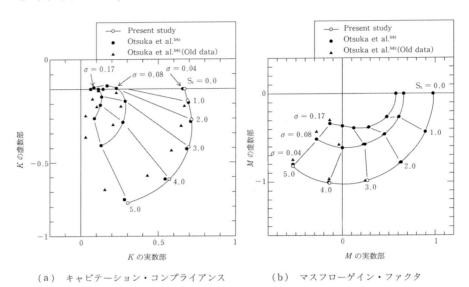

(a) キャビテーション・コンプライアンス　　(b) マスフローゲイン・ファクタ

図 8-72 キャビテーション・コンプライアンスとマスフローゲイン・ファクタの計算値[56]
(ソリディティ：$c/b = 2.0$, 羽根角度：$\beta = 75.0$, 迎角：$\alpha = 5.0$)

羽根表面のキャビテーションのほか，キャビテーション・コンプライアンスとマスフローゲイン・ファクタを決める要素として，チップ・キャビテーションや逆流領域のキャビテーションがある．しかし，これらを考慮した非定常解析はなされておらず，今後の課題となっている．

8.2.8　キャビテーションの回避・防止策

キャビテーション防止に対する考え方

ポンプにおけるキャビテーションは，「性能低下」や「振動騒音の増加」ならびに「材料損傷」など，様々な問題を引き起こす．キャビテーションの発生を抑えるには，ポンプ据え付け状態によって有効 $NPSH$（$NPSH_A$）をそのポンプ固有の形状によって決まる必要 $NPSH$（$NPSH_R$）より大きくすること，

すなわち

$$NPSH_A > NPSH_R \tag{8.36}$$

である．そこで，($NPSH_A$)を大きく保つために，(8.11)式からわかるように，(1)吸込管径を大きく取り，吸込速度 V_s を下げて損失水頭の低減を図ること，(2)吸込側液面を高くしてポンプ基準面に対する吸上げ高さ H_s が小さくなるようにポンプを据え付けること，などが考えられるが，($NPSH_A$)の増大にはポンプ機場等の制約のため限界がある．次に，($NPSH_R$)を下げる方策として，まず，(1)ポンプの回転数を小さくすることが考えられるが，これは不必要に大型化を招き，高速・小型化という今日の趨勢に逆行する．また，(2)羽根車入口での圧力低下量を小さくするために，(a)羽根数を減らす，(b)入口径を大きくする，(c)羽根前縁に適度な丸みを付ける，さらに遠心ポンプでは(d)側板側ケーシングの曲率半径を大きくすることなどが有効であると報告されているが，性能を大きく改善するには至っていない．遠心ポンプの場合，キャビテーションによる流路の閉塞が性能に致命的である．そこで，図8-73に示す中間羽根付き主羽根車の採用が考えられ，揚程3％降下点での限界吸込比速度が $S = 1900$(m，m³/min，min⁻¹)程度にまで改善されたとの報告もある[58]．現在，羽根車設計に内部流れの数値解析が組み込まれ，高吸込比速度羽根車の設計指針とその高性能化が図られつつある．また，低い($NPSH_A$)での急激な性能変化を避けるために，軸流型のスーパ・キャビテーションポンプ[59]も考えられたが，キャビテーションによる振動や壊食等の問題が生じ，多用されるまでには至っていない．いずれにしろ，単独の羽根車だけで限界吸込比速度を3000以上に高めることは難しく，そこで，軸流型や斜流

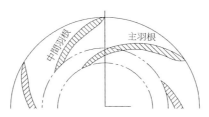

図8-73　中間羽根付き遠心羽根車

型羽根車内ではキャビテーションによる流路閉塞が起こり難く，揚程の急激な低下も少ないとの理由から，インデューサ（inducer）と呼ばれる軸流または斜流型の与圧羽根車を主羽根車の上流に前置する方法が用いられ，それにより $S = 3000 \sim 5000$ を達成している．ただし主羽根車の直前にインデューサを付設する場合は，インデューサと主羽根車との翼相互の相対位置が性能改善に大きく影響し，インデューサ圧力面上の流れが後置羽根車の負圧面側に流入するような位置に選定されねばならない[60]．また，インデューサはキャビテーション発生下での運転が余儀なくされるため壊食を受け易く，インデューサの定期的な交換を必要とする．インデューサ付き渦巻きポンプの構造例を図8-74に示す．

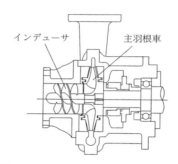

図 8-74　インデューサ付き遠心ポンプ概観図

インデューサ前置によるキャビテーション性能改善

図 8-75 にインデューサ前置によって改善される $[NPSH_R]_{\mathrm{MP+IND}}$ 予測の説明図を示す[61]．主羽根車単独運転時の揚程変化曲線または限界 $NPSH$，$[NPSH_R]_{\mathrm{MP}}$ が，例えば，限界吸込比速度（図 8-24 参照）等からわかっているものとすれば（上図中の白丸印），インデューサ前置後の $[NPSH_R]_{\mathrm{MP+IND}}$ は次式により得られる．

$$[NPSH_R]_{\mathrm{MP+IND}} = [NPSH_R]_{\mathrm{MP}} - ([H]_{\mathrm{IND}} - \Delta h) \tag{8.37}$$

ここで $[H]_{\mathrm{IND}}$ はポンプ限界 $NPSH$ 時のインデューサ全揚程，Δh はインデューサ前置による主羽根車入口での流入流変化がもたらす(8.9)式の圧力降下の変化量[62]を表す．図 8-75 の下図に，上図と横軸を合わせ，さらに横軸と縦軸

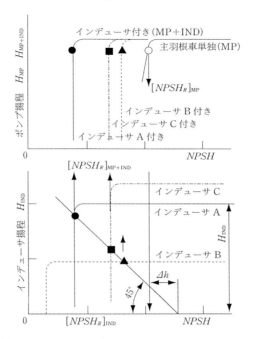

図 8-75　インデューサ前置による限界 $NPSH$ の予測説明図[61]

のスケールを一致させたインデューサの吸込性能曲線を描く．横軸上の $([NPSH_R]_{MP} + \Delta h)$ から左上がり 45°の直線を引き，インデューサの吸込性能曲線との交点が，(8.37)式から得られる $[NPSH_R]_{MP+IND}$ となる（上図中の黒丸印）．ポンプの全揚程は主羽根車の翼出口形状によって決まり，インデューサの有無によらずほとんど変化しない．したがって，実線で示す吸込性能を持つインデューサ A を前置したときポンプの性能曲線が上図の実線のように推定されたことになる．図 8-75 の下図には，揚程と吸込性能が異なる 3 種類のインデューサ A（実線），B（破線），C（一点鎖線）の曲線を模図的に示している．インデューサ B の $[NPSH_R]_{MP+IND}$ 点では，$[NPSH_R]_{IND}$ が良好なため，インデューサ自体にはキャビテーションによる揚程低下は生じないものの，インデューサ揚程（H_{IND}）が低く与圧不十分のため，主羽根車にキャビテーションが発生してポンプの揚程低下に至る．一方，インデューサ C の

$[NPSH_R]_{\text{MP+IND}}$ 点では，インデューサの吸込性能が悪く $[NPSH_R]_{\text{IND}}$ が大きいため，インデューサ自体の高い揚程（H_{IND}）を活かすことができずに，インデューサの揚程低下と共に主羽根車への与圧が不十分となり，ポンプの揚程低下をもたらす．インデューサ自体の効率が比較的低いため，インデューサ C のように揚程を不必要に高くとることはポンプ効率の低下を招く．したがって，インデューサ A のように，(8.37)式を満足する適度な（H_{IND}）と $[NPSH_R]_{\text{IND}}$ を持つインデューサの選定が大切である．では，（H_{IND}）と $[NPNH_R]_{\text{IND}}$ がインデューサ形状とどういう関係にあるのであろうか．通常，前置するインデューサには，弦節比（翼弦長とピッチとの比）$l/t = 2.0$ 前後のものが用いられる．翼角が異なり $l/t = 2.0$ で翼数 2 枚を持つヘリカルインデューサの性能を図 8-76 に示す[63]．図（a）は降下前の全揚程（H_{IND}）の流量による変化を，図（b）は 50 ％揚程降下時の限界 $NPSH[NPSH_R]_{\text{IND}}$ の流量による変化を示す．ここで，横軸 $m = \phi_i/\tan\beta_{t,i}$ の ϕ は流量係数 $\phi = V_a/U_t$（V_a はその断面での平均軸流速度，U_t は翼先端周速）を，β_t は周方向からの翼先端角を表し，添字 $i = 1$ はインデューサ入口断面，2 は出口断面を表し，揚程は出口形状により，吸込み性能は入口形状によりほぼ決まることから，それぞれ，その断面での値を用いて無次元化を行っている．また，図（a）の縦軸は揚程係数 $\phi = (H_{\text{IND}})/(U_t{}^2/g)$ を，図（b）の縦軸は無次元限界有効吸込ヘッド $\tau = [NPSH_R]_{\text{IND}}/(U_t{}^2/g)$ を $\tan^2\beta_{t1}$ で除した値である．ϕ および $\tau/\tan^2\beta_{t1}$ を m について整理すれば，翼数，翼厚み，弦節比，翼先端隙間によって多少変化するものの，翼角 β_t によらず，それぞれほぼ同一の曲線が得られる．回転数およびポンプ吸込み口形状に対してインデューサ形状を選定し β_t をパラメータに図 8-76 から（H_{IND}）と $[NPSH_R]_{\text{IND}}$ を算出し，図 8-75 の下図を描いてインデューサ A の状態で所定の $[NPSH_R]_{\text{MP+IND}}$ を満たすインデューサを選定すればよいことになる．

インデューサのキャビテーション初生時の $NPSH$ は高いため，キャビテーションを起こした状態でのポンプ運転が余儀なくされ，インデューサでの材料損傷や運転域によっては振動の原因となる不安定流動（8.2.7 キャビテーションによる脈動・非定常現象の項参照）問題に配慮しておかねばならない．図 8

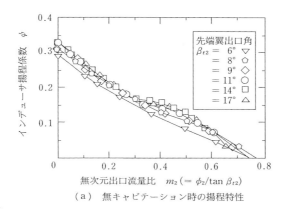
(a) 無キャビテーション時の揚程特性

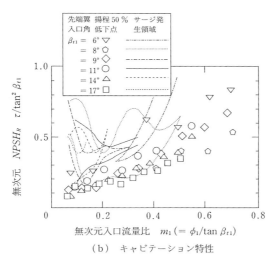
(b) キャビテーション特性

図 8-76　ヘリカルインデューサの揚程と限界 $NPSH$ [63]

-76(b)には，実験時に観察されたキャビテーション・サージ域（流量比一定のもとでは 2 つの曲線で狭まれた $NPSH$ 域においてサージが観察された）の翼角による違いも示している．

8.3　水車およびポンプ水車

水車およびポンプ水車（以下，特に区別しない場合は水車に含める）は水力

機械に属し，8.2節のポンプとキャビテーション現象は基本的に類似している．しかし，無次元パラメータの取り扱いや機種が異なることによる現象の差違があり，さらには実物がポンプより大型で，実物と完全相似模型によるキャビテーション試験が商用上必須となることが多く，使用する試験規格や実物への換算方法も水車特有のものとなる．したがって，ここではポンプと共通する部分は除き，水車—最近ではハイドロタービンと呼称している[64]—特有の事項について述べる．

8.3.1　水車のキャビテーション

水車には種々の機種があり，流体の速度エネルギのみを利用して衝動力を得る衝動型水車と速度と圧力エネルギ両方を利用して反力を得る反動型水車に大別できる．発電用原動機として現在使用されている機種のうち，ペルトン水車は前者に属し，その他の機種およびポンプ水車はすべて後者に属する．ペルトン水車はランナ（水車分野では羽根車をランナと呼称する）が大気圧近くで運転され，キャビテーションが他の機種ほど厳しくなく，キャビテーションによる壊食に関する国際規格[65]でも除外されている．実際は壊食によってランナが損傷を受ける事例が報告されているが，キャビテーションとの因果関係が不明であることが多く，ここでは反動型水車のキャビテーションに限定して述べる．図8-77に反動型水車の代表機種としてフランシス水車およびカプラン水車の構造を示す．

さらに，ポンプ水車は水車とポンプが別個に設けられる別置式，タンデム式と，ランナを正逆回転させて水車とポンプの両特性を持つ1個のポンプ水車が設けられるポンプ水車式に大別[64]されるが，前2つの形式は水車またはポンプのキャビテーションと現象は同じとなるので，ポンプ水車式に限定する．この形式のランナは水車運転よりポンプ運転のキャビテーションが厳しく，8.2節で述べられている羽根車のキャビテーションが基本的に問題となり，それ以外のポンプ水車特有のキャビテーションのみについて述べる．

キャビテーションは広義には気・液2相流に属し，例えばフランシス水車の部分負荷運転時に発生する吸出し管内の旋回流れによるサージ現象[66]なども含めるべきである．しかし，この現象は水圧脈動・振動などの原因となるが，材

8.3 水車およびポンプ水車

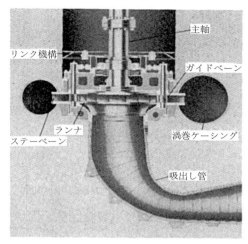

（a） フランシス水車

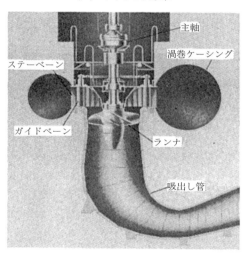

（b） カプラン水車

図 8-77 反動型水車の構造

料の損傷には直接関係しない．そこで，壊食によって材料の損傷に結びつく狭義のキャビテーションに限定して述べる．

　水車は実物が大型で現地性能試験が難しいため，流れに接する内部流路が実

物と幾何学的に完全相似な模型を製作して模型性能試験を行い，適用規格に定義されている換算式を用いて実物性能を検証する，いわゆる「模型による性能受取り試験」が商用上実施されている．水車性能の重要な検証項目は効率とキャビテーションであり，関連規格としてわが国にはJIS[67]が，国際的にはIEC[68]がある．したがって，以下の説明でこれら規格を引用する場合が起こりうるが，特に模型の諸量を区別する必要がある場合は添字 ′ を付けて表示する．

図8-78に反動型立軸水車の流路構成（フランシス型ランナの例）および各機種のランナ形状を示す．フランシス型は立軸が多いが，小容量機では横軸にされる場合があり，斜流型は立軸のみで，ランナ羽根が可動なものはデリア型の別称がある．プロペラ型はランナ羽根が固定なものは固定羽根プロペラ水車と呼ばれるが，可動羽根では，立軸はカプラン水車，横軸はバルブ水車やチューブラ水車などの特別な呼称を用いる場合がある．ポンプ水車は図8-78のランナ形状によって，フランシス型，斜流型（デリア型）およびプロペラ型に区分され，前の2つは立軸に，最後のものが横軸にされる．

キャビテーションは，流速が大きく局部的に低圧になり易いランナの羽根面に発生することがほとんどで，これを評価するためのパラメータとして，ポンプ分野で使用される $NPSH$ を有効落差 H で除した値に相当する無次元パラメータとして，以下に定義するトーマのキャビテーション数（水車ではキャビテーション係数が慣用されているが，全章との整合性を図るためキャビテーション数とする）が使われる．

$$\sigma = (H_a - H_v - H_s + V_2^2/2g - A)/H \tag{8.38}$$

図8-78に示す記号を用いて説明すれば，H_s は図8-78の指定位置と下池水面との標高差で「吸出し高さ」といい，指定位置より上側を負値にとる．模型試験では下池の代わりに圧力タンクが用いられるので，H_s をより厳密に定義するため吸出し管出口近傍測定断面の平均静圧を測定して指定位置に換算した値 $H_a{}'$ を用いて $H_s{}' = - H_a{}'$ とする．また，V_2 はその測定断面における平均流速で，流量をその断面積で割って求める．H_a は水車中心（立軸フランシス型ランナでは指定位置と一致する）の標高から決まる大気圧，H_v は水温から

8.3 水車およびポンプ水車

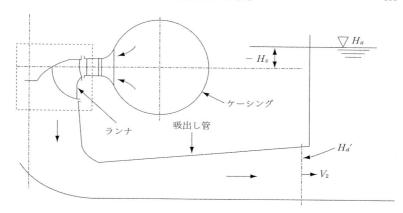

（a） 立軸フランシス水車の流路構成

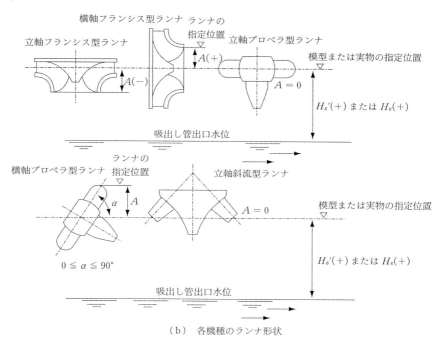

（b） 各機種のランナ形状

図 8-78 立軸フランシス水車の流路構成と各機種のランナ形状

決まる水の飽和蒸気圧，H は水車では有効落差，ポンプ水車のポンプ運転では全揚程を用いて，(8.38)式の右辺各項はすべて水柱高さ（m）で定義する．従来，ランナのキャビテーションは流速が大きい出口側の羽根面に発生するとの考えで，図 8-78 に示す部位と指定位置の標高差 A(m) を補正する式が用いられてきた[67]．しかし，最近では入口側に発生するキャビテーションも問題となることが多く，国際規格[68]では A を除いた評価式が採用されている．

8.3.2 模型によるキャビテーション試験

模型の内部流路は前述の規格[67][68]に指定された厳しい裕度内で実物と幾何学的に完全相似にし，予想されるキャビテーション発生部位を可視化できるように一部透明アクリル材などを用いて製作される．模型と実物の性能換算は厳密には水の密度，重力加速度および効率の差違を補正して行われるが，これら補正の影響は僅かであり，上記規格を参照してもらうことを前提に，以下の模型性能から実物性能を求める過程の説明では，これら補正の項を省略した基本関係式を用いる．

まず，模型と実物の運転点を一致させるための換算式として，

$$n_{11} = N'D'/\sqrt{H'} = ND/\sqrt{H}, \qquad q_{11} = Q'/(D'^2\sqrt{H'}) = Q/(D^2\sqrt{H}) \quad (8.39)$$

を用いる．ここで N，D，Q および H は回転速度（rpm），代表寸法（m），流量（m³/s）および水車運転での有効落差（m）またはポンプ運転での全揚程（m）であり，n_{11} および q_{11} は単位寸法・単位落差当たりの回転速度および流量で，前述の幾何学的相似性に加えて内部流れが相似になる条件（流体機械の相似則といわれている）から導出される式で，この 2 つの量を模型と実物で一致させる．模型試験を行う段階では寸法比 $S = D/D'$ および実物の N（通常一定）は決まっている．したがって，

$$n = N'/\sqrt{H'} = NS/\sqrt{H}, \qquad q = Q'/\sqrt{H'} = Q/(S^2\sqrt{H}) \quad (8.40)$$

を定義し，n および q を単位回転速度および単位流量と呼称すると，実物の有効落差が変化することは模型の n が変化することと対応し，落差一定で実物の流量が変化することは q の変化となり，前者を水車の「変落差特性」，後者を「変流量特性」という．この 2 つの運転特性は後述する水車に発生するキ

ャビテーション特性と密接な関係を持つことになる．

次に，模型によるキャビテーション試験は検証すべき実物の運転点に対応する模型の n および q を選定し，固定した運転点ごとに図 8-79 に示す σ をパラメータとした試験を行い，観測窓からキャビテーションの発生状況を観測すると共に性能の変化を計測することで行われる．まず，ランナ羽根面の最低圧力部が飽和蒸気圧以下となってキャビテーションが発生する．このときの σ を初生キャビテーション数 σ_i と定義する．さらに σ を下げていくと羽根面の広い範囲にわたってキャビテーションが発生し，ランナ内のフローパターンが変化して性能（一般には，変化が顕著な効率 η と単位落差当たりの出力 p を指数に用いる）が低下し始める．この点を臨界キャビテーション数 σ_c と定義する．

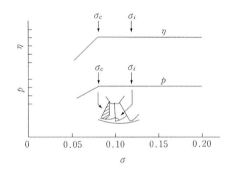

図 8-79 水車のキャビテーション特性例

実物への換算は，前述の運転点が一致していることでランナ内の流れのフローパターンは模型と実物で一致し，キャビテーションの発生状況は σ を一致させることで得られる（模型と実物では寸法および落差が異なり，レイノルズ数が一致しないので厳密ではないが，その効果を無視した条件で規格化されている）．すなわち，実物が設置される場所での標高，水温および吸出し高さを (8.38) 式に代入して求まる運転キャビテーション数 σ_p と模型試験から得られる σ_i や σ_c を運転点ごとに検討して評価する．過去には σ_c に対する σ_p の余裕（すなわち，σ_p/σ_c の値）とキャビテーション壊食の程度が研究の対象とされており，実態調査結果[69]も報告されているが，最近では計測技術の進歩および

キャビテーションによる壊食を極力なくす需要者側の意向を踏まえ，キャビテーション発生そのものを抑制する σ_p と σ_i の関連を研究することがより重要となってきている．図8-80はこの σ_i に関する運転状態と発生キャビテーションの形態を，フランシス水車を例に模型性能線図上に表示したものであるが，図中の記号 a は流量を制御するガイドベーンの開度，η は水車効率，横軸および縦軸は単位回転速度および流量で，それぞれ設計点（最高効率点）の値（添字 0）で無次元化してある．図8-80の効率特性（破線）および流量特性（実線）は，キャビテーションが発生しない条件で測定することが規格で指定されているので σ の影響を検討する必要がない．すなわち，実物が運転される条件では性能が変化するほどキャビテーションが発生することは認めないことが前提となっている．しかし，キャビテーション発生限界線（図中のO，S-S，P-P線）や吸出し管の旋回渦領域（図中のNo whirl lineはランナ出口絶対流れの旋回成分がほぼ零となる状態を意味し，ハッチング部のAはランナ回転方向の旋回流れによるサージ発生領域を，Bは回転と逆方向の旋回流れによるサージ発生領域を示しているが，前述した理由によりここでは言及しない）は σ による影響を受けるので，実物の運転に相当する条件（σ_p）で試験する．図8

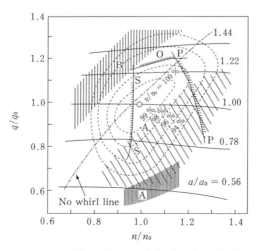

図8-80　フランシス水車の模型性能線図例

-81は実物フランシス水車のキャビテーションによる壊食部位の実態調査結果[69]であり，これを参照して図8-80のキャビテーション発生限界線と以下の運転特性との関係を説明する．

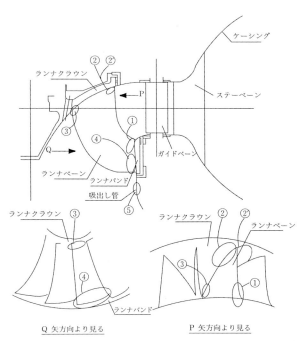

(a) キャビテーション壊食部位の実態調査例[69]

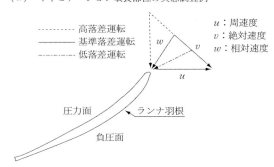

(b) 変落差特性と入口キャビテーション

図8-81 フランシス水車のキャビテーション発生部位

変落差特性とキャビテーション

実物の落差が変化するとランナ羽根入口角度に対する流れの角度が変化し，高落差側（模型性能では低 n 側）では羽根入口負圧面に，低落差側では入口圧力面にキャビテーションが初生し，図 8-80 に S-S，P-P 線で示してある．ここで，圧力面側のキャビテーション（P-P 線）は場の圧力が高く，かつ羽根表面から離れた流路間を流下するキャビテーションとなるので，騒音の増大が問題となるが，壊食に至る危険は少ない（図 8-81 の②′部）．したがって，落差変化が大きい実物では運転範囲に含めることが多い．一方，負圧面側（S-S線）は圧力が低くキャビテーションが急激に発達して，下流の圧力の高い所でキャビテーションによる気泡が消滅する際に羽根面と接触して，騒音の増大と共に壊食の危険が高い（図 8-81 の①，②部）．そこで，この範囲は実物の運転範囲から除外するのが通例である．この限界線は最高効率点の落差（$n/n_0 =$ 1.0）近傍に存在し，高効率運転を図る上でこの線を低 n 側にずらすことが最近の研究課題となっており，解析技術を併用して改良が行われている[70]．

フランス型ポンプ水車ではポンプと水車の両特性をバランスさせて使用するため，ポンプ特性上は最高効率点から高揚程側が運転範囲となり，最高揚程における羽根出口（ポンプとしては入口）負圧面のキャビテーションが厳しくなる．一方，水車特性上は最高効率点から低落差側が運転範囲となり，羽根入口圧力面側のキャビテーションが問題となる．ポンプ水車は高落差機が多く，入口流速がフランシス水車より増大するので壊食に至る危険が高く，最低落差の選定には十分な配慮が必要となる．

ポンプ水車も含め斜流型およびプロペラ型ランナで羽根が可動なものは，羽根の姿勢を落差（または揚程）変化に応じて流れに追従させうるので，変落差特性に伴う入口キャビテーションが問題となることは少ない．

変流量特性とキャビテーション

図 8-80 の S-S 線と P-P 線の間の n で運転されたとしてもキャビテーションが発生しうる．ガイドベーン開度を開いて流量を増やしていくと，運動エネルギの増加と共に場全体の圧力が低下してランナ羽根出口側の低圧部にキャビテーションが初生する（図 8-81 の④部）．図 8-80 の O 線がこれに相当し，こ

のキャビテーションは目視が容易であること，かつ水車が実用された当初から問題となっているキャビテーションであるので，多くの実績データが積み重ねられている．このキャビテーションは出口側に発生するので，僅かなキャビテーションであれが気泡の崩壊が羽根の存在しない下流位置にあり，ある程度のキャビテーション発生を許容して使用されることもある．実物の σ_p はこのキャビテーションをベースに選定することが多く，以下に定義する比速度ベースで機種ごとに一応の目安となる σ_p が与えられている（図8-82[71]参照）．

$$\text{流量（ポンプ）比速度} \quad n_{sQ} = N\sqrt{Q}/H^{3/4} \text{ (rpm, m}^3\text{/s, m)}$$
$$\text{水車比速度} \quad n_{sP} = N\sqrt{P}/H^{5/4} \text{ (rpm, kW, m)} \tag{8.41}$$

ここで，カッコ内の単位は使用した諸量の単位を意味し，n_{sP} の H は基準有効落差（m），P はその落差における最大出力（kW）を用い，n_{sQ} はポンプ水車のポンプ運転に使用され，H は最低全揚程（m），Q はその揚程における最大揚水量（m³/s）を用いて定義するのが通例である．水車では性能として出力が重要な指標であり，ポンプでは揚水量であるので，それぞれの分野で慣用的に使い分けられてきているが，$P = \rho g \eta Q H$ の関係より，密度 ρ，重力加速度 g および水車効率 η がほぼ一定値とすれば，乗数の違いによって値が変化するだけである．最近では流量比速度に統一する方向にあり，規格[68]にはすでに反映されている．流量比速度に(8.39)式の関係を代入すると，

$$n_{sQ}' = N'\sqrt{Q'}/H'^{3/4} = n\sqrt{q} = N\sqrt{Q}/H^{3/4} = n_{sQ} \tag{8.42}$$

を得る．すなわち，前述の流体機械の相似則が満足されている場合，n_{sQ} は機器の大きさに無関係となり，比速度ベースで整理された σ_p の実績データは模型と実物に共用できる．

　ポンプ水車を除き，水車の有効落差の変化は季節によるゆるやかな変動のみであるので，通常一定落差運転に近く，変流量特性のキャビテーションが水車の計画段階で必要となり，図8-82に示す統計的資料がまとめられている．一方，変落差特性のキャビテーションは落差変動幅やランナの特性に依存するので，このような統計的資料はない．大流量側で発生し易いこれ以外のキャビテーションは，クラウン内周側バランスホールおよびバンド側シール部からの漏

330   8章　流体機械のキャビテーション

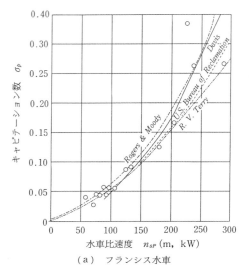

（a）フランシス水車

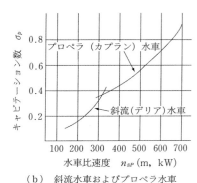

（b）斜流水車およびプロペラ水車

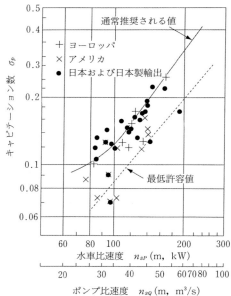

（c）フランシス型ポンプ水車

図 8-82　水車およびポンプ水車の運転キャビテーション数[71]

れ流れに起因するキャビテーションであり，前者についてはバランスホール出口端を漏れ流れが主流に滑らかに流出するように曲面形状に整形する対策がとられるが，後者については構造上このような対策が難しいので，吸出し管上部ディスチャージリング（図 8-81 の⑤部）にキャビテーションによる壊食が起こりうる．これについては壊食部位を耐キャビテーション性の高いステンレス材でカバーする対策がとられている．同様の対策は，フランシス水車部分負荷運転時の水圧脈動低減のため，この部位にフィンを設けた場合にフィン先端からのキャビテーション壊食防止や斜流水車ではこの部分がスロートとなり断面積最小になるので，羽根面より先にキャビテーションが発生することが多く，その壊食防止にも利用されている．

　以上は大流量側のキャビテーションであるが，流量が図 8-80 の A 領域よりさらに低下した低流量域ではクラウン側の流速が極端に減少して死水域を形成し，主流との境界で剪断渦による翼間渦糸が発生し流下する現象が起こる[66]．この渦糸の中心部は低圧でキャビテーション状を呈し容易に可視化できるが，これが発達してクラウン面および羽根面と長時間接触すると，その部分に壊食が起こる（図 8-81 の③部）．この運転状態は水圧脈動・騒音も大きいので，起動・停止などの過渡期を除いて通常の運転範囲から除外されることが多い．

可動羽根水車のキャビテーション

　可動羽根を有する斜流水車およびプロペラ水車では，図 8-77(b)のカプラン水車の例で示すランナ羽根外周側外筒および内周側ランナボスとの翼端隙間からの漏れ流れによる渦糸キャビテーションが発生し，これが発達すると羽根負圧面が壊食される危険がある．最近のランナは翼形状が最適設計されているので，羽根面のキャビテーションより先にこのキャビテーションが発生し，羽根外周側にフィレットを取り付け厚みを増やして漏れ流れを少なくするとか外筒形状の改良など，必要に応じて対策がとられている．

　バルブ水車など低落差横軸大型機では，ランナ上端と下端間の垂直距離（ランナ外周直径 D）が有効落差（H）と同じオーダになることが起こりうる．この条件ではキャビテーションに対する重力（位置水頭）の影響が無視できなくなり，実物と模型のフルード数，すなわち $D/H = D'/H'$ を一致させて試

験すべきであるが，模型試験落差がかなり低くなり試験精度が低下して難しい．そこで，一般にはフルード数の異なる条件で模型試験を行い，スケール効果を補正して模型キャビテーション特性を実物に換算する方法がとられており，規格[67]にこれらのことが規定されている．

フランシス水車に比べて可動羽根水車は比速度が高く，水車負荷遮断など非常停止時に通過する無拘束速度運転のキャビテーションが問題となり，規格[67]でも必要に応じて模型試験を行うことが規定されている．フランシス水車や可動羽根として低比速度の斜流水車では，キャビテーションが発達すると無拘束速度は低下するのが普通で，あまり問題とならないが，プロペラ水車では無拘束速度運転点で図 8-79 に示すようなキャビテーション試験を行うと，羽根面にキャビテーションが発達するにつれ，単位無拘束速度 n_r と単位流量 q_r が急上昇する臨界キャビテーション数 σ_{cr} が存在する[66]．この σ_{cr} の値は通常運転のキャビテーション試験から求まる σ_c より大きいので，運転キャビテーション数 σ_p の選定に際しては，この特性を考慮する必要がある．

以上，水車の模型キャビテーション試験に関連する事項を述べたが，最近の水車は小型・高速化の技術課題を解決するためキャビテーションについても限界設計を要求されることが多く，前述の模型試験と以下に述べる解析技術を併用した手法によって仕様ごとの最適設計を行う方向にある．

8.3.3 キャビテーション予測技術

キャビテーションを解析によって予測するにはランナ羽根面の圧力分布を精度良く求める必要があり，ランナ内の流れと密接に関係するので流れ解析技術が用いられる．図 8-78(a) の破線で囲まれたランナのみの解析を実施する場合，入口および出口の境界条件が問題となるが，これを正確に評価するには，ケーシング，ステーベーン，ガイドベーンおよび吸出し管を含む水車全体を運転条件ごとに解析することが基本的に必要となる．しかしながら，この方法は膨大な計算量となり実用性の面で難点があるので，ランナの境界条件は同じとして羽根形状の差違による解析どうしの相対比較を目的に，ポテンシャルコードによるランナ解析のみを行うことから始められた[72]．

もうひとつの問題は，模型試験による初生キャビテーション数 σ_i と解析結

果の比較検討を如何にして行うかにある．実験の σ_i は(8.38)式により吸出し管出口の吸出し高さ H_s を基準に整理されており，ランナ出口境界との間に吸出し管の水力損失 h_D が介在する．図 8-80 の No whirl line 上ではこの損失は僅かで，無視することが可能であるが，この線上から離れた広範囲の運転点で予測精度を保つには無視できない量となる旋回渦損失を見積ることが必要となる．

これらの関係を式として整理すると，まず解析結果から羽根面圧力係数 $C_p{}'$ を得る．

$$C_p{}' = (H_{st} - H_0)/H \tag{8.43}$$

ここで，H_{st} は解析から求まる羽根面圧力，H_0 はランナ出口の基準圧力で，解析上は任意の値を入れても分子の値は不変であるので問題ないが，実験の σ と等価にするには，

$$H_0 = H_a - H_s + V^2/2g \pm h_D \tag{8.44}$$

とする．ここで，h_D は水車流れでは正，ポンプ流れでは負の記号を用いる．

キャビテーションの発生条件は，実用上羽根面の最低圧力位置で $H_{st} = H_v$ となることであるから，

$$C_p{}' = (H_v - H_a + H_s - V^2/2g \mp h_D)/H \tag{8.45}$$

を得る．

(8.38)式との比較において，A は解析で考慮されているので省略すると，

$$C_p \equiv C_p{}' \pm h_D/H = - \sigma_i \tag{8.46}$$

の関係となる．すなわち，解析から得られる $C_p{}'$ は吸出し管の損失を補正した C_p で実験の σ と比較する必要がある．

次に，流れ解析手法に関しては，ランナ羽根形状が複雑な 3 次元曲面を持つので 3 次元解析が多用されており，80 年代に非粘性解析であるポテンシャルコード[73]が導入され，オイラーコード[74]へと進展すると共に，羽根圧力分布の実験と解析の比較検証[75]を経て，90 年代には高レイノルズ数乱流領域で実用性の高い k - ε 乱流モデルを用いたナビエ・ストークスコード[76]へと発展しており，現在では乱流解析が主流になりつつある．一方，水車流路各部に発生する全損失（機械損失，漏れ損失を含む）を，流れ解析を用いず円管近似による

1次元解析で評価する手法の開発[77)78)]も行われており，これら2つの手法を結合させたハイブリッド型性能予測手法[79)]へと発展してきている．この予測手法はステーベーン，ガイドベーンおよびランナのように翼間流れが存在する流路には3次元流れ解析を適用して予測精度の向上を図るとともに，もともと円管流れに近いケーシングおよび吸出し管については1次元損失評価法を用いることで解析の経済性を高め，精度と実用性をバランスさせた手法である．キャビテーションは運転条件の影響を受けるので，性能予測と基本的に一体のものとすべきで，将来的にはすべての流路を3次元乱流解析する方向に進むと推察される．以下に，この予測手法[79)]によるキャビテーション予測結果の一例を示す．

図8-83は，流れ解析を用いたフランシス水車ランナのキャビテーション特性予測までの過程を示すが，解析は模型試験データと比較するため模型サイズで一般に実施される．ランナの流れ解析は，翼間1ピッチごとの周期的な流れとなることを仮定して，この部分の流路を細かい要素に格子分割して解析モデルを作成する．ランナ入口境界には図8-77の上流側に設けられているステーベーンおよびガイドベーンの流れ解析を実施して求めた速度分布を与え，出口側は自由流出条件とし解析によって求める．圧力については，任意の1格子点に基準値を入力すれば場全体の圧力が解析から求まる．解析結果の代表的なものはフローパターンおよび圧力分布であり，乱流解析の場合は水力損失も得られる．図8-83はランナ羽根の圧力面および負圧面のフローパターンと圧力分布を示すが，負圧面バンド側の羽根入口近傍の流速が大きく，その部分の圧力低下（黒い部分）が大きいフランシス水車に特徴的な現象を示している．

キャビテーション特性は羽根面の圧力分布を利用して(8.46)式で整理する．一定ガイドベーン開度ごとに流量（Q）およびランナ回転速度（N）を入力して解析を行い，有効落差（H）を予測することにより，(8.40)式からn，qが求まり，運転点も予測できる．ガイドベーン開度が変化するとランナ入口境界の速度分布が変化するので，上記の手法を繰り返す．詳細[79)]については省略するが，広範囲の運転点についてキャビテーション特性を予測するには基本的に性能予測が必要となる．

8.3 水車およびポンプ水車　　335

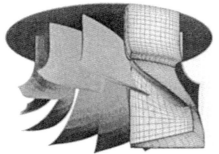

（a）解析領域の格子生成

羽根圧力面フローパターン表示

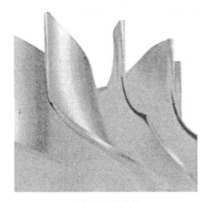

羽根面圧力分布

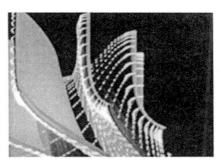

羽根負圧面フローパターン表示

（b）解析結果の表示例

図 8-83　ランナ流れ解析（フランシス水車の例）

　図 8-84 は図 8-85，8-86 の羽根面圧力分布の表示断面を示す．図中のランナ羽根スパン方向 A～D の 4 断面で，断面 B は子午断面中央流線に相当する．また，図 8-85，8-86 に示す予測結果[80]の運転条件を併示しているが，図 8-85 は変落差特性に，図 8-86 は変流量特性に対応する運転を意味する．図 8-85，8-86 の縦軸は(8.46)式の C_p であり，実験の σ と直接比較できる．横軸は各断面における羽根のキャンバー線に沿った入口からの長さをその全長で無次元化してある．これらの図より，フランシス型ランナの特徴として，羽根間流速が大きい断面 D（バンド側）の圧力低下が顕著である．図 8-85 の変落差特性

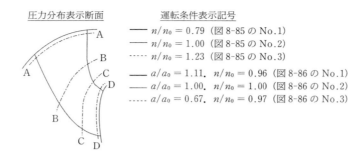

図 8-84 ランナ羽根面圧力分布表示断面と運転条件

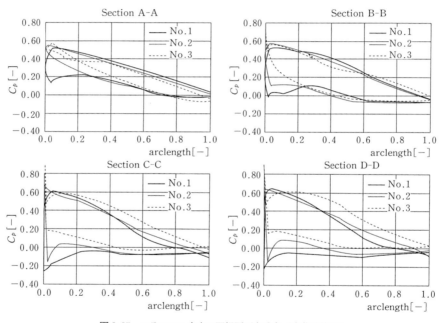

図 8-85 フランシス水車の羽根面圧力分布（変落差特性）

における羽根面圧力分布の変化は，高落差運転（$n/n_0 < 1.0$）になるほど羽根入口負圧面の圧力低下が特に断面Dで大きく，その妥当性については図8-87に示す実験結果との比較で後述する．図8-86の変流量特性における羽根面圧力分布については，羽根出口側負圧面の圧力がガイドベーン開度（a/a_0）の増大，すなわち流量の増加と共に低下するが，入口側の変化は図8-85の結果

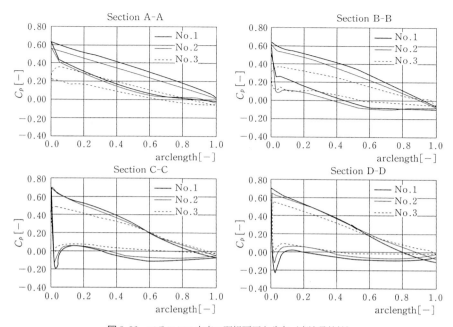

図 8-86　フランシス水車の羽根面圧力分布（変流量特性）

と比べて小さい．これらの特徴は図 8-80 に示すフランシス水車のキャビテーション特性と定性的によく対応している．

　図 8-87 に模型試験結果との比較を示す．図の縦軸は σ 基準で表示してあるので，(8.46)式の関係から負の C_p（図 8-85，8-86 の負圧面最低圧力値を用いている）と等価になる．図中の運転キャビテーション数 σ_p は説明のための参考値であり，σ_i がこの値を超えるとキャビテーションが発生することを意味する．したがって，$a/a_0 = 1.00$ の条件（変落差特性）では羽根負圧面の入口キャビテーションが $n/n_0 \leqq 1.03$ の範囲に発生し，$n/n_0 \cong 0.98$ の条件（変流量特性）では羽根負圧面の出口キャビテーションが $q/q_0 \geqq 1.19$ の範囲に発生する．乱流解析による予測と実験の結果はよく一致しており，変落差および変流量特性のキャビテーションを発生位置も含めて高精度で予測している．

　オイラー解析によりポンプ水車の羽根出口形状を改善してポンプキャビテーション特性を向上させた例[81]や，乱流解析によりプロペラ水車に特有のオープ

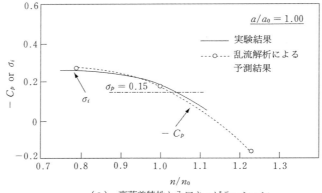

(a) 変落差特性と入口キャビテーション

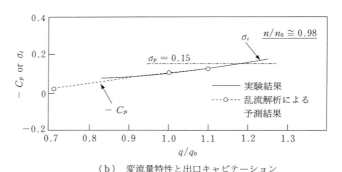

(b) 変流量特性と出口キャビテーション

図 8-87　フランシス水車のキャビテーション特性予測例

ン羽根翼端隙間からの漏れ流れに起因する渦糸キャビテーション特性を予測した例[82]など，解析目的に応じてオイラー解析および乱流解析が適宜活用されており，水車分野ではポテンシャル解析は過去のものとなりつつある．

8.3.4　キャビテーション壊食と対策

前述の解析はあくまで初生キャビテーションの予測に利用できるに過ぎず，キャビテーション発生の程度とランナ材料の壊食の予測技術は，水に含まれる気泡核の多寡，キャビテーションの性質と発生部位および材料の耐壊食性など種々の要因が介在し，今後の研究課題である．したがって，現状では図 8-82 に示す比速度と運転キャビテーション数を参照して適正な実物の吸出し高さを

選定することが基本となる．問題は，これらの線図が過去の実績でまとめられたものであって，技術の進歩とマッチしていない点にあり，最近のすう勢は実物の計画比速度に近い最新の開発モデルのキャビテーション特性をベースに吸出し高さを決定するとか，図 8-82 の運転キャビテーション数より厳しい仕様の場合は解析技術を用いて事前に初生キャビテーションの検討を行うとともに，使用材料および規格[65]などに示されている損傷限界（キャビテーションによる材料損傷許容量が運転時間ベースで指定されている）を考慮に入れて決定するなどが行われている．

技術の進歩により，最近の新設水車ではキャビテーションに起因したトラブルは減少しているが，昭和 40 年代以前に建設された既設水車ではキャビテーション壊食によるランナ材損傷例が多数あり，損傷量を定期的に監視することによって補修時期を決定したり，その損傷量が軽微な場合は現地修理で，さらにはランナを工場に持ち込んでの大掛りな工場修理から廃却取替えなどの対策がとられる．

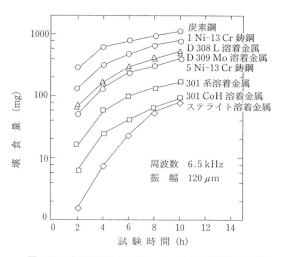

図 8-88 水車材料のキャビテーション壊食実験結果例[83]

340 8章 流体機械のキャビテーション

図 8-88 に水車で使用される材料のキャビテーション壊食に関する基礎実験結果の一例[83]を示すが，硬度が高い材料ほど壊食されにくい傾向を示す．実物水車と同一条件でないので絶対値の評価は難しいが，材料どうしの相対比較として利用できる．実物水車の実績調査[69]によれば，炭素鋼からステンレス鋼にランナ材質を変更することで補修周期が 2〜3 倍以上伸びるとの報告もあり，図 8-88 の結果と対応している．最近では，高 Ni-13 Cr 鋼がランナに多用されており，現地修理では補修が容易なオーステナイト系の溶接材料がよく用いられている．工場修理では壊食部位の羽根を切り欠き，高硬度材をさし歯補修するなどの対策もとられている．

8.4 船舶プロパルサ

8.4.1 船舶プロパルサのキャビテーション
舶用プロペラに発生するキャビテーションの特徴

現在，船を推進するために用いられているプロパルサ（Propulsor，推進器）の多くは，スクリュー・プロペラ（Screw Propeller，以下プロペラという）であるので，プロペラに発生するキャビテーションを中心に述べる．最近，高速艇に用いられているウォータ・ジェット・ポンプ（Water Jet Pump）については，インペラまわりのキャビテーションは 8.2 節のポンプに譲り，インレット部については後節で触れる．船舶用のプロペラには，多くの場合，キャビテーションが発生し，高速船であるコンテナ船や高速艇ではかなりの量が発生し，一方，低速船であるタンカーやバルクキャリアでは，近年の船型改良に伴い，キャビテーションの発生量はかなり少なくなっている．

舶用プロペラにキャビテーションが発生すると，プロペラの作動条件およびキャビテーション発生状況により

　　プロペラ性能低下（推力低下；Thrust Break Down）

　　キャビテーション・エロージョン（Erosion；侵食，壊食）

　　船体振動（Ship Hull Vibration）；船尾変動圧力（Pressure Fluctuations）

を生じることがあり，このため，その防止または低減策が講じられてきてい

る．

　前述のポンプや水車がほぼ一様な流れの中で作動するのに比べて，舶用プロペラは船体の後方に配置されるため，伴流と呼ばれる空間的に不均一な流れの中で作動する．すなわち，プロペラ翼に流入する軸方向流れ $V_x(r, \Theta)$ は回転するプロペラの位置（r, Θ；r は半径，Θ は翼角度）によって異なり，1回転ごとに周期的に変動する．船速 V_s（1 knot＝0.5144 m/s）の1軸船の場合，図 8-89 に示されるような不均一な流速分布[84]となるため，プロペラ翼が下流から見て鉛直上方，すなわち時計の 12 時の位置（翼角度 $\Theta = 0°$）にくると，図 8-90 に示すように伴流が大きいため，プロペラ翼への流入流速は船速より小さくなり，これにより翼の迎角は大きくなる．よって，プロペラ翼が $\Theta = 0°$ の位置にくると，翼に加わる水圧が他の位置にあるときより低いこともあり，翼の背面（Back，船の進行方向）側にキャビテーションが発生する．一方，プロペラ翼が真横，すなわち時計の 3 時（$\Theta = 90°$），または 9 時（$\Theta = 270°$）の位置にくると，流入流速 $V_x(x, \Theta)$ は平均流速 $\overline{V}_a(x)$ より大きく

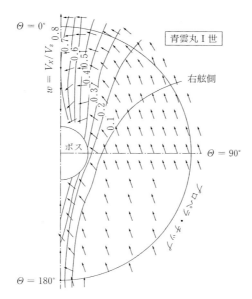

図 8-89　船の後方から見た1軸船船尾流分布（$w = 1 - V_x/V_s$）[84]

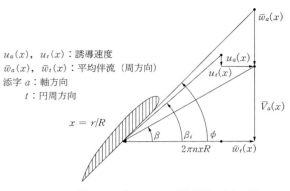

図 8-90　プロペラへの流入速度ベクトル図

なるため，迎角は小さくなる．この迎角が負となると，圧力が低いときには正面（Face）側にキャビテーションが発生することがある．これをフェイス・キャビテーション（Face Cavitation）と呼んでいる．船型によって船底側で伴流が大きいときがあり，プロペラ翼が $\Theta = 180°$ の位置で迎角が大きくなるが，水圧が高いのでキャビテーションは発生しにくい．なお，プロペラ誘導速度[85] $u_a(x)$, $u_t(x)$ により迎角は $\phi - \beta_i$ となり通常小さくなる．

以上のように，通常，1軸船のプロペラは後方から見て $\Theta = 300 \sim 330°$ の位置でシート・キャビテーションが翼端近くで発生し始め，$\Theta = 0 \sim 30°$ の位置でキャビテーションが最大となり，$\Theta = 60 \sim 90°$ の位置で消滅する．このようにキャビテーションの発生がプロペラの回転とともに時々刻々変化するので非定常キャビテーションと呼ばれるが，周期的現象である．通常，1軸船

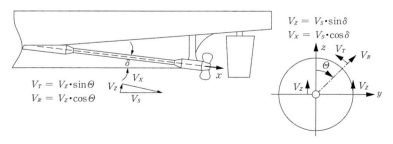

図 8-91　2軸船のプロペラまわりの流れ（下流から見る）

のプロペラは翼端側ほど迎角変動は大きくなる．

2軸船や高速艇では，図8-91に示すようにプロペラ軸が船の進行方向に対して傾斜角 δ を持つ．軸方向の伴流がないとするとプロペラ軸方向の流れ V_x は $V_s \cdot \cos \delta$ と一定となり，一方，プロペラ回転方向（右回りプロペラ）の流入速度 V_T は $V_s \cdot \sin \delta \cdot \sin \Theta$ となるので，$\Theta = 90°$ の位置で最大となる．図8-90からもわかるように迎角も最大となり，$\Theta = 270°$ の位置で最小となる．このため，キャビテーションの発生範囲は $\Theta = 90 \sim 120°$ で最大となることが多い．また，回転方向の流入速度は一定であるため，1軸船とは逆に翼根側で翼角変動が大きくなるので，ルート・キャビテーション（Root Cavitation）と呼ばれる，エロージョンを生じる有害な非定常キャビテーションが発生しやすくなる[86]．

舶用プロペラに発生するキャビテーションの種類

舶用プロペラに発生するキャビテーションは，一般にその様相からいくつかのパターン[87]に分類されている（3章参照）．主なものを図8-92に示す．

バブル・キャビテーション（Bubble Cavitation） このキャビテーションはトラベリング型キャビテーション（Travelling Cavitation）と呼ばれる種類のものであり，球形または半球形の気泡のキャビティとして出現し，翼面上で成長・崩壊を繰り返すのが観測される．バブル・キャビテーションは，迎角が

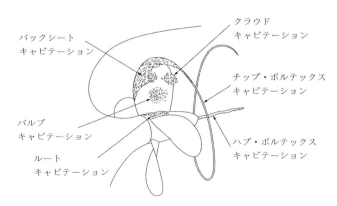

図8-92 キャビテーション・パターン[140]

小さい状態で作動しているプロペラ翼面の中央部付近で生じる.

チップ・ボルテックス・キャビテーション（Tip Vortex Cavitation；TVC） プロペラの翼端から流出する自由渦の中心の低圧部に気泡が取り込まれ，成長して紐状のキャビテーションとなる．設計点近くで作動している場合は，らせん渦が拡散せずに下流まで延々とつながっているのが観測される．

ハブ・ボルテックス・キャビテーション（Hub Vortex Cavitation；HVC）TVC と同様の自由渦はプロペラ・ハブ（ボス）の後端からも流出するので，渦のコアにキャビテーションが発生する．このキャビテーションはハブ後端からねじれた紐状になって下流に真直ぐ流れる．

これら 2 つのキャビテーションは後方に置かれた舵の表面にエロージョンを起こすことがある.

シート・キャビテーション（Sheet Cavitation） 翼の前縁近くから発生する気膜状のキャビテーションで，流れに対して迎角が大きいとき，翼前縁近くで大きな負圧のピークが生じるため発生する．このキャビテーションが発生するか否かは，前縁に付着した層流剥離泡が形成され，剥離泡内の圧力が蒸気圧以下になるかどうかで決まることが知られている（3 章参照）．一方，層流剥離泡が形成されず乱流に遷移したときストリーク状のシート・キャビテーションが発生する．

シート・キャビテーションは付着型キャビテーション（Fixed Cavitation）に分類される．安定したシート・キャビテーションは深刻なエロージョンの原因とはならない．

クラウド・キャビテーション（Cloud Cavitation） シート・キャビテーションが急激に崩壊して無数の小さな気泡群になり，雲状のキャビテーションとして見える．フォーミング・キャビテーション（Foaming Cavitation）と呼ばれることもある．伴流の大きな所で発生したキャビティが伴流の小さな所で一気に崩壊して，クラウド・キャビテーションが発生する．このキャビテーションがどのような定量的条件で発生するかは未だに不明であるが，エロージョンの発生と大いに関係がある．

フェイス・キャビテーション（Face Cavitation） フェイス側に発生するシ

ート状のキャビテーションも急激に崩壊するので，エロージョンを発生させる危険性が高い．プロペラ設計時にはこのキャビテーションが発生しないようにピッチ分布等，プロペラの幾何学形状が決定される．

　ルート・キャビテーション（Root Cavitation）　高速艇や2軸船のプロペラは軸が船の進行方向に対して斜めになる場合が多く，プロペラから見ると斜流中で作動していることになる．このため，プロペラの翼に流入する角度が1回転中に変動することにより，その変動幅はボス付近の方が翼端側より大きくなる．この変動によりプロペラのボスのつけ根，ルート（Root）のフィレット（Filet）部に雲状のキャビテーションが発生するので，ルート・キャビテーションと呼ばれ，エロージョンを起こしやすく，このキャビテーションに対しては後述のように種々の発生防止法[86]が考えられている．

舶用プロペラのキャビテーション数

　プロペラの性能をキャビテーションの観点から評価する際に重要な指標となるものにキャビテーション数がある．模型実験ではキャビテーション数を実船と合わせてキャビテーションおよびこれに起因する現象についてキャビテーション水槽でシミュレーションを行う．

　舶用プロペラのキャビテーション数の定義にはいくつかあるが，一般的には次のように定義される．

$$\sigma = \frac{P_\infty - P_V}{(1/2)\rho U_\infty^2} \tag{8.47}$$

上式で，静圧 P_∞ と流速 U_∞ の取り方が船種や試験の目的により異なる．一般商船の場合，P_∞ はプロペラ軸心，またはプロペラ翼が鉛直上方を向いたときの 0.7，0.8 または 0.9R のいずれかでの位置の静圧を用いることがあり，一定していない．例えば 0.7R の場合，静圧は

$$P_\infty = P_A + \rho g(I - 0.7R) \tag{8.48}$$

で与えられる．ここで P_A は大気圧（1.033×10^4 kgf/m^2 = 1.013×10^5 N/m^2 = 101.3 kPa），I はプロペラ軸心の没水深度（m），R はプロペラの半径（m），ρ は水の密度（102 kgf・s^2/m^4 = 10^3 kg/m^3）または海水の密度（104.6 kgf・s^2/m^4 = 1025 kg/m^3），g は重力の加速度（標準で 9.80665 m/s^2），P_V は蒸気

圧（kgf/m²）（15℃の真水で 174 kgf/m²＝1.71 kPa）である．

　一方，流速 U_∞ としては次の 3 種類が主に用いられ，それぞれキャビテーション数の表記が異なる．

$$U_\infty = V_A \text{ を用いるときは } \sigma_V \tag{8.49}$$

$$U_\infty = nD \text{ を用いるときは } \sigma_n \tag{8.50}$$

$$U_\infty = \sqrt{V_A{}^2 + (0.7\pi nD)^2} \text{ のときは } \sigma_B \tag{8.51}$$

と表記される．ここで V_A はプロペラ前進速度（m/s），n はプロペラ回転数（rps），D はプロペラの直径（m）．これらのキャビテーション数のうち，σ_V と σ_n とは次のような関係がある．

$$\sigma_V = \sigma_n/J^2 \tag{8.52}$$

上式で J はプロペラの前進率であり，J の定義は，

$$J = V_A/nD \tag{8.53}$$

で与えられる．σ_V は高速船艇に用いられるプロペラの性能評価の際に，σ_n は大型商船用プロペラのキャビテーションや船尾振動・騒音評価の際に用いられることが多い．

　実船プロペラでは，大型船の場合には水圧の影響が無視できず，プロペラの翼角度位置 Θ により静圧 P_∞ が大きく変わり，静圧は，

$$P_\infty = P_A + \rho g(I - xD \cos \Theta/2) \tag{8.54}$$

となる．x は半径位置 r をプロペラ半径 R で無次元化した値（r/R）である．よって，無次元プロペラ半径 x におけるプロペラ 1 回転中のキャビテーション数 σ_{nx} は，

$$\sigma_{nx} = \frac{P_a + \rho g(I - xD \cos \Theta/2) - P_V}{1/2\rho n^2 D^2} \tag{8.55}$$

$$= \frac{P_A + \rho gI - P_V}{1/2\rho n^2 D^2} - x \cos \Theta/Fn^2 \tag{8.56}$$

ただし，Fn は $nD/\sqrt{gD}(= n\sqrt{D/g})$ と定義されるフルード数であり，σ_{nx} の第 1 項はプロペラ軸心での静圧に基づくキャビテーション数 σ_{nc} である．模型実験において，プロペラ 1 回転中のすべての位置においてキャビテーション数を実船と一致させるためには，このフルード数を一致させればよいが，レイ

ノルズ数が実船より大幅に低くなりすぎるので現実的ではなく，前述のように
キャビテーションが最も発生する領域の中心で圧力を合わせて模型試験を行う
のが一般的である．

舶用プロペラの性能を表す無次元数

プロペラの性能は，プロペラの前進率（前進係数）J に対して，スラスト係数 K_T，トルク係数 K_Q ならびに効率 η_0 などの無次元数を用いて表される．それぞれの定義は次の通りである．

$$K_T = \frac{T}{\rho n^2 D^4} \tag{8.57}$$

$$K_Q = \frac{Q}{\rho n^2 D^5} \tag{8.58}$$

$$\eta_0 = \frac{V_A T}{2\pi n Q} = \frac{J K_T}{2\pi K_Q} \tag{8.59}$$

ここで，T はスラスト（kgf）であり，Q はトルク（kgf・m）である．

この他に，プロペラの性能を表す無次元数として，プロペラの回転数によらない値となるプロペラの荷重度を表す量 C_T または K_T/J^2 が便利であるので，設計の初期段階などでプロペラの性能低下を評価するときによく用いられる．

$$C_T = \frac{T}{(1/2)(\pi D^2/4) V_A^2} = \left(\frac{8}{\pi}\right)\left(\frac{K_T}{J^2}\right) \tag{8.60}$$

この他に，キャビテーションの発生程度を判定するために，バリル（Burrill）のチャート[88]と呼ばれる図表が用いられる．このとき用いられるスラスト荷重係数 τ は次のように定義される．

$$\tau = \frac{T/A_P}{(1/2)\rho U_\infty^2} \tag{8.61}$$

ここで，$U_\infty = \sqrt{V_A^2 + (0.7\pi n D)^2}$ であり，A_P はプロペラの投影面積（プロペラ翼面をプロペラ面に投影したときの面積）であり，展開面積 A_E（ボス部を除く）から近似的に次式で求められる．

$$A_P/A_E = 1.067 - 0.229 H/D \tag{8.62}$$

なお，ボス比が 0.18 よりかなり大きいとき，ピッチ比が 0.6〜1.0 の範囲を越えるときには誤差が大きくなるので，個別にプロペラ・オフセットから計算を

する必要がある．キャビテーション数は前述の σ_B を用いる．

8.4.2 プロペラ性能とキャビテーション

プロペラの種類

従来からスクリュー・プロペラとして，いろいろな形状や機能を持つものが

（a）通常型プロペラ　　　（b）ハイリー・スキュード・プロペラ[89]

CP　　　　　　90°HSP　　　　　　72°HSP

（c）可変ピッチ・プロペラ

（d）二重反転プロペラ

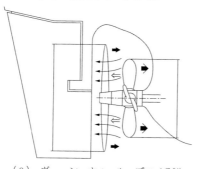

（e）ヴェーン・ホィール・プロペラ[94]

図8-93　各種のスクリュー・プロペラ（写真は三菱重工による）

提案されてきているが，商船等では実用化された新形式プロペラが増えている．主なものを図 8-93 に示す．

ハイリー・スキュード・プロペラ　プロペラ回転方向の翼弦中心線の反りはスキューと呼ばれる．このスキューが 30°以上である形状のプロペラはハイリー・スキュード・プロペラ（Highly Skewed Propeller；HSP）と呼ばれる．この HSP は，船後の不均一な流れの中で作動することによってプロペラに生じる非定常力やプロペラまわりの流体に生じる変動圧力を減少させるために考案され，現在使用されているプロペラのうちほとんどは何らかのスキューがついている．スキューがついているプロペラが船体後方の伴流中で作動すると，翼端（チップ）付近では伴流域に入るのが遅れ，翼半径中央部と比べてキャビティの成長・消滅が遅くなる．このため，翼全体としてはキャビティ体積変化が緩やかになり，変動圧力が減少する．なお，このプロペラは翼後縁などで局部的に大きな応力が生じる場合があるが，流力性能を犠牲にすることなく変動圧力を大幅に減少できる．ただし，高次成分の変動圧力がスキューを増したことによって増える例がある[90]．

スキューが 30°以下のプロペラは HSP に対して通常型プロペラ（Conventional Propeller；CP）と呼ばれる．

可変ピッチ・プロペラ　このプロペラはプロペラ・ボスの中に各プロペラ翼のピッチを任意に変えることのできる変節機構を持つので，可変ピッチ・プロペラ（Controllable Pitch Propeller；CPP）と呼ばれる．このプロペラは，エンジンの回転をいったん止めてから，逆転することをせずに後進・停止できるので，操船上での長所がある．しかしながら，基準ピッチから変節をするとプロペラの流力性能が最適状態より変化するので，発生するキャビテーションの量も様相も変化する．

二重反転プロペラ　通常のスクリュー・プロペラは回転することによりスラストを発生し，プロペラ後方に軸方向流の他，旋回流を放出している．この流れのうち，スラストの発生に寄与していない旋回流を回収し，軸方向流に変換するために，反転するプロペラを後方に配置したプロペラが二重反転プロペラ（Contra-Rotating Propeller；CRP）であり，プロペラ単体より効率が 7 ～

10％向上することが知られている[91]．大型商船でのCRPの実用化が世界で初めて我が国でなされ，10〜15％程度の大幅な省エネルギを達成して就航している[92][93]．キャビテーションに対しては翼面積が増加するのでキャビテーションの発生量が抑制される効果があり，このため変動圧力も大幅に減少することが期待できる．

ヴェーン・ホィール・プロペラ　CRPは省エネ効果が高い反面，反転機構が複雑であるので推進装置として高価となる．このため，比較的安価に旋回流のエネルギを推進エネルギに変換する方法として，前プロペラの後方に直径がより大きなヴェーン・ホィールを配置し，前プロペラの旋回流で遊転させ，前方プロペラの後流より外側のヴェーンの部分でスラストを発生させるプロペラがヴェーン・ホィール・プロペラ（Vane Wheel Propeller）である[94]．CRPの半分程度の省エネ効果があるといわれる．

以上，プロペラ形状や組み合せが複雑になるに従い，プロペラ翼面上の流れも局部的な剝離などを生じて複雑になり，発生するキャビテーションの性質および様相も単純でなくなり，種々の問題を生じる危険性がある．

プロペラの翼断面形状とその特徴

キャビテーションがプロペラ翼表面のほとんどを覆うほど発生すると，性能（スラストや効率）が低下し，必要な船速で航走することができなくなる．一方，低中速船ではプロペラの性能が変化するほどキャビテーションが発生することはない．このため，プロペラの使用範囲によって最適な性能を得るため，翼断面形状を選んでプロペラは設計される．

一般商船用プロペラ　30ノット以下の低中速船ではキャビテーションの発生量が多くないため，エアロフォイル翼型断面のプロペラが用いられる．代表的なものとして，尼崎製鉄（現，神戸製鋼）と運輸技術研究所（現，運輸省船舶技術研究所）によって開発されたMAU（Modified AU）プロペラ[95][96]やトルースト（Troost）プロペラがあり，これらについては設計チャートが完備されている[97]．これに対して最近はプロペラの性能を更に向上させるため，Epplerの方法[98]などを用いてプロペラ翼面圧力分布を制御してプロペラ翼断面形状を設計することが行われるようになっている[99][100]．キャビテーション

の発生を抑制し，かつ効率の向上をねらったプロペラとして，欧米で用いられているNACAプロペラの他，船舶技術研究所で開発されたSRI-b[101]，MAPプロペラ[102]等が提案されている．

NACA型翼断面（NACA 16翼厚分布＋NACA $a = 0.8$ キャンバ）を持つプロペラをキャビテーション数の広い範囲にわたって性能試験をした結果を図8-94に示す．このプロペラは4翼で，ボス比が0.3，展開面積比0.730，基準ピッチ比が1.475である．キャビテーション数は，P_∞として軸心静圧，U_∞としてはプロペラ前進速度を与えているので，σ_vとなる．

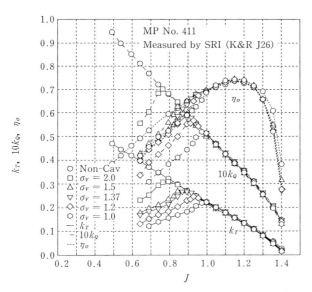

図8-94　キャビテーション・プロペラ単独性能曲線

この図からキャビテーション数 σ_v が小さくなるにつれて，スラスト，トルクばかりでなく効率も大幅に低下することがわかる．前進率 J が大きくなると作動迎角が小さくなり，荷重も低下する．このため，キャビテーション数が大きいとキャビテーションが発生しないため，ノン・キャビテーション（NC；Non-Cavitation）状態のプロペラ性能に一致する．さらに前進率が大きくなると負迎角となり，キャビテーション数が小さいとフェイス・キャビテ

ーションが発生する．商船用プロペラは通常，伴流中で作動するため，プロペラの回転と共に見かけ上，前進率が変動する．このため，有害なフェイス・キャビテーションを起こさないようにプロペラを設計するため，設計点の前進率は最高効率点に対応する前進率より小さく決められる．フェイス・キャビテーションの発生に対する余裕はフェイス・マージンと呼ばれる．

　一方，キャビテーション数 σ_v がノン・キャビテーション状態より小さくなってくると TVC が発生するが，この状態でのプロペラ性能は NC 状態と変わらない．さらに σ_v が下がると，翼端側からシート・キャビテーションが発生する．σ_v が下がって，キャビテーションが翼面積の約 40〜60% を覆うようになると，スラストやトルクと共に効率も低下し始める．

高速船艇用プロペラ　35〜45 ノットの高速船に対して，エアロフォイル翼型断面のプロペラを用いるとプロペラにはかなりの量のキャビテーションが発生する．このため，プロペラの翼断面形状としてホローフェイス（Hollow Face）翼型を採用して，発生を極限的に抑える方法が考えられている．代表的なプロペラとしてニュートン・レーダ（Newton-Rader）・プロペラ[103]がある．この翼断面は揚力のすべてをキャンバで発生させるため，必然的に翼厚よりキャンバが大きくなり，翼正面がへこむ形状となるのでホローフェイス翼断面となる．このプロペラはキャビテーションが発生しないか，翼後半部で発生しているうちは効率が良いが，前縁から発生し始める状態となると激しい振動を起こす致命的な欠点を持つ．また，プロペラ流入迎角が理想迎角（Ideal Angle）に一致して作動しているうちは良いが，迎角がこれより小さくなると，フェイス・キャビテーションが簡単に発生するのでプロペラ設計を難しくしている．

　また，30 ノット程度の高速艇ではキャビテーションの抑制をするため，翼断面形状をオジバル（Ogival）形状としたプロペラが用いられることもある．この種の実用的プロペラとして Gawn プロペラが有名であり，キャビテーション状態を含めたプロペラ設計用チャートが公表されている[104]．しかしながら，このプロペラはキャビテーションの有無にかかわらずプロペラ効率は良くない[105]．

この他，35 ノット程度の船速の大型高速フェリーでは吃水が浅く高馬力となるので，プロペラが低いキャビテーション数で作動することになり，かつプロペラ直径も制限されるため，キャビテーションがプロペラ翼面の広範囲にわたって発生し，スラスト低下も避けられない状況でプロペラが作動する[106]．このような場合に対して，翼端側ではキャビテーション発生時に揚抗比の大きな性能の良い翼断面を，翼根側ではキャビテーションが発生しないときに最適性能となる翼型を用いるハイブリッド（Hybrid）型プロペラ[105]が考えられており，このプロペラはトランス・キャビテーティング・プロペラ（Trans-Cavitating Propeller；TCP）と呼ばれる[106]．

超高速船用プロペラ　船速が 45 ノット以上の超高速船では，プロペラはスーパ・キャビテーション（Super-Cavitation）状態となることが避けられないので，プロペラ翼断面形状としては，キャビティの長さが翼弦長より長くなることを前提として，スーパ・キャビテーティング（Super-Cavitating；SC）翼型が用いられる．SC 翼型としては Tulin 翼型や Johnson 5 項翼型がよく知られており[105]，揚抗比 L/D が 20〜30 になるので，この翼断面形状を用いると性能の良いスーパ・キャビテーティング・プロペラ（SCP；Supercavitating Propeller）が設計できることになる．従来は効率が 60% 程度にしかならず，また，設計で要求されるスラストを満足する SCP が設計できなかった．現在では，設計要求スラストを満足し，かつ効率が 75% 程度の SCP の設計が可能となっている[107][108]．

高性能 SCP の一例[109]を図 8-95 に示す．このプロペラは船速 50 ノット，スラスト 100 トンを設計条件とする SCP であり，3 翼でボス比が 0.19，展開面積比が 0.833，ピッチ比が 1.487 である．前進率 $J = 1.10$ で，キャビテーション数 σ_v が 0.4 のときのキャビテーション・パターンを図 8-96 に示す．SC 翼型断面形状としては，与えられた設計揚力を満たし，かつ各半径位置で必要な断面係数を持ち，最大の揚抗比となる SRJN 断面が採用されている．この SC 断面は正面側が Johnson 5 項翼であり，背面側の翼形状は迎角 2.5° で種々のキャビテーション数に対して最も薄いキャビティが発生するように設計されている[107][109]．設計結果はシミュレーション[110]により確認している．

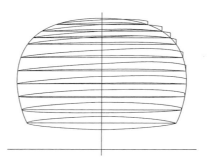

図 8-95　高性能 SCP の形状（SRIJ-IV）[109]

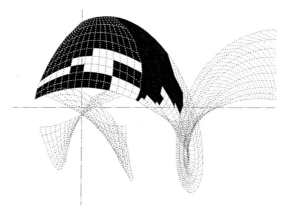

（a）　コンピュータ・シミュレーション[109]

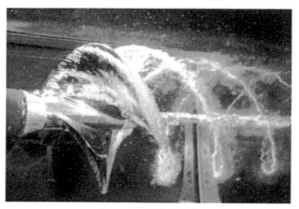

（b）　水槽実験（船研）

図 8-96　高性能 SCP のキャビテーション・パターン（SRIJ-IV）

8.4.3 キャビテーションの推定

プロペラ翼面圧力

プロペラに発生するキャビテーションは，プロペラ翼面上またはそのまわりの流体中の圧力に支配されている．キャビテーションが翼面上に存在することによって翼のまわりの圧力場が影響され，ノン・キャビテーション状態のときの翼面圧力とは異なってくる．これはキャビテーションの3次元影響と呼ばれる．しかしながら，NC状態のプロペラ翼面圧力分布は，中低速船のプロペラ設計時にはキャビテーションの発生を推定し，間接的ではあるがキャビテーションを制御する上で重要な情報となる．我が国では古くからプロペラ揚力面理論計算法が発達したこともあり，「相当2次元翼」法[111]を用いることにより，プロペラ翼面圧力分布の計算が行われてきた[111][112]．最近では，パネル法と呼ばれる揚力体理論に基づく計算法[113][114]や，差分法に基づきプロペラ粘性流場を解くCFD（Computer Fluid Dynamics）による計算コード[115]が作られている．

一方，プロペラ性能計算法の検証のため，プロペラ模型を用いた翼面圧力計測[89]も盛んに行われてきた．特に，プロペラおよびキャビテーションについての系統的研究が行われている青雲丸I世（運輸省航海訓練所）の通常型（CP）およびハイリー・スキュード・プロペラ（HSP）模型について翼面圧力分布計測がキャビテーション水槽で行われている[116]．図8-97に示すように2種類のプロペラとも $0.7R$ の前縁近傍の圧力分布は理論計算[112]とよく合っている．

この青雲丸のプロペラに関しては，世界で初めての実船翼面圧力分布計測がCP[84]とHSP[117]について行われており，理論計算の検証に用いられている．図8-98に示すように，既存のプロペラ理論でもHSPの翼端部以外では圧力をかなり精度良く推定計算できることがわかってきている[84][114][117]．

バリルのチャート

船体とプロペラが与えられたとき，プロペラ翼面上のどの位置にどの程度キャビテーションが発生するかを推定できれば，プロペラ性能の変化，振動・騒音レベルやエロージョンの発生予測ができ便利である．古くから，いろいろな

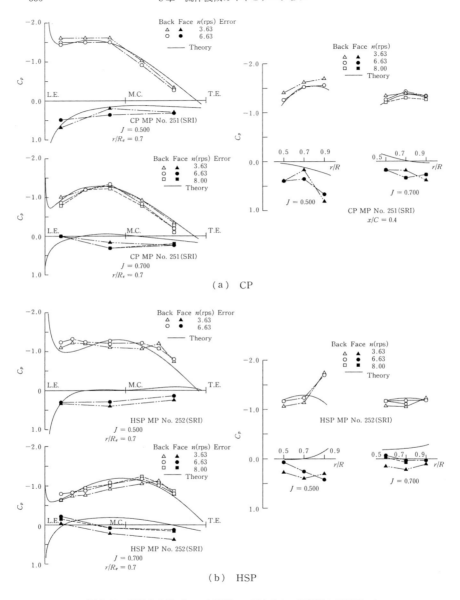

図 8-97 青雲丸Ⅰ世プロペラ模型での圧力分布の計測値と計算値[116]

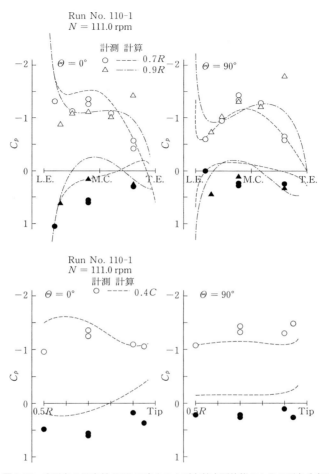

図 8-98 青雲丸 I 世実船 HSP の直上および右舷水平状態のときの圧力分布[117]

推定法が試みられてきている．

エアロフォイル翼断面を持つプロペラのキャビテーション発生量の程度を判定するチャートとして，図 8-99 に示すバリル（Burrill）のチャート[88]が有名であり，キャビテーションの発生量の目安を知ることができる．図の横軸は (8.51)式で定義したキャビテーション数 σ_B であり，P_∞ は軸心静圧が用いられる．縦軸は(8.61)式で定義されたスラスト荷重係数 τ である．このチャート

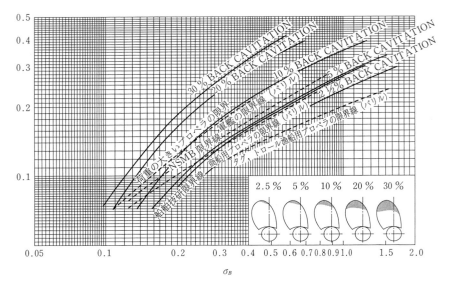

図 8-99 バリルのキャビテーション判定チャート[88]

はプロペラの系統試験により求められたものであるが，一般のプロペラにも使うことができる．図でプロペラの作動状態が右下にくるほど，キャビテーションが発生しにくい．一方，30%バック・キャビテーションの線より左上の領域ではエアロフォイル型プロペラでは振動・騒音レベルが非常に高く，また，エロージョンの発生の危険性が高くなるので，5%バック・キャビテーションの線のあたりを作動限界点としてプロペラを設計する．我が国では船舶技術研究所（Ship Research Institute；SRI）の推奨線[97]を限界点として使うことが多い．ただし，このチャートは均一流中または平均流中での評価であるので，例えば不均一流中で作動するプロペラが伴流の大きい翼角度 $\Theta = 0°$ を通過するときには，この推定よりかなりキャビテーション発生量は増すことになる．

バケット図

キャビテーション発生のおよその見当をつけるために，バケット図（Bucket Chart）と呼ばれるものが使われる．特に，種々の作動点でキャビテーションの発生を防止したい艦艇や音響機器を用いる海洋調査船等では，キャビテーションの発生を検討しながらプロペラを設計する上で重宝される．2次

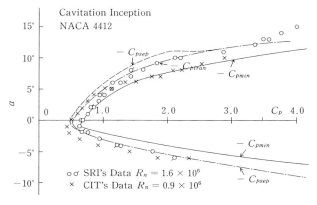

図 8-100　バケット図の一例[118]

元翼型実験[118]から得られたバケット図の一例を図 8-100 に示す．横軸（また縦軸）として圧力係数 C_p を，縦軸（または横軸）は揚力係数，迎角 α，前進率 J など作動条件を表す無次元量が用いられる．圧力係数は次のように定義される．

$$C_p = \frac{P - P_\infty}{(1/2)\rho U_\infty^2} \tag{8.63}$$

ここで，P は翼表面での静圧，P_∞ は無限遠での静圧であり，流速 U_∞ としては $U_\infty = V_A$ を用いる場合と $U_\infty = nD$ を用いる場合がある．

$$C_{p\,\text{min}} = \frac{P_{\text{min}} - P_\infty}{1/2\rho U_\infty^2} \tag{8.64}$$

で与えられる．P_{min} は翼表面上の最小圧力で，理論計算によって求められる．

この図において，縦軸を下にして最小圧力係数曲線（$-C_{p\text{min}}$）がバケツの形をしているので，バケット図と呼ばれる．縦軸が迎角の場合を考えると，迎角が理想迎角（Shock Free；ショック・フリー）のときは翼背面の中央部付近が最低圧力となり，バケツの底に対応する．迎角が増減し，最小圧力点が前縁近傍になると，最小圧力係数曲線は傾きが急変し，迎角の変化に対して，最小圧力係数は急激に小さくなる（負で大きな値となる）．

翼の作動点の最小圧力係数がバケツの中（$-C_{p\text{min}}$ 線の右側）にあるとキャ

ビテーションは発生しない．作動点がバケツの底より低圧側（線の左側）になると，レイノルズ数が低いとバブル・キャビテーションが，高いとスポット状またはストリーク状のキャビテーションが発生する（3章参照）．バケツの底に対応する迎角より大きな迎角で作動すると，バック・シート・キャビテーションが，迎角が小さくなるとフェイス・キャビテーションが発生することになる．最小圧力係数曲線で初生を判定すると粘性影響を考慮した場合と比べて，発生を早く判定する．すなわち，実際に発生する圧力より少し高い圧力で発生すると推定するため，実用上は安全側となり，マージンとなる．

　プロペラ設計時に翼断面形状やピッチ分布等を決定するのに，バケット図は有効に使える．プロペラ翼の一部を切り取った翼断面からなる2次元翼について翼面圧力係数を風洞等で多点計測し，それを元にバケット図を作成することができる．また，2次元翼の圧力分布を守屋の任意翼型理論[85]などにより計算することによっても作成することができる．現在はプロペラ性能計算法の発達によりプロペラ翼面圧力分布が計算できるので，各作動点（前進率）および各半径位置に対して最小圧力係数 C_{pmin} が求められ，バケット図が作成できる．なお，伴流中を作動する場合についても，非定常プロペラ圧力分布計算をすることによって各翼角度に対するバケット図は作成できる．

　このバケット図は，キャビテーション発生についてのプロペラ評価のために使われる．設計されたプロペラについて模型や実船プロペラについて作動点を変化させて，キャビテーションの初生を計測し，バケット図を作成してプロペラ設計の妥当性を評価する．設計の意図と異なるときにはプロペラ形状を変更する．さらに，CPPの場合には変節角を変更してバケット図を作成することにより，プロペラにキャビテーションが発生しないように変節角とプロペラ回転数を制御して操船することができる．

キャビテーション発生範囲の推定と粘性影響

　3章ですでに述べたように，キャビテーションの発生は境界層特性によって大きく影響されることが知られている．模型プロペラの背面の境界層の様子を油膜法で観測すると，一般的に図8-101のようになっている[119]．翼端側の翼面では，前縁近くで層流剝離を起こし，再付着して乱流に遷移する．一方，翼

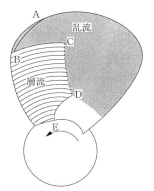

AB　層流剝離（ショートバブル）
BC　臨界半径
CD　遷移域
DE　層流剝離（ラージバブル）

図 8-101　プロペラ翼面上の境界層[119]

根側は，前縁では剝離を起こさず，層流から翼中央付近で乱流に遷移する．この2つの流れの境界は明瞭に識別でき，臨界半径（Critical Radius）と名付けられている[119]．シート・キャビテーションは層流剝離，再付着をした半径範囲でしか発生せず，臨界半径より内側では翼面圧力が蒸気圧以下となってもシート・キャビテーションは発生しない．この領域のうち，層流域ではバブル・キャビテーションが，乱流域ではスポット状やストリーク状のキャビテーションが発生する．

　以上のことから，バケット図もプロペラ境界層計算結果に基づいて作成すると精度の良いものとなる[118]．バケツの底の線を最小圧力係数とすると，バブル・キャビテーションの発生判定ができる．図 8-100 に示すように，他の2つの線に層流剝離点の圧力係数を用いるとシート・キャビテーションの発生判定ができる．

　一方，プロペラ境界層計算をすることによって，キャビテーション発生範囲の予測計算の精度向上ができる[118]．まず，キャビテーションの発生の量ばかりでなく，発生位置や不均一流で作動するときの各翼角度における発生範囲を推定するために，プロペラ性能理論計算法が用いられる．推定法には大きく分

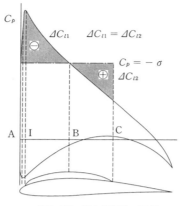

図 8-102 揚力等価法の原理

けて，圧力分布に基づく方法とキャビティ流れ（空洞）理論（Cavity Flow Theory）により計算する方法がある．圧力分布に基づく方法には，揚力等価法と気泡追跡法という2つの方法がある．

揚力等価法 この方法はキャビテーションが翼に発生しても，キャビティ長さがあまり長くないときには，揚力が変化しないという実験結果を利用する．図 8-102 に示すように，翼面圧力が蒸気圧より低い部分の負の揚力 ΔC_{l1} と圧力が高い部分の揚力 ΔC_{l2} が相殺する範囲を求めると，キャビティ長さを求めることができる[120]．なお，プロペラ翼面圧力分布の計算を元に境界層計算をすることによって臨界半径が計算でき，前縁半径の大きな厚翼部分でのキャビテーション発生範囲の計算精度を上げることができる[118]．

気泡追跡法 この方法ではプロペラ翼の上流から流れてきた気泡核が翼まわりの低圧域に流れ込み，成長・崩壊するという過程を単一気泡の Rayleigh-Plesset の気泡成長方程式によって計算し，その気泡外径の包絡線からキャビティ形状を求める[120]．実現象ではキャビティは多数の気泡群からなっており，モデルとして無理があるので，経験定数を導入する必要がある．

キャビティ流れ理論 キャビテーションが発生した翼やプロペラの性能等を計算する方法として，キャビティ流れ理論[120][121]が最も信頼性がある．プロペラ性能計算法のうち，揚力面や揚力体理論に基づく場合，プロペラ・キャビテ

ーションは渦-吹き出し分布などからなる特異点分布法[122]によって解かれる．キャビティを流体力学的に翼と同様に扱うことによって，キャビティが発生したプロペラまわりの流場が計算できる．しかしながら，キャビテーション発生範囲があらかじめ与えられていないので，解くべき方程式の境界条件自身が未知数となる．また，キャビティの長さまたは形状を決定するためのキャビティ・モデルが確定していないなどの課題があるが，実験で得られた現象を説明できる合理的な計算結果が数多く得られている．

具体的な方法のひとつとしては，相当2次元翼法と呼ばれる間接的方法[111]がある．これは各半径位置でのキャビティ計算の際に2次元翼の問題に置き換える準2次元法である．これによって3次元翼では計算が難しい非線形理論を適用できる反面，各半径位置でのキャビティ間の相互干渉は計算できない．翼端側は翼厚が薄く，前縁半径が小さいので，簡易な線形キャビティ流れ理論でもかなり精度良く計算できる．このため，翼端側でこの方法を用い，翼根側の翼厚が厚い領域には揚力等価法を適用するという，実用的な計算法[118]もある．

一方，プロペラ翼とキャビティを渦-吹き出し格子法（Vortex-Source Lattice Method）によって，同時に解く方法[122]が現在では主流となっている．翼とキャビティは図8-103に示すような渦と吹き出しの格子で置き換え，翼後流は渦格子のみで与え，翼面では表面に沿って流れるという境界条件を，キャビティ領域では蒸気圧となる境界条件を満足するように，これらの特異点の強さ

（a） 渦格子法の分割　　（b） プロペラ・キャビテーションの計算結果
　　　　　　　　　　　　　　（伴流中，$\Theta = 24°$）

図8-103　渦格子の配置と計算例[122]

を計算する．キャビテーション発生範囲はまず，キャビーションが発生していないとしてプロペラまわりの流れや圧力分布を計算し，蒸気圧以下の圧力の領域にはキャビテーションが発生すると仮定して，各半径位置でキャビティ長さを与えてキャビティ形状を計算し，キャビティ後端でのキャビティ厚みがゼロとして，キャビテーション発生範囲を逐次近似により求める．5.2節で述べたように，キャビティ後端の条件は「厚さゼロ」以外に，いろいろのモデルが考えられ実際のキャビティ形状や長さに一致させるための工夫がなされている[118)121]．この直接法では，線形理論に基づくキャビティ流れ理論を用いると，翼根側でキャビティを過大評価する．また，キャビティ・モデルとして閉鎖型（キャビティ後端が閉じているモデル）を用いていると，キャビティが翼弦長に近いときには精度が悪くなる．いずれにしても前縁半径が小さく，キャビテーションが前縁から発生する SC 翼断面等を用いるプロペラを除いて，線形理論では限界がある．

　以上の方法は準定常理論であるので，プロペラが伴流中で作動しているときに適用すると，プロペラ翼面圧力が非定常に変化し，これに対応してキャビティが成長・消滅するなどの変形に関する非定常性が考慮されていない．このため，キャビテーション発生範囲の実測と計算とを比べると，両者の間で位相ずれが生じることが知られている．また，実測は計測時の気泡核分布の影響を受け，位相差は両者の誤差を含むので，その量の特定は簡単ではない．

　以上のことから，キャビテーションが発生したプロペラまわりの流れは非線形理論で解くことが望ましい．その際，粘性影響を考慮すると共に非定常キャビテーション理論に基づいて計算をすることが必要であり，さらにはプロペラ翼面上の流れの 3 次元性の考慮も忘れてはならない．また，2 次元翼キャビティ流れ理論においてリエントラント流れ（出戻りジェット；re-entrant jet）[123]などのいろいろなキャビティ・モデルがプロペラの計算にも使えるようになりつつある．

　なお，準 2 次元理論計算法ではあるが，2 次元非定常キャビティ流れ理論を相当 2 次元翼に適用して，プロペラに発生する非定常キャビテーションの発生範囲を計算し，実測での位相遅れをうまく推定できることを示した例[124]があ

る．

　以上のことは，主として通常型プロペラ（CP）のキャビテーションに対して有効な方法であるが，ハイリー・スキュード・プロペラ（HSP）については翼面圧力計測やキャビテーション観測から前縁剥離渦が存在すると考えられるので，前縁剥離渦を含む流れをシミュレーションできる理論を用いる必要がある[117]．このため，現状のキャビテーション推定法では前縁剥離渦のモデル化を考慮していないので，HSPについてのキャビテーションの発生範囲およびキャビティ形状とも過小評価される．

　また，実船との相関に関しては，実船伴流分布の推定法が確立していないことがネックとなって，現状の推定法の精度は良いとはいえない．

キャビティ形状の推定

　プロペラに発生するキャビテーションが誘起する変動圧力や騒音レベルを計算で推定するためには，キャビティ体積が予測できなければならない．プロペラは不均一流中で作動することから，キャビティ形状は1回転中に複雑に変動する．一方，変動圧力は各翼角度位置でキャビティ体積ばかりでなく，体積の時間に関する2階の微係数に比例するので，キャビティ形状を非常に高い精度で予測できる必要がある．このため，前述のキャビテーション発生範囲ばかりでなく，キャビティ厚み分布を正確に推定することが要求される．

　2次元翼型に発生するキャビティ形状は写真撮影などにより比較的容易に計測できるが，不均一流中を作動するプロペラに発生するキャビティ形状の計測は難しく，実用化した方法としては，

　　（a）　ピン・ゲージ法[125]
　　（b）　ステレオ写真法[126]
　　（c）　レーザ光散乱法[127]

などがある．

　これらの方法のうち，ピン・ゲージ法[125]はプロペラ翼面上にピンを立て，それをゲージとしてキャビティ厚さを計測する方法であり，レーザ光散乱法は1本のレーザ光線をプロペラの回転に同期してキャビティ表面に照射し，キャビティ表面でレーザ光が散乱された輝点の空間座標を計測し，この座標データ

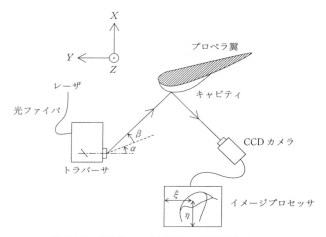

図 8-104 自動化レーザ光散乱法の計測原理[128]

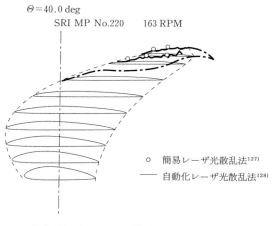

図 8-105 キャビティ形状計測例[128]

からキャビティ形状を算出する方法[127]である．この方法はレーザ光の走査照射とデータ取り込みをパソコンで行い，CCDカメラとイメージプロセッサを用いた画像処理でキャビティ形状をリアルタイムで計測する自動計測システムに発展している[128]．この計測原理を図 8-104 に示す．

この計測例として，青雲丸 I 世のプロペラ模型に発生した非定常キャビティ

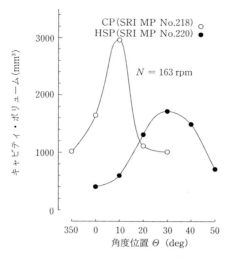

図 8-106　キャビティ・ボリュームの比較（CP と HSP）[128]

形状の各半径位置での計測結果を図 8-105 に示す．模型船の透明なアクリル窓からプロペラないしプロペラ上のキャビティに向け，プロペラの回転に同期してレーザ光を照射して計測を行う．HSP に発生するキャビティ形状の計測値[128]が太線で表示されており，○印で示されるレーザ散乱に基づく簡易な計測法[127]による計測の結果とよく一致する．各翼角度位置 Θ についてキャビティ面積を計算し，半径方向に積分してキャビティ・ボリュームが求められる．計測解析された CP と HSP でのキャビティ・ボリュームを図 8-106 に示す．両プロペラに発生したキャビティ・ボリュームの 2 次の時間微分を計算すると，HSP の方が CP の約 1/6 となっており，HSP の変動圧力が CP より小さくなることが説明できる．

ステレオ写真法もレーザ光散乱法と同様の精度の計測結果[126]を得ているが，両計測法ともキャビティ表面が透明である場合にはキャビティ表面を特定できないため計測不能となる．均一流の場合にはプロペラの回転に同期させてレーザ光を照射しなくとも，レーザ光を用いてキャビティの長さなどを計測することができる．

キャビテーションの発生と圧力分布の関係を考慮したプロペラ設計

舶用プロペラの設計ではMAUプロペラなどのシリーズ・プロペラやNACAプロペラをベースとしてバリルのチャートなどで展開面積を決める．次にプロペラ性能計算法により翼面圧力分布を計算して，キャビテーションの発生を抑制するべく，ピッチ分布やキャンバ等の幾何学形状を修正するのが一般的であった．この方法は既存の翼断面形状を基準としているので限界がある．そこで，在来の翼断面形状にとらわれないでキャビテーションの発生条件と圧力分布を考慮して翼断面形状を新たに求めることが考えられる．この際，プロペラは伴流中で作動するので，1回転中に迎角ばかりでなくキャビテーション数も変動するので，1つの翼角度位置だけを考慮して翼断面形状を設計すると問題が生じることがある．2次元翼に関するEpplerの方法[98]を相当2次元翼に適用し，伴流中で作動することを考慮して翼断面形状を求め，キャビテーションの発生量を減少させたり，キャビティ・ボリュームの変動を少なくすることによって，船尾変動圧力を大幅に減少させた例[99]や，逆に振動レベルが問題とならない範囲で翼面積を小さくして5～6％のプロペラ効率向上を得た例[100]がある．

8.4.4 キャビテーション・エロージョン

キャビテーション・エロージョンに関しては，すでに7章で詳細に述べられているので，ここでは舶用プロペラに特徴的なエロージョンについて述べる．

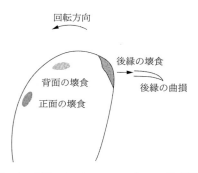

図8-107　キャビテーション・エロージョンの代表例[87]

プロペラに発生するキャビテーション・エロージョンの種類

プロペラには図8-107に示されるようなエロージョン（壊食）が発生することがあり，一般に次のように分類される[87].

翼背面の翼端付近に発生するエロージョン　船体後方の不均一な流れの中で作動する舶用プロペラに発生する典型的なエロージョンであり，最も起こりやすい．伴流のピークが大きい船ではクラウド・キャビテーションが発生しやすく，これが翼面付近で崩壊・消滅すると翼面上にエロージョンを発生させる．一般には翼後縁側で崩壊するため翼後縁部に発生し，激しい場合は後縁曲がりや欠損を生じることもある．

翼正面の前縁付近に発生するエロージョン　翼正面にフェイス・キャビテーションが発生した場合，正面側の圧力は急激に正圧に戻るため，キャビテーションは大きく成長することなしに崩壊・消滅する．このため，フェイス・キャビテーションが発生した場合，必ずといっていいほど正面側の前縁付近にエロージョンが発生する．

翼根付近に発生するエロージョン　高速艇や2軸船のプロペラは斜流状態で作動するので，翼に流入する流れが1回転中に変動する．迎角変化が最も大きい翼根（ルート）部にルート・キャビテーションが発生し，1回転中に発生・消滅を繰り返すことになる．このルート・キャビテーションが消滅する際に，翼根部に激しいエロージョンを発生させる．

以上は普通のプロペラの場合であるが，ノズル（ダクト）・プロペラではノズルの内面に帯状にエロージョンが発生することが多い．これはプロペラのチップ・ボルテックス・キャビテーション（TVC）が原因であり，翼面上に全然発生しない場合でもノズル内面のプロペラの真上部分に激しいエロージョンが発生することがある．

エロージョンの発生の実験的予測

図8-99に示したようなチャートにより発生の危険性を大略推定できるが，プロペラの作動条件が厳しく問題が起こりそうなときには，模型プロペラのキャビテーション試験を行い，実験的に予測するのが一般的である．試験としては次の3種類がよく行われている．この際，後述の船尾変動圧力計測と同様

表 8-2　模型でのキャビテーション・パターンと実船の壊食

模型のキャビテーション・パターン			観測数	実船の壊食					
				なし	非常にわずか	わずか	激しい	非常に激しい	壊食の総数
背面（バック）	キャビテーションあり	バブル	13	10	1		1	1	3
		クラウド	25	10	1	4	8	2	15
	キャビテーションなし		—		2	5	5		12
正面（フェイス）	キャビテーションあり		4	1	1	1		1	3
	キャビテーションなし		—		1				1

に，伴流分布をシミュレーションした不均一流中で行われる．

キャビテーション・パターンの観察　キャビテーションの種類や大きさ，消滅の仕方などを観察し，経験的に判定する．バブル・キャビテーション，クラウド・キャビテーション，フェイス・キャビテーションなどはエロージョンを起こしやすいキャビテーションである．また，キャビティが消滅する際に後縁付近から次第に前縁に向けて消えて行く場合は問題がないが，後縁や中央部にキャビティのかたまりが取り残され，それが一時に崩壊するとエロージョンを引き起こす[120]．

　国際試験水槽会議（ITTC）では模型で観察されたキャビテーション・パターンと実際のプロペラでのエロージョンの発生との関係をアンケート調査したが，その結果[129]をまとめると表 8-2 のようになる．模型プロペラでバブル・キャビテーションが観察された 13 例のうち，3 例のみが実船でエロージョンを起こしている．一方，クラウド・キャビテーションについては，25 例のうち 15 例が実船でエロージョンを起こしている．このように見て行くと，バブル・キャビテーションはあまり実船のエロージョンにつながらないのに対し，クラウド・キャビテーションやフェイス・キャビテーションは，かなりの確率で実船でエロージョンを発生させていることがわかる．

　また，模型実験でキャビテーションが認められなかった場合でも，実船で激しいエロージョンを起こした例もあり，発生予測は容易でない．

ペイント・テスト　翼面にペイントを塗っておき，そのはがれ具合から判定する試験である．ペイントとしてはマジックインク，ケガキ用のペイントなど

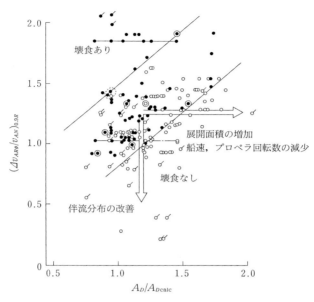

図 8-108　エロージョンの推定チャート[130]

が使用されている[120]．簡便な方法で，ある程度定量的な結果が得られるのでよく行われる[131]．

　エロージョンの発生は，キャビテーションの大きさよりも伴流の存在による非定常キャビテーションの発生消滅プロセスに大きく影響される．この伴流による非定常性を考慮したエロージョンの推定チャートが公表されている[130]．これを図 8-108 に示す．横軸はプロペラの荷重に対する翼面積の余裕を，縦軸は 0.9R での伴流の不均一性（変動）を表している．黒丸はペイントが剝げ，実船でもエロージョンを起こすと推定されるもの，白丸はペイントが剝げず，エロージョンの恐れがないものである．また二重丸の点は実船で模型試験の結果が確認されたものである．図の右下にくるほどエロージョンは発生しにくい．

軟らかい金属による方法　純アルミニウムのように軟らかくてエロージョンが起きやすい金属を埋め込み，実際にエロージョンを起こさせて，表面粗さの増加から判定するテスト[120]である．ペイント・テストに比べ，より定量的な結果が得られる[131]，実物と類似の性質の金属を使うのでエロージョン進展の機構についても考察できる，などの利点を持つが，実験は簡単ではない．エロージョンの発生予測は模型実験でも難しく，理論的予測法はない．

感圧フィルム法　圧力が加わるとその力に比例して赤色に変化するフィルムが市販されており，これをプロペラ翼面に貼って，エロージョンの強さを計測することが行われている[118)131]．貼り付けたことの影響や減圧下でのフィルムの変形防止等について注意を払う必要がある．

エロージョン対策

エロージョン発生防止策　エロージョンの発生を防止するためには，図8-108 のエロージョン・チャートからもわかるように，まず

　　（a）　翼面積の増加と回転数の減少による翼面荷重の減少

　　（b）　伴流分布の均一化

が考えられる．どちらもキャビテーション発生・消滅のプロセスを支配する場の圧力変化を穏やかにすることが目的である．もしこのような対策にもかかわらず発生する恐れが高い場合や発生した場合には，

　　（c）　材料の改善

が有効であるが，基本的に延命策である．舶用プロペラに一般に使用されている材料としては，マンガン青銅（HBsC），ニッケルアルミ青銅（AlBC），ニッケルマンガン青銅，ステンレス鋼，HZ合金，MSS鋼などがある．図8-109 はこれらの材料の耐エロージョン性を試験した結果[132)133]で，HZ合金やMSS鋼が最も優れ，次いでクロム鋼，ニッケルアルミ青銅，ステンレス鋼，マンガン青銅の順になっている．HZ合金は，プロペラ全体をこれで製作することはないが，エロージョンを起こした箇所の補修などにはよく使われる．

　船の建造後や同型船でエロージョンが問題となった場合などは，

　　（d）　エロージョン軽減法の採用

が講じられるが，対策を行いうる範囲は限られてくる．軽減法としては，スキ

8.4 船舶プロパルサ

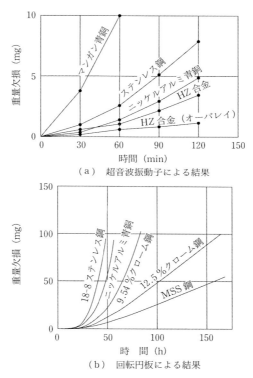

図8-109 プロペラに使用される材料の耐エロージョンの特性

ュー，ピッチ分布やプロペラ翼端で翼弦長を長く（カプラン型）したりするプロペラ形状の変更の他，空気吹出しなどの方法がある．空気吹出しは大型タンカー用ノズル・プロペラのノズル内面のエロージョン防止に使用され成功している．また，2軸船ではルート・エロージョンの発生が避けられないことが多く，翼後縁に厚みをつける（Truncation）方法や翼根部に穴をあける方法が提案されているが，プロペラの効率を低下させるので次善の策である．プロペラの前方のブラケットにフィン（Pre-Swirl Fin）をつける方法[86]も流れを改善するので効率面からも有効である．また，プロペラ前方の翼根部にプロペラと共に回転する小さなフィンをタンデム状につけることにより，効率を低下させずにルート・エロージョンを大幅に軽減できる[86]．

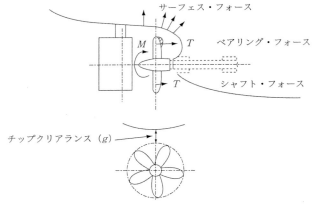

図 8-110　プロペラの起振力[127]

8.4.5　船尾振動
プロペラ起振力

プロペラが作動すると，まわりの流体に周期的な変動水圧が生じる．この変動水圧はプロペラ翼数に回転数を乗じた翼数次（Blade Frequency；Blade rate）が基本周波数となる．図 8-110 に示すようにプロペラが船尾で作動すると船尾外板にこの変動水圧が加わり，船尾振動を誘起する．この水圧を船尾変動圧力（Pressure Fluctuation）といい，この圧力を外板にわたって積分して得られた力はサーフェス・フォース（Surface Force）と呼ばれる．

一方，プロペラが不均一な船尾伴流中で作動すると，プロペラ翼角度位置によって，プロペラ翼の発生するスラストとトルクが1回転中に変動する．プロペラ翼によりスラストやトルクが異なることになる．スラスト変動やトルク変動が発生するばかりでなく，それぞれ，モーメント変動や横力変動も誘起される．これらの変動は，図 8-110 に示すようにシャフトやベアリングを通じて船体に伝わるので，シャフト・フォース（Shaft Force）またはベアリング・フォース（Bearing Force）と呼ばれている．

これら2つの力はプロペラ起振力と総称される．これらのプロペラ起振力はプロペラの大型化や高馬力化によって増大し，居住性に問題を生じるばかりでなく，各種計器やコンピュータ類の故障や性能低下をもたらす．はなはだしい

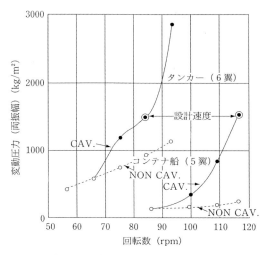

図 8-111　船速による船尾変動圧力の増加[135]

ときには，船体強度部材である船体肋骨等に亀裂が入ったりすることがある．また，シャフト・フォースはプロペラ軸の亀裂や折損の他，軸受の焼付き等の重大な事故を発生した例があるので，サーフェス・フォースと同様，船舶の安全性を脅かす問題となる．一般の中低速商船ではキャビテーションが発生してもスラストやトルクが変化しないので，シャフト・フォースはあまり変化しないといわれている．よって，本章では以降，2つの起振力のうちキャビテーションの発生が起振力の大幅な増大につながる船尾変動圧力について述べる．

船尾変動圧力に及ぼすキャビテーションの影響

シャフト・フォースと異なり，サーフェス・フォースはキャビテーションの発生によって大幅に増大する[134]．図 8-111 は実船計測の結果[135]であり，船速の増大と共に船尾変動圧力の振幅（両振幅）が増加する様子を有次元値で示す．船速が増大してもスラスト係数や前進率は一般的にあまり増加しないので，キャビテーションが発生しない限り，変動圧力振幅もプロペラ回転数の2乗に比例して増加するが，無次元値では増加しない．模型試験でのノン・キャビテーション状態の計測値を同図中に示す．船速が低いときには実船計測値とノン・キャビテーション状態での計測値は合うが，船速の増大と共に実船計測

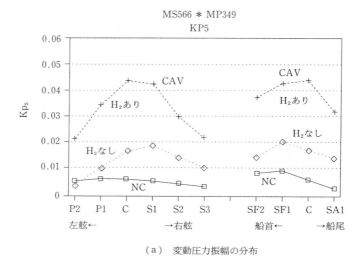

(a) 変動圧力振幅の分布

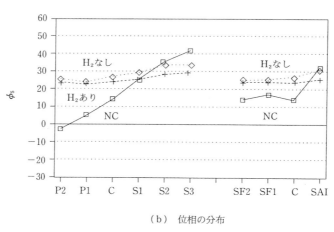

(b) 位相の分布

図 8-112　船尾変動圧力分布（コンテナ船）[108]

値が大幅に大きくなっていく．キャビテーション数を船速に対応して変化させて模型試験を行うと，プロペラからキャビテーションが発生し，実船計測値に一致してくるので，キャビテーションの発生によって船尾振動が増大することがわかる．

8.4 船舶プロパルサ

船尾変動圧力を模型船法[136]で計測した例を図8-112に示す．船幅方向および船長方向の船尾変動圧力振幅と位相をノン・キャビテーションおよびキャビテーションの両状態についての計測した結果である．キャビテーション状態では船幅方向の変動圧力振幅は右回りのプロペラの場合，プロペラ直上よりやや右舷側で最大となり，この点から離れるに従って山形に減少する．一方，船長方向についても振幅はプロペラのやや直前が最大となり，やはり山形に減少するのが一般的である．

この変動圧力は一般的に時間 t の経過に対して

$$P(t) = \sum_{k=0} A_k \cos (kZ\omega t - \phi_k) \tag{8.65}$$

で表現される．ここで A_k と ϕ_k は k 次の翼数次（B.F.）成分の振幅（kgf/m²）と位相（rad または deg）であり，ω はプロペラ回転角速度（＝ $2\pi n$，(rad/s)），Z は翼数である．

位相は，キャビテーションが発生していないと，プロペラ先端が圧力計に向いたとき圧力は極値をとり，プロペラの運動に応じて各圧力計間で位相差が生じる．一方，キャビテーションが発生すると，位相は一定となる．これはプロペラが伴流の大きな部分に突入し，非定常キャビテーションが急速に発生し，この発生に伴って生じた圧力波が音速で各圧力計に伝わるためによる．

サーフェス・フォースは，この変動圧力を船体外板表面にわたって積分することによって得られる．積分範囲はプロペラ直上よりやや前方の点を中心に，プロペラ半径に相当する円内程度でよいとされている．

変動圧力は次の要因から成る．

（a） プロペラ荷重
（b） プロペラ翼厚の排除効果
（c） キャビティ厚の排除効果
（d） キャビティ体積の変動効果
（e） チップ・ボルテックス・キャビテーション（TVC）の排除効果
（f） チップ・ボルテックス・キャビテーションの変動効果

変動圧力の翼数次成分のうち，1次成分はプロペラ荷重，プロペラ翼厚およ

378   8章 流体機械のキャビテーション

図 8-113　TVC Bursting（船研キャビテーション水槽）

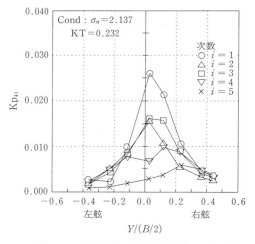

図 8-114　高次変動圧力分布（内航 RO/RO 船）[137]

びキャビティ厚の排除効果からの寄与であるのに対して，2次以上の成分は主にキャビティ体積の変動による．シーリング舵のような厚い舵の前で作動するプロペラの場合には，いったん消滅しかけた TVC が図 8-113 に示すように舵直前で再び大きくなって（Bursting），変動圧力の高次成分を生じる例[137]が増

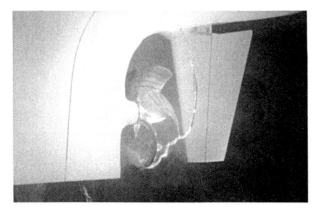

図 8-115　PHVC（船研キャビテーション水槽）

えている．このときの変動圧力振幅の分布を図8-114に示す．3次と4次成分が大きい．

　変動圧力を誘導するキャビテーションは主にシート・キャビテーションであるが，タンカーやバルク・キャリアのように肥大した船型で伴流が非常に大きく，伴流率が1.0に近いときや，図8-115に示すようにプロペラがアスターン（後進）状態で作動すると，プロペラ翼面が真上に向いたとき，TVCが上方にのびていき，TVCの端が船体外板に付着する現象が起こることがある．この現象はプロペラ・ハル・ボルテックス・キャビテーション（PHVC）[137]と呼ばれ，連続的ではないが船体表面の圧力が局所的に大きな変動を生じ，格段に激しい船体振動や騒音を発生させる．

船尾変動圧力の実験的予測

　船尾変動圧力に対するキャビテーションの影響が大きいことから，キャビテーション水槽での変動圧力計測から実船の船尾振動の起振源レベルを実験的に予測することが一般的に行われている．しかしながら，実験に係わる種々の要因によって計測結果が影響されるので，注意を払う必要がある[136]．

伴流シミュレーション　まず，幾何学的に相似な状態で実験することはもとより，流体力学的にも相似な状態とすることが不可欠である．プロペラへ流入する船尾伴流を実船と同等とするため，我が国では模型伴流分布ではなく実船

推定伴流分布が一般に用いられる．また，特に舵が厚いときには舵も取り付けて試験を行うことも，舵による伴流（排除流）の影響をシミュレーションするという点から大切である．伴流分布のシミュレーション法として水槽の計測部の大きさによって異なり，主に以下の3種類の方法が用いられている．

（a）　ワイヤメッシュ法

（b）　ダミーモデル法

（c）　模型船法

　ワイヤメッシュ法は目の大きさの異なる数種類の金網を組み合わせて，伴流をシミュレーションする方法で，軸方向の伴流のみが再現できる．ダミーモデル法は模型船の船尾形状のみを大略模擬し，ワイヤメッシュを組み合わせて，伴流をシミュレーションする方法であり，前者の伴流と大きな相違はない．

　模型船法は我が国では図1-11示す船舶技術研究所の大型キャビテーション水槽で使用されている方法[135]で，曳航水槽で用いる船長が約7mの模型船を図1-12に示すように水槽内に取り付けて行われる．ただし，水槽の大きさ（幅，深さ）が有限であるために生じる側壁影響により，伴流分布が曳航水槽での分布と異なることがあるが，図1-12に示すフローライナと呼ばれるものを船尾まわりに配置することによって側壁影響が取り除かれる．また，フローライナの形状や位置を調整することによって模型船を変形することなく，実船推定伴流分布をシミュレーションしている[136]．

　キャビテーション・シミュレーション　キャビテーション試験は，キャビテーション数と共に通常はスラスト係数を一致させて試験を行う．この際，実船のスラスト係数を正確に推定しなければならないことと，模型でのスラスト計測もレイノルズ数を高くして計測する必要がある．次に，キャビテーションが安定して発生するには，水槽水中，すなわちプロペラに流入する流れ中に十分な気泡核の存在が必要である．キャビテーション水槽では，空気含有率を高くして実験をしても気泡核が実船より少ないといわれている．特に大型キャビテーション水槽ではプロペラに発生したキャビティが崩壊し，残骸気泡が水槽内を回流する際に小型水槽と比べて大きな静水圧に長い時間さらされるので，大きな気泡は小さくなり，水槽水に溶け込んだりするため，キャビテーションの

発生が著しく不安定，間欠的になる．このような状況で変動圧力計測を行うと計測値にばらつきが生じ，極端な場合，キャビテーションが発生していないときと同等の計測値が得られる場合がある．このような現象による計測誤差を避けるため，次の方法が考えられている．

（a） 前縁粗さ塗布（カーボランダム等）
（b） 気泡核供給（水素気泡，空気泡等）

前の方法は，プロペラ翼面の乱流促進をする長所がある反面，粗さが抗力となってプロペラ性能を変化させたり，初生実験では粗さからキャビテーションが発生するので計測誤差が生じるなどの短所がある[136]．一方，後者は，模型船にステンレスワイヤを取り付け，電気分解によって水素気泡（H_2）を供給[136]することによりキャビテーションの発生を安定化させる．水素気泡を供給したときとしないときの変動圧力振幅分布を図 8-112 に，そのときのキャビテーション・パターンの写真を図 8-116 に示す．気泡核供給を行わないと安定

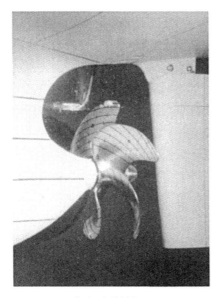

（a） 気泡核なし　　　　　　　　（b） 気泡核あり

図 8-116　キャビテーション・パターンに及ぼす気泡核の影響（船研キャビテーション水槽）

したキャビテーションは発生せず,またそのとき変動圧力振幅分布もキャビテーションが発生しているときの半分以下になる.すなわち,気泡核が十分にプロペラに供給されないと船尾変動圧力を過少評価することになる.気泡核のキャビテーション発生に果たす役割の大きさがこの図と写真から理解できる.

計測系の振動 次に,計測システムの剛性も計測値に大きな影響を及ぼす.変動圧はスラスト係数とキャビテーション数を実船と同じにして計測されるが,模型プロペラ回転数はレイノルズ数を大きくとる限り任意にできる.しかしながら,平板法(プロペラの上方に船尾を模擬した水平な平板を置く方法)による計測値(無次元値)は模型プロペラ回転数によって一定とならないことがある.これは計測系の固有振動数が高く共振現象を起こしていることが原因と考えられる.一方,模型船法は計測系の固有振動数が低いため,図 8-117 に示すようにプロペラ回転数を変えて実験しても計測値が変化せず,安定した計測結果が得られる.

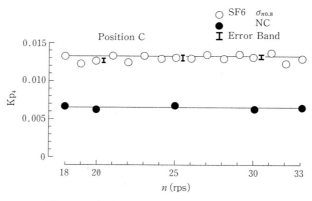

図 8-117 計測値に及ぼすプロペラ回転数の影響(タンカー)

以上のように,変動圧力計測は気泡核ばかりでなく計測系の固有振動数の影響が大きいので,注意をして行う必要がある[136].

実船との相関 模型計測は,実船の船尾変動圧力推定法として現在のところ最も信頼性がある.船舶技術研究所で計測された模型計測と実船計測との相関

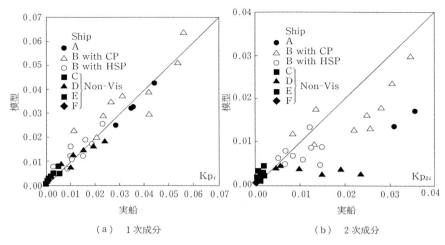

(a) 1次成分　　　　　　　　(b) 2次成分

図 8-118　船尾変動圧力の実船と模型の相関[136]

を図 8-118 に示す．(a)図は翼数次の 1 次成分 Kp_i についての比較であり，6船 7 種のプロペラの各作動状態での計測結果がプロットされている．低振動のプロペラ作動点を除き，ほぼ±10%以内の精度で両者は非常によく一致している．実験的予測法の有効性を示すものである．(b)図は翼数次の 2 次成分 Kp_{2i} について比較したものである．一部の船を除きほぼ良い相関関係があるものの，バラツキがかなり大きく，2 次成分の予測が難しいことがわかる[136]．

船尾振動低減策

プロペラ起振力で最も大きいものは非定常キャビテーションによるサーフェス・フォースで，プロペラ推力の 20%にも達することがある．この船体振動を低減する要求は年々強まっている．船体振動に関して ISO の基準"商船における船体振動の総合評価のためのガイドライン（ISODP No.6954）"が定められており，振動が許容範囲に収まるように船の設計段階での検討が重要である．船体振動のうち，主要な起振源である船尾変動圧力はキャビテーションの発生によって大幅に増加することから，キャビテーションの発生を抑えることが振動低減のポイントとなる．また，変動圧力を受ける船体側における対策のほか，起振源とそれに対する振動体の応答の関係を変更する方法も考えられ

る.

起振源側に対する対策　振動低減のためには，まずプロペラのキャビテーションの発生量や変動量を低減させることが最も有効であり，プロペラに流入する流れを均一化する船型改良が最適である．このため現在，1軸船ではバルブ・スターンの採用が一般化している．船型を変更できない場合には，プロペラの前方にフィンやノズルを付けて流れを均一化することでキャビテーションの発生や変動を抑える方法が用いられる．船首で生じた気泡がプロペラへ流入しないことにも注意を払う必要がある．

　一方，プロペラの幾何学形状を変更することによってもキャビテーションや変動圧力を低減できる．最も有効な方法はスキューの増大であり，プロペラ効率を劣化させることなく達成できるが，スキューの増大と共に翼端荷重が増大するので，プロペラ翼端でのピッチを減少させ，プロペラの収納の観点から前レーキを付ける必要がある．ただし，大きなスキューをつけると強度と価格が問題となる．翼数の増加や展開面積比の増加はキャビテーションを軽減できるが，効率低下を伴う．翼端での荷重を減らした"Tip Unloaded"ピッチ分布の採用や，不均一流の影響を考慮してプロペラ翼型形状の最適化をすることも効果がある．また，プロペラ直径を小さくすることによっても，チップ・クリアランスを大きくすることにより振動を低減することができる．

　この他，二重反転プロペラの採用は低回転化の効果を含めて大幅に馬力を節減した上で更に，翼数が増加した効果もあるので，船尾変動圧力を大幅に減少することが模型船法で確かめられている[108)137)]．この他，周期的可変ピッチ(Self-Pitching)・プロペラ，タンデム・プロペラなどの採用により振動低減が期待できる．

振動体側に対する対策　船型改善によって船尾変動圧力を受ける側で低減することが可能である．まず，プロペラと船体外板との間隔（チップ・クリアランス）を大きくとる方法が一番効果がある．プロペラ直上の船尾形状をV形状とする方法もある．この他，変動圧力の伝播を減衰させる方法も提案されており，エア・クッションのタンクを設けたり，空気を船体に沿って吹き出したり，緩衝材を取り付けるなどして，船体構造体へ伝播しないようにすることが

考えられている.

共振に対する対策　船尾振動で大きな問題となるのは共振を起こすかどうかである. 起振源の周波数が船体構造各部の固有振動数と近いと共振が生じることがあるので, どちらかの周波数を変更するとよい. 起振源側ではプロペラ翼数の変更があり, 一方では構造材の補強があるが, どちらも振動以外に関して最適状態からの変更であるので, 好ましい方法ではない. 振動問題を引き起こさないためには, 振動レベルを設計段階から予測できる方法および許容基準を持つことが必要である.

8.4.6　プロペラ・キャビテーション騒音

キャビテーションによる騒音（Noise）は, 舶用プロペラだけでなく, ポンプや水車などの流体機器でも問題となる. しかし舶用プロペラは伴流の中で作動するので, 非定常なキャビテーションが発生する. このキャビテーションが原因となり, 翼数次（Blade Frequency；B. F.）を基本周波数とする騒音が大きく, また, 居住区を騒音の発生源から離すことができない, などの理由により, 他の流体機器に比べて問題が深刻である. さらに, 民生用では音響を使った測深儀, 魚群探知機や位置検知装置, 軍用ではソナーなどがよく使われているが, 水中騒音が大きければ, これらの使用の妨げになる. キャビテーション騒音の基本的事項に関しては, 6章ですでに述べられているので, ここでは主として舶用プロペラ騒音の実際例を中心に述べることにする.

低騒音化対策

プロペラからの水中騒音として, プロペラに発生するキャビテーションが主な音源となる場合が多いので, 水中騒音の低減のためには, まずキャビテーションの発生を極力抑えたプロペラを設計する必要がある. プロペラの設計に際し, プロペラ・キャビテーションの初生を遅らせる手段としては, 次のような対策が考えられる.

　（a）　プロペラの低回転・大直径化

　（b）　プロペラ翼数の増加

　（c）　プロペラ翼面積の増加

　（d）　プロペラ翼輪郭形状・翼断面形状の最適化

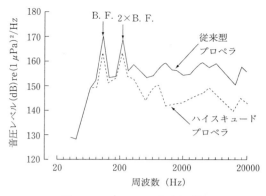

図8-119　HSPによる騒音低減効果[138]

(e) 翼端荷重低減によるTVCの軽減

ただし，キャビテーション性能の改善にはなっても推進性能が悪化する場合があるので，両方の性能を考慮した設計が必要である．

プロペラ翼形状に関連して，主としてプロペラ起振力低減の見地からHSPが広く採用されおり，プロペラ・キャビテーション騒音の面でも優れている例が報告されている．図8-119に，コンテナ船用に設計した通常型プロペラとHSPのキャビテーション騒音の計測結果の比較例[138]を示す．ワイヤメッシュによる不均一流中で作動する模型プロペラによる計測結果であるが，B. F. の1次，2次の低周波数域におけるピーク値でもHSPの騒音レベルは下がっている．さらに，高周波数域でもほぼ一様に10 dB程度の騒音レベルの低下が認められる．これは，プロペラ上方の伴流の大きい領域をプロペラ翼が通過するとき，プロペラ翼背面に発生する非定常シート・キャビテーションの発生範囲が狭くなり，かつその発生・消滅の挙動も穏やかになったことに起因している．プロペラからの水中騒音を低減するためには，キャビテーションの発生量を低減すると同時に，その時間変化を小さくすることが船尾変動圧力の場合と同様，有効である．ただし，低周波騒音低減に対して有効なHSPが，必ずしも高周波騒音低減に対して有効であるとは限らない．しかし，HSPに翼面の前縁に沿って強い縦渦を発生させ，それによりキャビティ崩壊を弱くすること

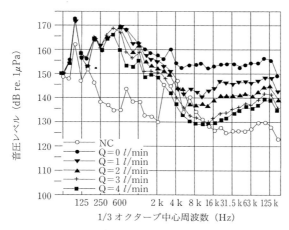

図 8-120 空気吹き出しによる騒音低減効果[139]

ができたら騒音低減が実現できるであろう．

以上のように，キャビテーションの発生を減少させることが第一である．プロペラの設計ばかりでなく船型も改良し，プロペラ面に流入する伴流を均一にすることも大きな効果がある．CPPでは変節角と回転数をうまく組み合わせると，種々の運転条件の下で低騒音化が実現できる．

プロペラ翼面の前縁近傍から空気を吹き出すと大幅な騒音低減の可能性があることが，模型船のプロペラ実験で確かめられている[139]．図8-120はコンテナ船用模型プロペラの1/3オクターブバンド騒音計測の結果で，空気の吹き出し量を増すと，630 Hz以上の周波数域で大幅な減少が見られる．この他，ダクト・プロペラやサイドスラスタなどでは，ダクト内面にネオプレンなどの吸音材を貼ることも有効である．

低騒音プロペラの設計例

低騒音プロペラの設計例として，高性能の各種研究観測設備を多く搭載した大型海洋研究船「白鳳丸」に対するプロペラ設計例[140]を示す．本船は2軸船で，外回りのCPPが装備されている．

プロペラの設計　この船は航海速力にて各種の水中音響機器を使用するため，基準（定格）ピッチでキャビテーションの発生を極力抑えるべくプロペラ

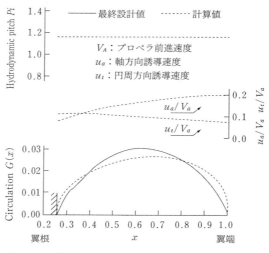

図8-121 低騒音プロペラの設計流力特性値（揚力線理論）[140]

が設計された．プロペラ主要目の選定にあたっては，プロペラ荷重度を軽減しキャビテーションの発生を遅らせるため，低回転・大直径化が図られた．また，プロペラ展開面積比はCPPとしてはかなり大きな約0.6であり，HSPでもある．

このHSPの設計では，プロペラ揚力線および揚力面理論に基づく数値計算が用いられた．まず，プロペラ揚力線理論により，軸対称伴流中で作動するプロペラの半径方向の荷重分布が決められる．翼端およびハブ渦を弱くし，TVCおよびHVCの発生を遅らせるため，翼端および翼根部での荷重度が低減されている．このようにして得られた半径方向のピッチ分布，誘導速度および循環分布を，CPと比較して図8-121に示す．次に，プロペラ揚力面理論の一種であるQuasi-Continuous Method（QCM）[113]を用いて，プロペラ翼面上の翼弦方向の圧力分布ができるだけ平坦になるように翼断面形状は設計されている．

本船が基準ピッチで航海速力16ノットで航行している場合の翼角度位置が18°におけるパネル法によるプロペラ翼面圧力分布の計算結果を，等圧力分布線で図8-122に示す．本図は上流側からプロペラ翼の背面側を見た図（ただ

8.4 船舶プロパルサ

図 8-122　低騒音プロペラ翼面圧力分布[140]

し，ボス・キャップは実際の船の場合と異なり，逆側にも取り付けられている）であるが，船体中心線側より右舷側で圧力の低圧部が翼端に発生している．これは，図 8-91 に示すようにプロペラ軸が流れに対して傾斜しており，下から上向きの流れがあるため，右舷側ではプロペラの回転方向と流れの方向が逆向きとなり，相対流速と迎角が大きくなったためである．また，キャビテーション発生の恐れが高い半径 $0.9R$（R：プロペラ半径）の $0.01C$（C：翼弦長）における翼面圧力分布の変化を調べると，翼角度 60°で翼背面側の圧力が最も低くなるが，このときでも圧力係数 C_P は設計動作点のキャビテーション数 σ_n に比べ，十分小さな値となる．圧力分布を計算することによって，このプロペラはすべての翼角度位置で翼面上にはキャビテーションが発生しないことが判定できる．

　実験での評価　このプロペラのキャビテーション性能を評価するため，キャビテーション水槽における模型実験と共に実船計測が行われた．

　実船計測での計測装置の配置を図 8-123 に示す．プロペラ直上の船底外板に観測窓を設けてキャビテーションの観察を行っている．プロペラの回転に同期させてストロボを発光させ，各瞬間のキャビテーション・パターンをテレビカ

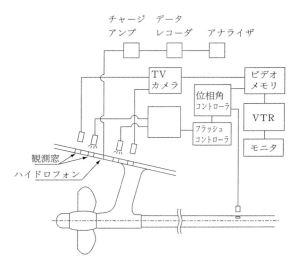

図 8-123　実船水中騒音計測システム[140]

メラを通して画像メモリに記憶させ，ビデオレコーダに記録した．プロペラ騒音はプロペラ直上の船底外板に設置したハイドロフォンで計測し，FFT 分析器で周波数解析された．本船は 2 軸船であるため，左右両舷のプロペラについて騒音計測が行われた．

　模型実験でも実船計測でも，基準ピッチではキャビテーションは観察されなかったが，基準ピッチより小さいピッチに変節したときには翼正面側に TVC が観察された．このときのプロペラ騒音の実船計測結果を模型実験から推定した騒音レベルと比較して図 8-124 に示す．TVC の場合，模型と実船で相似となるキャビテーション数が異なることが知られている．

　このため，キャビテーション騒音の相似則としてキャビテーション数を考慮した式

$$\frac{G_s(f_s)}{G_m(f_m)} = \left(\frac{r_m}{r_s}\right)^2 \left(\frac{D_s}{D_m}\right)^6 \left(\frac{\rho_s}{\rho_m}\right)^2 \left(\frac{n_s}{n_m}\right)^3 \left(\frac{\sigma_{ns}}{\sigma_{nm}}\right)^{3/2} \tag{8.66}$$

を用いると，模型実験からの推定値は実船計測結果とよく一致する．ただし，r は音源とプロペラの距離である．添字 m は模型，s は実船である．プロペ

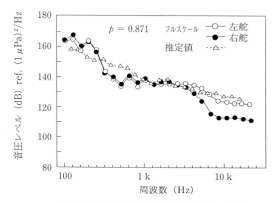

図 8-124　実船水中騒音と模型計測との比較[140]

ラ騒音レベルは TVC が発生した場合においても十分低く，水中音響機器の使用には支障を生じない．

8.4.7　ウォータ・ジェット・ポンプのキャビテーション

ウォータ・ジェット・ポンプを用いた推進装置は，ポンプ部のキャビテーションとインレット部のキャビテーションが問題となる．ポンプ部に関しては，8.2 節で述べているので，ここではインレット部のキャビテーションを主に述べる．

インレット部のキャビテーション試験としては図 8-125 に示す配置でキャビテーション水槽の計測部にインレット模型を取り付けて行った例がある[141]．インレットから吸い込んだ水はキャビテーション水槽と別の管路を通した後，再び水槽内に戻した．ウォータ・ジェット推進装置では，インレットや吸い込み管路だけでなくポンプ自体のキャビテーションも重要な問題となる．しかし，この実験例はインレットおよび吸い込み管路でのキャビテーションを調査の対象としたため，実物と相似なポンプを用いず，水槽の下部に設置した汎用ポンプで管路内の流速を調整した．

キャビテーション試験は，次式で定義されるインレットの吸い込み速度比（IVR：Inlet Velocity Ratio）を各種変化させながら行っている．

$$IVR = U_i/U \tag{8.67}$$

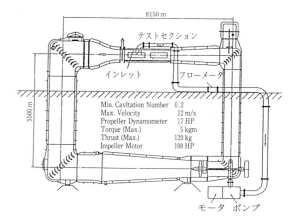

図 8-125 ウォータ・ジェット・インレットの三菱重工キャビテーション水槽計測胴への取付[141]

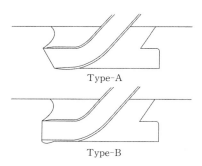

図 8-126 インレット形状の比較[141]

ここで，U_i はインレットでの吸い込み速度である．インレットの吸い込み速度は，管路の途中に設置した流量計により流量を計測し，これをインレット断面積で割ることにより平均流速として求めている．図 8-126 に示す Type-A および Type-B の 2 種類のポット型インレットを比較している．

Type-A のインレットの場合，$IVR = 0.7$ においてインレット下部外側に比較的高いキャビテーション数からシート・キャビテーションが発生し，キャビテーション数の低下と共に激しいキャビテーションとなっている．これに対し，Type-B のインレットの場合，キャビテーションがほとんど発生していない．Type-A のインレットは上下非対称であり，インレット下部で外向きの流

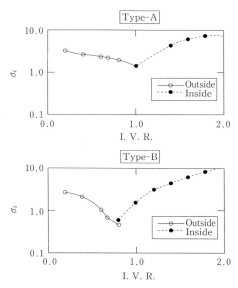

図 8-127　インレット部の初生の比較[141]

れが発生するため，キャビテーションが発生しやすくなる．

次に，両インレットのキャビテーション初生試験結果[141]を示す．初生値 σ_i は，十分なキャビテーションが発生するまで静圧を下げた後，徐々に圧力を上昇させて行き，吸い込み口のキャビテーションが消滅した値 σ_d を用いている（3 章参照）．IVR を変化させて計測されたインレットの初生試験結果を図 8-127 に示す．IVR が大きい場合，インレットの内側にキャビテーションが発生するのに対し，IVR が低下するに従い，外側にキャビテーションが発生するようになる．2 種類のインレットのキャビーション初生値を比較すると，内側に発生するキャビテーションの初生値は両インレットでほとんど同一であるのに対し，外側に発生するキャビテーションの初生値は Type-B の方が大幅に低いことがわかる．すなわち，Type-B のインレットの方がキャビテーション性能は大幅に良好であるといえる．

8.4.8　舵のキャビテーション

通常，舵はプロペラの後方に装着されるので，プロペラ後方の旋回流中で作

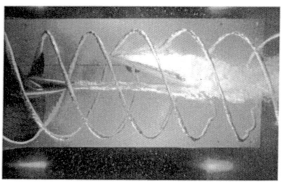

図 8-128 舵板（MR-7）に発生するキャビテーション[142]

動する．このため，舵は舵角ゼロでも迎角がつくので，高速艇ではキャビテーションが発生する．キャビテーション発生量が多くなると，キャビテーション自身が振動し，舵板を折損させることもある[142]．図 8-128 に高速艇用舵に発生するキャビテーションの一例を示す．このキャビテーションは非定常性が強く，舵表面にエロージョンを生じることが多い．エロージョン防止，すなわち非定常キャビテーションの発生を抑えるために，舵翼断面形状を SC 翼型[108]としたり，リエントラント・ジェットの遡上防止用バリアを取り付けることが考えられている．

　舵角をとると前方のプロペラの回転方向との組み合わせで，舵のどちらの面でキャビテーションが発生するかが決まる．右回りプロペラの場合，舵角ゼロ

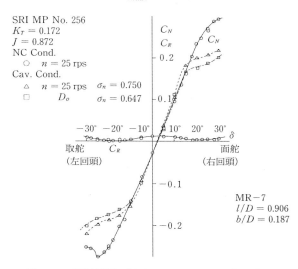

図 8-129　舵特性曲線（船研キャビテーション水槽で計測）

でもプロペラ軸心より上方では右舷側で発生し，面舵をとるとキャビテーションが消え，さらに舵をきると左舷側に発生する．エアロフォイル型の舵では，舵角がある値を越えるとストールし，舵効きが悪くなり，キャビテーションが発生すると舵力が大幅に低下する．一方，図 8-128 に示す高速艇用舵について舵角と舵の直圧力（舵に直角な力）・抗力との関係を図 8-129 に示す．図中の○印がキャビテーションが発生しない場合の舵直圧力 C_N と抗力 C_R の，△印と□印がキャビテーションが発生した場合の舵直圧力の計測結果（無次元値）である．高速艇では舵断面をくさび形翼型とすると大きな舵角をとっても旋回半径が大きくなるようなことがなく，舵効きがエアロフォイル型と比べて非常に良くなる[108]．

参考文献

1) 神山新一："曲管のキャビテーションに関する研究（第5巻）"，東北大速研報告，Vol. 27，No. 273（1971）1-19

2) Weyler, M. E., et al. : "An Investigation of the Effect of Cavitation Bubbles on the Momentum Loss in Transient Pipe Flow", Trans. ASME, Ser. D, Vol. 93, No.1

3) Roshko, A. : "Structure of Turbulent Shear Flow : A New Look", 14th Aerospace Sciences Meeting, Washington D. C., AIAA Paper, No.76-78 (1976 -1) 1-12

4) Oba, R., et al. : "Effect of Polymer Additives on Cavitation Development and Noise in Water Flow Through an Orifice", Journal of Fluids Engineering, Trans. ASME, 100-4 (1978-12) 493-499

5) Ogura, K. : "On the Cavitation of Orifice in a Pipe", Proc. of 3rd International Symposium on Cavitation, Grenoble, Vol. 1 (1998-4) 135-138

6) 田部井，白井："円管内オリフィス流のキャビテーション発光特性（増光物質混入による影響）"，日本機械学会論文集（B），62巻，597号（1996-5）1762-1767

7) 川上，青島："単泡性ソノルミネッセンス（SBSL）実験の最先端 発光特性の計測—発光メカニズムの解明を目指して—"，超音波 TECHNO，11巻，2号（1999-2）12-17

8) 大場，伊藤："ベンチュリのキャビテーション衝撃圧の解明（第2報）"，高速力学研究所報告，33巻，326号（1973-12）37-50

9) 大田ほか："産業用調節弁とキャビテーション"，キャビテーションに関するシンポジウム（第6回），日本学術会議（1989-6）3

10) 井上ほか："調節弁のキャビテーションに関する実験研究（第1報，高差圧小開度におけるキャビテーションと振動）"，日本機械学会論文集（B），53巻，485号（1987-1）127

11) Tullis J. P., Ball J. W. : Proc. Conf. Cavi., Heriot-Watt Univ. (1974) 55

12) 井上ほか："グローブ形調節弁のキャビテーションに関する研究（第2報，コンタードプラグ弁の流れに初生するひも状キャビテーション）"，日本機械学会論文集（B），57巻，544号（1991-12）3997

13) 井上ほか："グローブ形調節弁のキャビテーションに関する研究（第3報，コンタードプラグにおける渦放出とキャビテーション初生）"，日本機械学会論文集（B），59巻，562号（1993-6）1905

14) 大場ほか："ジェットフロー形仕切弁に発生するキャビテーションの観察"，日本機械学会論文集（B），50巻，458号（1984-10）2285

15) 大場ほか："ジェットフロー形仕切弁まわりのキャビテーション衝撃圧の空間分布"，キャビテーションに関するシンポジウム（第4回），日本学術会議（1985-6）71

16) Cardinal von Widdern : "Ueber Hohlraumbidung in Kreiselpumpen", Esher Wyss. Mitteilungen, Jan-Maerz (1936)

17) 日本工業規格：JIS B 8301，"遠心ポンプ，斜流ポンプ及び軸流ポンプの試験及び検査方法"

18) Wislicenus, G. F., et al. : "Cavitation Characteristics of Centrifugal Pumps described by Similarity Consideration", Trans. ASME (Jan 1939). 文献(6) Arndt, R. E. A : "Cavitation in Fluid Machinery and Hydraulic Structures", Ann. Rev. Fluid Mech., 13 (1981) 273-328

19) Stepanoff, A. J. : "Cavitation Properties of Liquids", ASME J. Eng., Power, 86 (1964) 195-200

20) Zika, V. J. : "Thermodynamics of Incipient Cavitation (3% Head Drop) in Centrifugal Pumps, Proc. of Int. Symp. on Cavitation Inception, Lousiana (1984) 161-167

21) キャビテーション損傷研究分科会編，研究成果報告書（第1期）ターボ機械協会，あるいは，祖山ほか："遠心ポンプおける激しいキャビテーション壊食の発達過程（第1報　顕著な上流キャビテータの影響)"，ターボ機械，18巻，12号（1990-12）691-698

22) キャビテーション損傷研究分科会編，研究成果報告書（第2期）ターボ機械協会，あるいは，祖山ほか："高比速度遠心ポンプに生じる激しい壊食性キャビテーションの高速写真観測"，日本機械学会論文集（B），61巻，591号（1995-11）3945-3951

23) 浦西，窪田："遠心ポンプの性能に及ぼす吸込みケーシング内の流れの影響"，日本機械学会論文集（B），50巻，459号（1984-11）2773-2776

24) 斉藤："軸流ポンプのキャビテーション発生状況と羽根車前後の流動状態"，日本機械学会論文集（B），53巻，492号（1987-8）2483-2491

25) 南ほか："うず巻ポンプのキャビテーションに関する実験"，日本機械学会誌，62巻，485号（1959-6）881

26) Stepanoff, A. J. : "Centrifugal and axial flow pumps, Theory, design, and application", John Wiley & Sons, Inc. (1957)

27) Worster, D. M., Worster, C. : "The calculation of three dimensional flows in impellers and its use in improving the cavitation performance of centrifugal

pumps", Proc. 2nd Cavitation Conf., Edinburgh (1983-9) C203/83, 105

28) Kueny, J. L., et al. : "Numerical prediction of partial cavitation in pumps and inducers", IAHR Symposium, Trondheim (1988) 739

29) Cooper, P., et al. : "Elimination of cavitation-related instabilities and damage in high-energy pump impellers", 8th International Pump Users Symposium, Houston (1991) 3

30) Oshima, M., Endo K. : "Effect of inlet diameter of mixed flow impellers on suction performance", Proc. 2nd Cavitation Conf., Edinburgh (1983-9) C203/83, 87

31) M. J. van Os, et al. : "A parametric study of the cavitation inception behavior of a mixed-flow pump impeller using a three-dimensional potential flow model", The 1997 ASME Fluids Engineering Division Summer Meeting (1997-6) FEDSM97-3374

32) Tsugawa, T. : "A simple prediction method of pump cavitation performance", Third International Symposium on Cavitation, Grenoble (1998-4) Vol. 1, 353

33) 大島："軸流ポンプの性能改善に関する研究"，日本機械学会論文集（B），30巻，210号（1964-2）236

34) 大嶋："ポンプ初生キャビテーションとNPSH"，配管技術，20巻，2号（1978-2）63

35) 岡村："ポンプのキャビテーション損傷"，第8回キャビテーションに関するシンポジウム，日本学術会議（1995-12）35-44

36) 三角ほか："ボイラ給水ポンプの予防保全技術"，日立評論，Vol. 75，No. 12（1993-12）819-824

37) 例えば，沼地ほか："既存翼型6個のキャビテーション性能"，東北大学速研報告，Vol. 1（昭24）1-16

38) ターボ機械協会：ターボ機械協会指針　ポンプのキャビテーション損傷の予測と評価　TSJG001: 2001，（2011-1）21

39) Ido, A., et al. : "Tip Clearance Cavitation and Erosion in Mixed-Flow Pumps", ASME FED-Vol. 19, Fluid Machinery Forum (1991) 27-29

40) ターボ機械協会：ターボ機械協会指針　ポンプのキャビテーション損傷の予測と評価　TSJG001: 2001，（2011-1）9-10

41) キャビテーション損傷研究分科会編：研究成果報告書（第3期），ターボ機械協会（1997-3）63-68

42) 岡村ほか："遠心ポンプの低流量域のキャビテーション"，第9回キャビテーションに関するシンポジウム，日本学術会議（1997-10）12-126

43) Okamura, T., et al. : "Flow and Cavitation Erosion at Partial Flow Rate in Centrifugal Pumps", Proc. 3rd ICPF Tsinghua University (1998-10) 633-642

44) 山本和義："遠心ポンプのキャビテーションに伴う脈動現象（第1報，現象の分類と振動特性）"，日本機械学会論文集（B），56巻，523号（1990）536

45) 王 新明ほか："極低温流量域における遠心ポンプのキャビテーションに伴う不安定現象"，日本機械学会論文集（B），58巻，556号（1992）157

46) 吉田 誠ほか："インデューサのキャビテーティングフローと軸振動"，日本機械学会第76期全国大会講演会論文集（1998）

47) Watanabe, T. and Kawata, Y. : "Research on the Oscillation in Cavitating Inducer", Pro. IAHR Symposium, Fot Collins, 2 (1978) 265

48) 山本和義："遠心ポンプのキャビテーションに伴う脈動現象（第2報，エネルギーの授受）"，日本機械学会論文集（B），56巻，523号（1990）644

49) Kamijo, K., et al. : "An Experiemental Investigation of Cavitating Inducer Instability", 77-WA/FE-14, ASME Winter Annual Meeting, Atlanta, Atlanta, Ga., (1977), National Aerospace Lab., Rept. TR-598T (1980)

50) 辻本良信ほか："インデューサの旋回キャビテーションの解析"，日本機械学会論文集（B），58巻，551号（1992）2052

51) 橋本知之ほか："逆まわり旋回キャビテーションの観察"，日本機械学会論文集（B），63巻，605号（1997）147

52) Kamijo, K. and Makoto, Y. : "Hydraulic and Mechanical Performance of LE-7LOX Pump Inducer", Journal of Propulsion and Power, Vol. 9, No. 6 (1993) 819

53) 辻本良信，上條謙二郎："ターボ機械の不安定現象"，ターボ機械，25巻，4号（1997）205

54) Young, W.E., et al. : "Study of Cavitating Inducer Instabilities", NASA CR -123939 (1972)

55) Brennen, C. E., et al. : "Scale Effects in the Dynamic Transfer Functions for Cavitating Inducers", Journal of Fluids Engineering, Vol. 104, No. 4 (1982) 428

56) Otsuka, S., et al. : "Feqnency Dependence of Mass Flow Gain Factor and Cavitation Conpliance of Cavitating Inducers", Journal of Fluids Engineering, Vol. 118, No. 2 (1996) 400

57) 渡邉 聡ほか："特異点法による非定常キャビテーション特性の解析"，日本機械学会論文集（B），64巻，621号（1988）1

58) 高松康生ほか："羽根車の羽根半数の入口端切除がうず巻ポンプの吸込み性能に与える影響"，日本機械学会論文集（B），43巻，369号（1977）1765-1775

59) 宮代 裕ほか："スーパ・キャビテーションポンプの研究"，日本機械学会論

文集（B），39巻，328号（1973）3725-3732

60) 窪田直和：“二重翼列形式羽根車付き遠心ポンプの研究”，日本機械学会論文集（B），41巻，351号（1975）3189-3196

61) 高松康生ほか：“インデューサを持つ遠心ポンプの吸込み性能”，ターボ機械，7巻，10号（1979）584-589

62) 高松康生ほか：“ヘリカルインデューサによる遠心ポンプの吸込み性能改善度”，日本機械学会論文集（B），44巻，379号（1978）960-969

63) 石松公一ほか：“平板ヘリカルインデューサの翼角が低周波脈動キャビテーションの発生領域に及ぼす影響”，日本機械学会講演論文集，No.97-1(III)（1997）406-407

64) ターボ機械協会編：“ハイドロタービン”，日本工業出版（1991）

65) IEC Pub. 609, "Cavitation pitting evaluation in hydraulic turbines, storage pumps and pump-turbines" (1978)

66) 大橋，黒川ほか：“流体機械ハンドブック”，朝倉書店（1998）

67) JIS B 8103, “水車及びポンプ水車の模型試験方法”（1989）

68) IEC draft No.4/111/CDV, "Model acceptance tests to determine the hydraulic performance of hydraulic turbines, storage pumps and pump-turbines" (1994)

69) 電気学会編：“水車およびポンプ水車の侵食，壊食，腐食に関する調査結果報告”，電気学会技報，II-133号（1981）

70) 長藤，清水：“フランシス水車キャビテーション特性に関する研究（第3報，ランナ入口キャビテーションの改善）”，ターボ機械，18巻，8号（1990）

71) 日本機械学会編：機械工学便覧 B5（流体機械）（1989）47，54，57

72) Nagafuji, T., et al. : "Performance Improvements of Francis Turbines", Proc. of China-Japan Joint Conf. on Hydraulic Mach. & Equip. (1984)

73) Nagafuji, T. and Morii, H. : "A Flow Study in Francis Turbine Runner", Proc. of 10th IAHR Sympo. (1980) 583

74) Uchida, K. and Nagafuji, T. : "Euler Simulation of Flow in a Francis Runner", Proc. of 3rd JSME-KSME Fluid Engrg. Conf. (1994) 450

75) 内田ほか：“水車ランナの三次元オイラー流れ解析（フランシス水車ランナ羽根面圧分布について）”，日本機械学会論文集（B），61巻，591号（1995）3927

76) 荒川ほか：“疑似圧縮性解法によるフランシス水車ランナの乱流数値解析”，日本機械学会論文集（B），60巻，573号（1994）1661

77) Ida, T. : "Scale Effect Formulae and Corresponding Points on Water Turbine Characteristics", 神奈川大学工学部研究報告，No. 14 (1976) 10

78) Nagafuji, T., et al. : "Study on Performance Prediction of Francis Tur-

bines", Proc. of 13th IAHR Sympo., Vol. II, No. 75 (1986)

79) Nagafuji, T., et al. : "A New Prediction Method on Performance of Hydraulic Turbines", Proc. of International Conf. on Fluid Engng. in JSME Centennial Grand Congress (1997) 219

80) 長藤，清水："フランシス水車のキャビテーション予測"，第9回キャビテーションに関するシンポジウム（1997）155

81) Kurosawa, S., et al. : "Improvement of cavitation performance in reversible pump-turbine", Proc. of 2nd International Sympo. on Cavitation (1994) 441

82) 鈴木，銭："可動翼水車のランナに特徴的なキャビテーション性能の予測"，第8回キャビテーションに関するシンポジウム（1995）75

83) 幡谷，佐藤："水車材料"，ターボ機械，12巻，3号（1984）39

84) 右近良孝ほか："実船翼面圧力計測—通常型プロペラに関する計測—"，日本造船学会論文集，Vol. 168（1990）95-75

85) 守屋富次郎："空気力学序論"，培風館（1985）

86) Ukon, Y. and Kurobe, Y. : "Prevention of Root Erosion by Pre-Propeller Fin", Proc. of Int. Symp. on Propulsor and Cavitation, STG, Hamburg (1992) 242-250

87) 谷林英毅："舶用プロペラのキャビテーション（その1）"，第2回舶用プロペラに関するシンポジウム，日本造船学会（1971）47-59

88) Burrill, L. C. and Emerson, A. : "Propeller Cavitation. Further Tests on 16in Propeller Models in the King's College Cavitation Tunnel", Int. Shipbuilding Progress, Vol. 10, No. 104 (1963) 119-131

89) 山崎正三郎ほか："Highly Skewed Propeller の研究（第1報～第5報）"，日本造船学会論文集，Vol. 149～153（1981～1983）

90) Hadler, J. B., et al. : "Program to Minimize Propeller-Induced Vibration on Converted Maersk "E" Class Ships", Transactions of SNAME, Vol. 92 (1984)

91) 右近良孝ほか："二重反転プロペラの設計について—高速コンテナ船への適用"，西部造船会会報，75号（1988）52-64

92) Nakamura, S., et al. : "World's First Contra-Rotating Propeller System Successfully Fitted to a Merchant Ship", The Motor Ship 11th Conference (1990)

93) Nishiyama, S., et al. : "Development of Contrarotating-Propeller System for Juno-a 37,000-DWT Class Bulk Carrier", Transactions of SNAME, Vol. 98 (1990) 27-52

94) Blaurock, J. : "Propeller plus Vane Wheel, An Unconventional Propulsion System", Proc. of ISSHES-83, El Pardo (1983) 9.2-1-14

95) 矢崎敦生：“AU 型プロペラ設計法に関する研究”，運輸技術研究所報告，11巻，7号（1961）

96) Takahashi, H. : "A Prevention from Face Cavitation by Varying the Form of Blade Sections of a Screw Propeller", Report of Transportation Technical Research Institute, No. 38 (1953)

97) 関西造船協会編：“造船設計便覧”，第4版，海文堂（1983）

98) Eppler, R. and Somers, D. M. : "A Computer Program for the Design and Analysis of Low Speed Airfoils", NASA Tech. Memo. 802110 (1980)

99) Yamaguchi, H., et al. : "Development of Marine Propellers with Better Cavitation Performance-2nd Report-", J. of the Society of Naval Architects of Japen, Vol. 163 (1989) 28-42

100) 中崎正敏ほか：“新しい設計法を用いた3翼小翼面積比較プロペラに関する研究”，関西造船協会誌，201号（1986）65-78

101) 門井弘行ほか：“SRI・B型プロペラの不均一流中キャビテーション性能”，西部造船会会報，80号（1990）35-50

102) 笹島孝夫，川添 強：“三菱舶用プロペラの設計技術”，三菱重工技報，Vol. 25，No. 2（1988）1-6

103) Newton, R. N. and Rader, H. P. : "Performance Data of Propeller for High-Speed Craft", RINA Quarterly Transactions, Vol. 103, No. 2 (1961) 93-129

104) Gawn, R. W. L. and Burill, L. C. : "Effect of Cavitation on the Performance of a Series of 16in. Model Propellers", TINA (1957) 690-728

105) 工藤達郎，右近良孝：“第5章 高速船用プロペラの理論とその応用”，次世代船開発のための推進工学シンポジウム，日本造船学会（1991）127-166

106) 右近良孝：“次世代プロペラの開発をめざした研究”，70回船舶技術研究所研究発表会講演集（1997）110-116

107) 右近良孝ほか：“スーパー・キャビテーティング・プロペラの設計”，日本造船学会論文集，174号（1993）101-111

108) 右近良孝：“新しいプロパルサの実現に向けた研究の現状”，62回船舶技術研究所研究発表会講演集（1993）52-63

109) 工藤達郎ほか：“渦格子法によるスーパーキャビテーティング・プロペラの設計”，日本造船学会論文集，Vol. 175（1994）47-56

110) 工藤達郎：“渦格子法によるスーパーキャビテーティングプロペラの性能計算”，日本造船学会論文集，Vol. 174（1993）113-120

111) 菅井和夫：“プロペラ揚力面理論とその応用”，第2回舶用プロペラに関するシンポジウム，日本造船学会，東京（1971）25-46

112) 小山鴻一：“不均一流中のプロペラ揚力面の実用計算法と計算例”，日本造船学会論文集，Vol. 137（1975）78-87

113) 星野徹二：“プロペラ理論”，第3回舶用プロペラに関するシンポジウム，日本造船学会（1987）48-68

114) Hoshino, T. : "Hydrodynamic Analysis of Propellers in Unsteady Flow Using a Surface Panel Method", J. of the Society of Naval Architects of Japan, Vol. 174 (1993) 71-87

115) Uto, S. : "Computation of Incompressible Viscous Flow around a Marine Propeller, 2nd Report; Turbulent Flow Simulation", J. of the Society of Naval Architects of Japan, Vol. 173 (1993) 67-72

116) 右近良孝ほか：“通常型及びハイリースキュードプロペラの翼面圧力計測について—キャビテーションが発生しない場合—”，日本造船学会論文集，165号（1989）83-94

117) 右近良孝ほか：“実船プロペラ翼面圧力計測—ハイリー・スキュード・プロペラに関する計測—”，日本造船学会論文集，Vol. 170（1991）111-123

118) Ukon, Y. : "Partial Cavitation on Two-and Three-Dimensional Hydrofoils and Marine Propellers", Proc. of 10th IAHR Symp., Tokyo (1980) 195-206

119) Kuiper, G. : "Cavitation Inception on Ship Propeller Models", Ph. D. Thesis, Delft Univ. (1981)

120) 加藤洋治，右近良孝：“プロペラ・キャビテーションの推定法”，船型設計のための抵抗・推進シンポジウム，日本造船学会，東京（1979）189-216

121) Hanaoka, T. : "Linearized Theory of Cavity Flow Past a Hydrofoil of Arbitrary Shape", Papers of Ship Research Institute, No. 21 (1967)

122) Lee, C.-S. : "Prediction of the Transient Cavitation on Marine Propellers by Numerical Lifting-Surface Theory", Proc. of 13th Symp. on Naval Hydrodynamics, Tokyo (1980) 41-64

123) Dang, J. and Kuiper, G. : "Re-Entrant Jet Modelling of Partial Cavity Flow on Two Dimensional Hydrofoils", Proc. of 3rd Int. Symp. on Cravitation, Grenoble (1998) 233-242

124) Isshiki, H. and Murakami, M. : "Theoretical Treatment of Unsteady Cavitation on Ship Propeller Foils", Proc. of 14th Symp. on Naval Hydrodynamics (1982)

125) Hoshino, T. : "Estimation of Unsteady Cavitation on Propeller Blades as a Base for Predicting Propeller-Induced Pressure Fluctuation", J. of the Society of Naval Architects of Japan. Vol. 148 (1980) 33-44

126) 山口　一ほか：“ステレオ写真法によるプロペラ・キャビティ厚さの測定”，

第4回キャビテーションに関するシンポジウム，日本学術会議 (1986) 115-122

127) 右近良孝，黒部雄三：“レーザー光を利用したプロペラ翼面上のキャビティ厚みの計測”，船舶技術研究所報告，19巻 (1982) 1-12

128) 工藤達郎ほか：“模型プロペラ翼面上に発生するキャビティ形状の計測”，日本造船学会論文集，Vol. 166 (1989) 93-103

129) Emerson, A. : "Cavitaton Erosion", Proc. of 13th Int. Towing Tank Conference, Report of Cavitation Committee, Appendix II (1972)

130) Lindgren, H. and Bjärne, E. : "Studies of Propeller Cavitation Erosion", Proc. of Conference on Cavitation, IME, Heriot-Watt Univ. (1974) 241-251

131) Ukon, Y. and Takei, Y. : "An Investigation of the Effects of Blade Profile on Cavitation Erosion of Marine Propellers", Trans. of the West-Japan Society of Naval Architects, No. 61 (1981) 81-97

132) 船舶技術研究所：“プロペラ材料に関する研究”，昭和48年度船舶技術研究成果報告書 (1974) 5

133) 谷口　中ほか：“巨大船用高強度新特殊鋼プロペラの開発”，日本造船学会論文集，Vol. 123 (1968) 59-73

134) 高橋　肇ほか：“プロペラ起振力に関する研究（第2報）”，第2回船舶技術研究所研究発表会講演概要 (1968)

135) Johnsson, C.-A. : "Propeller Design Aspects of Large Hish Powered Ships", Proc. of Symp. on High Powered Propulsion of Large Ships, NSMB (1974) 4-1-41

136) 右近良孝：“船尾変動圧力の推定に関する研究”，船舶技術研究所報告，28巻，4号 (1991) 19-52

137) 右近良孝：“プロパルサと舵の研究―運航性能の観点から―”，船舶技術研究所研究発表会講演集，第64回 (1994) 173-178

138) 笹島孝夫：“キャビテーション水槽におけるプロペラ放射雑音の計測”，三菱重工技報，Vol. 19，No. 1 (1982)

139) 右近良孝，黒部雄三：“空気吹き出しによるプロペラ水中騒音・変動圧力の低減について”，日本造船学会論文集，Vol. 163 (1988) 79-87

140) 星野徹二，大島　明：“舶用プロペラの水中放射雑音と低雑音設計”，海洋音響学会 (1998)

141) 星野徹二，松石　進：“高速船のキャビテーション問題”，キャビテーションに関するシンポジウム（第8回），日本学術会議，京都 (1995) 65-70

142) 右近良孝：“高速艇舵の流力特性とキャビテーション”，第48回船舶技術研究所研究発表会講演集 (1986) 88-91

143) 右近良孝：“プロペラ・キャビテーションの研究の現状”，第54回船舶技術研

究所研究発表会講演集 (1989) 38-49

9章　キャビテーションの有効利用

　キャビテーションは，振動・騒音・壊食の原因となるために概して流体機械にとっては有害であるが，一方，超音波洗浄などに有効に利用されている．なお，キャビテーションを利用している場合でも，超音波によりキャビテーションを発生させる場合などは，「超音波」あるいは「音響化学（Sonochemistry）」といった言葉で説明されていることが多い．また近年，キャビテーションを伴う高速水中水噴流（以下では単にキャビテーション噴流と呼ぶ）は，吐出し圧力などの流体力学的パラメータによりキャビテーションの発生領域やキャビテーションの強さを制御できる[1]ことから，キャビテーション噴流による洗浄や材料の表面改質も注目されている．ウォータジェットカッティングなどで知られている高速気中水噴流も，衝突面にはキャビテーションを生じており，キャビテーションの崩壊衝撃力を利用しているので，これらの噴流の応用例のなかでキャビテーションに関わりのある例も併せて述べる．主な応用例をまとめて表9-1に示す．

9.1　洗浄・バリ取り

　超音波洗浄は，眼鏡などのレンズの洗浄[2]から半導体ウェーハ等の洗浄に至るまで広く使われている．これは図9-1に示すように，超音波振動子を水槽の底面や側面に取り付けて，水槽内の洗浄液（水，純水，洗剤）を加振して水槽内にキャビテーションを生じさせ，水槽内に被洗浄物を入れて洗浄する方法である．また，超音波振動子を取り付けた振動板を水槽に挿入してキャビテーションを発生する方法もある．洗浄効果は，超音波振動子による振動およびキャビテーション気泡の崩壊衝撃力による．周波数は主として $20 \sim 40\,\mathrm{kHz}$ が用いられるが，微細な汚れには高周波が適しているという報告[3]があり，$900\,\mathrm{kHz}$ 以上の周波数を用いることもある．

9章　キャビテーションの有効利用

表 9-1 キャビテーションの応用例

応用分野	キャビテーションの性質		
	高　圧	高　速	高　温
機械 原子力 土木 海洋	洗浄 バリ取り デスケーリング ピーニング 切削・はつり 掘削 地盤改良 磯焼け防止，海底洗耕 採炭	バブルジェットプリンタ	防食処理
宇宙	脱気	雨滴衝突試験	
電気・半導体	洗浄 バリ取り ゲッタリング		
化学	結晶の再結晶化 微粒化	高分子の解重合 油類の浮上 フラーレンの生成	反応促進 アモルファス生成
医療	超音波メス キャビテーションジェッ トメス 結石破砕		音響化学的がん療法
食品	洗浄 滅菌 切断		
化粧品	乳化		

　超音波によるキャビテーションばかりでなく，図 9-2 に示すように，被洗浄
物を水中に設置して高圧水を噴出して発生させた噴流まわりのキャビテーショ
ンも，機械部品[4]から半導体[5]に至るまで用いられている．これらのキャビテ
ーションを有効利用した洗浄技術は，フロンを使用する洗浄法の代替洗浄技術
として注目を集めている．このような洗浄ばかりでなく，自動車部品や電子部
品を機械加工した際に生じるバリ取りなどにも噴流が応用されている．
　キャビテーション噴流におけるキャビテーションの発生を，キャビテータと
呼ばれる円柱棒をノズル内に取り付けて制御した一例を図 9-3 に示す．（ a ）は
キャビテーション制御を行わない通常の場合，（ b ）はキャビテーション制御を

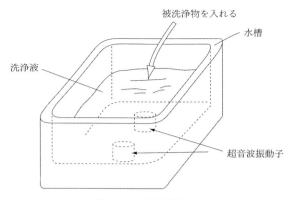

図 9-1　超音波洗浄器

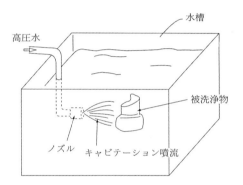

図 9-2　キャビテーション噴流による洗浄

行った場合を示している．

　図 9-3(a)に示すように，通常のキャビテーション噴流では，キャビテーションは噴流と周囲の静止した水との間の剪断層内に発生する．したがって，キャビテーションは大きな運動エネルギを有する噴流の中心部にはあまり発生せず，気泡の崩壊によって発生する衝撃力も噴流周辺部に発生することになる．一方，図 9-3(b)に示すように，ノズル中心軸にキャビテータを取り付けると，キャビテータ後縁から渦輪が周期的に放出される．渦の回転により渦の中心部の圧力が低下し，中心付近にキャビテーションが発生して，図 9-3(b)に示すような衝撃力分布を得ることができ，発生する衝撃力をキャビテータなし

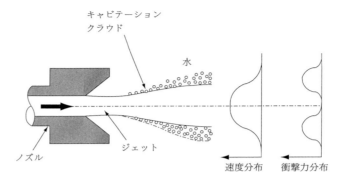

(a)キャビテータなしノズル

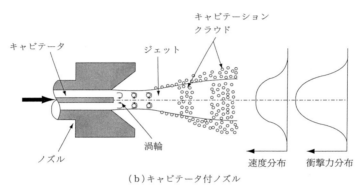

(b)キャビテータ付ノズル

図9-3 キャビテーション噴流[6]

の場合と比べて約3倍にすることができる[6].

9.2 化　合

　超音波によるキャビテーションは，高分子の解重合などの化合物の生成および反応や，油類の乳化，結晶の再結晶化・微粒化などにも利用されている．例えば，液体に水や有機溶媒を用いて超音波を照射し，キャビテーションにより水などを分解してOHラジカルを生じさせ，有機溶媒等と反応させて，種々の有機物を合成[7]，あるいは環境に有害な有機物や界面活性剤のキャビテーションによる分解などが行われている．これらの有機物の合成等には，図9-4に

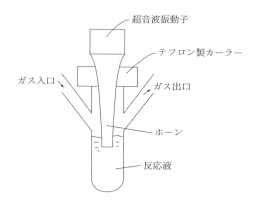

図 9-4 直浸型ホーン式反応器

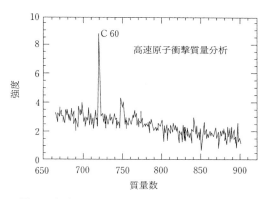

図 9-5 超音波によるベンゼンからのフラーレン C 60 の生成[8]

示すような，超音波振動子先端のホーンを反応液に浸して，ホーン先端を振動させてキャビテーションを発生させる反応器が主として用いられている．また，超音波によるフラーレン C 60 の生成も報告されている[8]．図 9-5 は，ベンゼン中に超音波キャビテーションを発生させた後，高速原子衝撃質量分析法（FABMS）により分析した結果，フラーレン C 60 が生成したことを示す．このような化学的効果は，周波数により異なるという報告がある[9]．またキャビテーションが発生すると，水素や窒素，酸素，二酸化炭素等の溶存気体も酸化還元反応やラジカル反応を生じるので，これらの溶存気体の影響も考慮する必要がある．これらの化学の分野においては，主として超音波が用いられている

ことから，音響化学（Sonochemistry）と呼ばれることが多い．ただし，これらの超音波の化学的効果は，音のエネルギが分子レベルで反応種を直接励起しているのではなく，キャビテーションに起因する高圧・高温による[7]ことを付記しておく．キャビテーション気泡の崩壊時には，局所的高衝撃力と共に気泡の断熱圧縮により極短時間に数千度まで上昇するという報告がある[10]．この高温・高圧状態において超臨界水が生成しているという報告がある[11]．なお，この高温スポットは周囲の液体により急速に冷却される．この高速加熱・冷却現象を用いた粉末金属表面におけるアモルファス層の生成が報告されている[12]．

9.3 材料の改質

金属材料の高強度化

祖山らは，キャビテーション噴流まわりのキャビテーション衝撃力を利用して機械材料表面に圧縮残留応力を導入し[13]，疲労強度が向上することを明らかにした[14]．続いて，平野らも残留応力改善効果を確認している[15]．材料表面には，機械加工仕上げや熱処理の結果として残留応力が存在する．一般に，旋盤やフライス盤などによる機械加工仕上げ面には引張り残留応力が存在し，機械仕上げの粗さに起因するような微小な亀裂も存在する．なお，材料の破断は主として引張り応力による．したがって，あらかじめ材料の表面に圧縮応力（圧縮残留応力）を与えておけば，材料を引張っても，

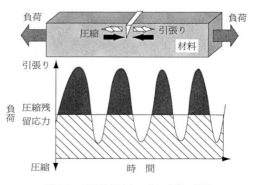

図9-6 圧縮残留応力による負荷の低減

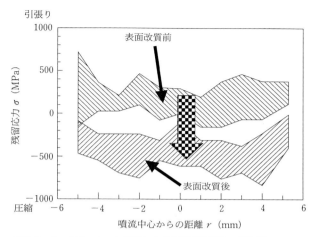

図 9-7 キャビテーション噴流による圧縮残留応力の導入[17]
(SUS 304 製試験片,ノズル上流側圧力 20 MPa,ノズル口径 0.4 mm)

材料に作用する応力＝負荷応力－圧縮残留応力

となる.図9-6に圧縮残留応力を付与することによる高強度化の概要を示す.図の実線で示すような変動負荷が材料に加わる場合は,斜線部分と黒塗りの部分が材料に作用するが,圧縮残留応力の導入により,材料に実際に作用する応力は黒塗りの部分だけとなる.すなわち,圧縮残留応力により引張り応力が低減される分だけ材料が強くなる.また圧縮残留応力の導入により,応力腐食割れを軽減あるいは回避することができる.

図9-7には,ASTM G 134 規格[16]のキャビテーション噴流壊食試験装置を用いてステンレス鋼製試験片表面をピーニング加工し,X線回折法により計測した残留応力分布を示す[17].図9-7中,残留応力の幅は,垂直残留応力の範囲を示す.図9-7の試験片表面は旋盤で仕上げてあり,表面改質前は引張り残留応力が存在している.キャビテーション噴流により表面改質すると,残留応力が引張りから圧縮に改善される.キャビテーション数などのキャビテーション噴流の支配パラメータを制御すると,比較的低吐出し圧力で,ごく短時間に残留応力を改善できる.当然のことながら,長時間キャビテーション噴流にさらすと,いったん圧縮に改善された残留応力が零に漸近する[17].すなわち,キ

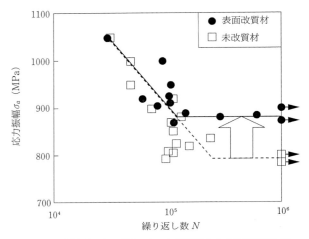

図9-8 キャビテーション噴流による疲労強度向上[14]
(SUP 7製試験片，4点曲げ式疲労試験)

ャビテーション噴流による残留応力改善には最適加工時間が存在する．

　キャビテーション噴流による圧縮残留応力の導入による金属材料の高強度化の実証例として，図9-8には，キャビテーション噴流により表面改質した試験片と未改質の試験片の4点曲げ式疲労試験の結果，すなわち応力振幅 σ_a と疲労破壊に至る回数 N の関係（S-N線図）を示す[14]．$\sigma_a > 900$ MPa では，表面改質の違いは認められないが，応力振幅が小さく疲労限に近い場合には，キャビテーション噴流により表面改質した試験片は，$\sigma_a = 900$ MPa において $N < 10^6$ では破壊に至っていないが，未改質の試験片では，$N < 10^6$ で $\sigma_a \geq 795$ MPa において破壊した．すなわち，キャビテーション噴流により疲労限が100 MPa程度向上したといえる．

高耐食化

　祖山らは，キャビテーション噴流による炭素鋼の耐食性向上を発見し[18]，耐食性向上を電気化学的手法により実証した．さらに，耐食性向上の機構が炭素鋼表面に安定な不動態層が生成されるためであること，および，そのための最適加工条件を明らかにした[19]．すなわち，キャビテーション噴流により炭素鋼などを高耐食化できる．

9.3 材料の改質　　　　　　　　　　　　　　415

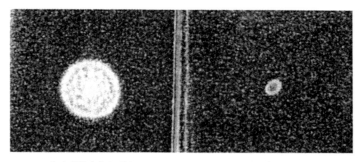

　　　　　（a）高速水中水噴流　　　　　　（b）高速気中水噴流
　　　　図9-9　加工領域（アルミニウム合金製試験片の壊食痕）

　以上のように，キャビテーション噴流は機械材料を高強度化・高耐食化する表面改質に有効利用できる．キャビテーション噴流（高速水中水噴流）を用いる利点は以下の通りである．
　（1）　キャビテーション気泡の崩壊衝撃力を有効利用するので，いわゆるウォータジェット（高速気中水噴流）よりも広範囲を加工でき，かつ比較的低吐出し圧力のポンプにより表面改質できる．図9-9には，同じノズルで，等しい吐出し圧力を同時間噴射した場合について，アルミニウム合金製試験片の壊食痕，すなわち加工領域を示す．明らかに，キャビテーション噴流（高速水中水噴流）の加工領域が，高速気中水噴流よりも広くなっている．
　（2）　キャビテーション噴流を用いることにより，任意の箇所にキャビテーションを発生でき，またノズル上流側・下流側圧力などの流体力学的パラメータによりキャビテーション衝撃力を制御できる．
　（3）　ショットピーニングのようなショットを用いないので，凹面の加工も容易で，ランニングコストも安価であり，またショットの破損などによる粉塵を生じないので，環境および作業者の健康に優しい．
　（4）　窒化，浸炭のような熱処理を必要としない．
　　脱　気
　気泡核をもととしてキャビテーションは発生し，キャビテーション気泡が消滅した後も液体中に数十 μm の大きさの多量の空気泡が残存する．キャビテ

ーション・タンネルでは，これらの微細な気泡を取り除くために，気泡除去タンクやレゾルバ・タンクを設置している．この原理を応用して，液体を脱気することが可能である．また，宇宙などの微小重力空間で新材料創製を行う際には，材料の均質性や純度を高めるために，素材中の気泡を制御あるいは除去することが重要である．しかしながら，このような環境では重力が小さいので，気泡を浮上・除去することは不可能である．そこで，超音波により素材中の液体から気泡を除去する方法が試みられている．その原理は，液体に超音波を照射すると音響定在波の節に気泡を生じるので，複数個の超音波振動子を用いて，位相を変えて気泡を制御（移動）することによる[20]．

ゲッタリング

ICやLSI，ULSIなどの半導体デバイス製造中に製造装置から鉄や銅，ニッケルなどの重金属の不純物が不可避的にシリコンウェーハに混入する．これらの不純物を素子活性領域，つまりウェーハ表面から取り除くこと（ゲッタリング）が，半導体デバイスの性能確保の点から必要不可欠である[21]．重金属は，高温時には容易に結晶中を移動し，冷却時には結晶歪みに捕獲される．ゲッタリングはこの性質を利用して，デバイスプロセス中の高温熱処理を利用して転位に重金属を固着させるものである．従来，シリコンウェーハ裏面にサンドブラストによりBackside Damage（BSD）を付与し，結晶欠陥を導入してゲッタリングサイトとする方法が行われている．しかしながら，ブラスト粒子がプロセスを汚染する可能性がある．そこで，キャビテーション衝撃力により，シリコンウェーハ裏面にBSDを付与する方法が提案されている[22]．これは，図9-10に示すように，シリコンウェーハ裏面にキャビテーション衝撃力により，あらかじめ歪み層を与えてゲッタリングサイトを形成し，デバイスプロセス中に装置から不可避的に混入する重金属をデバイスプロセスの熱処理を利用して，ゲッタリングサイトに捕獲するものである．この方法によれば，シリコンウェーハの洗浄も同時に行えるので，工業上の有用性が高い．

9.3 材料の改質

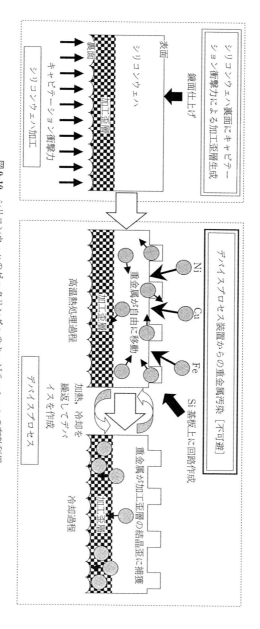

図9-10 シリコンウェハのゲッタリングへのキャビテーションの有効利用

9.4 医　　療

滅　菌

キャビテーションに由来する超音波による作用は，細胞などにダメージを与える効果が知られている[23]．この原理を用いてキャビテーションを滅菌に使用できる．

医　療

キャビテーションは医療分野においても，例えば，がんの治療に用いられている．これは，患者に音響化学的活性物質ヘマトポルフィリンを投与し，患部に超音波を収束させて照射し，超音波キャビテーションにより微視的領域を高温化して，音響化学的にヘマトポルフィリンを活性化させ，抗がん効果を持たせるものである[24]．また，肝臓の切除手術において，胆管や静脈などの脈管を切除せずに，肝実質のみを切断するために，ウォータジェットメスや超音波吸引器（20 kHz の超音波振動子により破砕して吸引）が使用されている[25]．図 9-11 に示すように，適正な吐出し圧力の噴流を用いると，肝内の脈管を残存したまま肝切離を行うことができる．

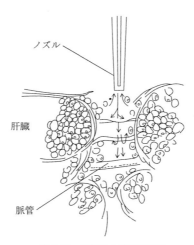

図 9-11　噴流による肝切離[25]

9.5 海　　洋

　1972年頃から有明海において商品価値のない小型マガキが増殖してカキ殻が0.5～1.5mほど堆積し，海苔やあさりの養殖に支障をきたす漁業被害が生じ，カキ殻を沖合いに運搬して廃棄していたが，海上投棄できる場所もなくなった．そのため，ウォータジェットでカキ殻を運搬することなくその場で破砕し，海底の泥層と攪拌することにより，泥の下にカキ殻を堆積させるシステムが開発されて実用化されている[26]．また，岩礁が石灰質で白く覆われて有用な海藻類が生育しにくくなる現象を「磯焼け」と呼ぶ．この磯焼け対策として，ウォータジェットを用いた岩礁の石灰層の剝離による有用な海藻の養生が行われている[26]．なおこの際には，ウォータジェットの有効射程距離を長くするために，図9-12に示すような空気噴流を高圧水噴流のまわりに一緒に噴射する気水噴流が用いられる．

9.6 建　　設

　大都市の多くが河口に位置するために，安全な構造物を建設するためには軟弱地盤が問題となる．この地盤を改良・補強するために，ジェットグラウト工法が用いられている[26]．このジェットグラウト工法の概略を図9-13に示す．本工法は，ウォータジェットにより，地盤を破砕してスライムとして地表に排出し，地中に人為的に空間を作り，改めて硬化材を充塡して強固な団結体を作

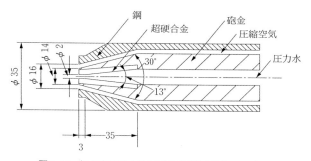

図9-12　気水噴流用ノズルの断面図[26]（単位：mm）

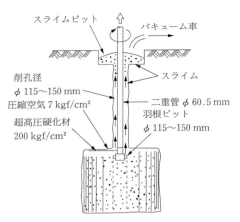

図 9-13 ジェットグラウト工法（地盤改良）[26]

り，地盤を強化する方法である[26]．また，沿岸部のコンクリート製橋脚などではコンクリート表面から塩分が侵入し，コンクリートおよび内部の鉄筋・鉄骨を腐食して，建造物の安全性が問題となるために，コンクリートをはつり，新たにコンクリート等により補修・補強する必要がある．この場合のコンクリートのはつり・剝離・洗浄にウォータジェットが使われている．なお，このはつり等には気中水噴流が利用されることが多い[26]．

参考文献

1) 祖山均：“キャビテーション噴流による材料試験・表面改質における支配因子”，噴流工学，Vol. 15, No. 2 (1998) 31-37
2) 唐木和久，白井道雄，花村尚容，滝本肇：“レンズ洗浄における超音波技術の利用”，噴流工学，Vol. 14, No. 2 (1997) 14-20
3) 高橋典久：“メガソニック洗浄”，超音波 TECHNO, Vol. 6, No. 7 (1994) 36-40
4) 小林陵二，新井田徳雄，佐賀紀彦：“キャビテーションジェット洗浄法の開発研究”，日本機械学会いわき地方講演会講演論文集，No. 921-2 (1992) 71-73
5) 辻村学：“キャビテーションの半導体精密洗浄への応用”，噴流工学，Vol. 14, No. 2 (1997) 21-25
6) 寺崎直嗣，藤川重雄，高杉信秀，杉野芳宏：“水中ウォータジェットにおけるキャビテーション制御に関する一研究”，日本機械学会論文集(B)，Vol. 65,

No. 634 (1999) 1921-1926

7) S.V.レイ，C. M. R.ロー著（岩崎成夫，小川裕司訳）："超音波有機合成 基礎から応用例まで"，シュプリンガー・フェアラーク東京（1991）

8) Katoh, R., Yanase, E., Yokoi, H., Usuba, S., Kakudate, Y., Fujiwara, S. : "Possible New Route for the Production of C60 by Ultrasound", Ultrasonic Sonochemistry, Vol. 5, No. 1 (1998) 37-38

9) Dekerckheer, C., Dahlem, O. and Reisse, J. : "On the Frequency and Isotope Effect in Sonochemistry", Ultrasonic Sonochemistry, Vol. 4, No. 2 (1997) 205 -209

10) Suslick, K. S. and Flint, E. B. : "Sonoluminescence from Non-Aqueous Liquid", Nature, No. 330 (1987) 553-555

11) Hua, I., Höchemer, R. H. and Hoffmann, M. R. : "Sonolytic Hydrolysis of p-Nitrophenyl Acetate: The Role of Supercritical Water", Journal of Physical Chemistry, Vol. 99, No. 8 (1995) 2335-2342

12) Suslick, K. S., Choe, S. B., Cichowlas, A.A. and Grinstaff, M. W. : "Sonochemical Synthesis of Amorphous Iron", Nature, No. 353 (1991) 414-416

13) 祖山均，山内由章，井小萩利明，大場利三郎，佐藤一教，進藤丈典，大島亮一郎："高速水中水噴流による顕著なピーニング効果"，噴流工学，Vol. 13, No. 1 (1996) 25-32

14) 祖山均，谷口友隆，坂真澄："疲労強度向上へのキャビテーション噴流の有効利用"，日本機械学会第76期全国大会講演論文集，Vol. I，No. 98-3 (1998) 605-606

15) 平野克彦，榎本邦夫，林英策，黒沢孝一："SUS 304 鋼の耐食性および疲労強度に及ぼすウォータジェットピーニングの影響"，材料，Vol. 45, No. 7 (1996) 740-745

16) ASTM Designation G134-95: "Standard Test Method for Erosion of Solid Materials by a Cavitating Liquid Jet", Annual Book of ASTM Standards, Vol. 03. 02 (1997) 537-548

17) 祖山均，朴貞道，坂真澄，阿部博之："キャビテーション噴流によるステンレス鋼の残留応力改善"，材料，Vol. 47, No. 8 (1998) 808-812；Park, J. D., Soyama, H., Saka, M. and Abe, H. : "Improvement of Residual Stress on SUS304 by Using Cavitating Jet", J. Mater. Sci. Lett., Vol. 18 (1999) (in Press)

18) Soyama, H. and Asahara, M. : "Improvement of the Corrosion Resistance of a Carbon Steel Surface by a Cavitating Jet", J. Mater. Sci. Lett., Vol. 18 (1999) (in Press)

19) 祖山均，浅原将人，坂真澄："キャビテーション噴流が機械材料の耐食性に及

ぼす影響”，日本機械学会東北支部第34期総会・講演会講演論文集，No. 991-1（1999）211-212

20) Grum, L. A. : "Measurements of the Growth of Air Bubble by Rectified Diffusion", J. Acoust. Soc. Am., Vol. 68, No. 1 (1980) 203-211

21) 阿部孝夫：“シリコン＝結晶成長とウェーハ加工”，培風館（1994）62-93

22) 祖山均，熊野弘之，坂真澄：“シリコンウェーハに対するゲッタリングへのキャビテーション噴流の応用の可能性”，日本機械学会東北支部第34期総会・講演会講演論文集，No. 991-1（1999）209-210

23) Miller, L. D. : "A Review of the Ultrasonic Bioeffects of Microsonation, Gasbody Activation, and Related Cavitation-Like Phenomena", Ultrasound Med. Biol., Vol. 13 (1987) 443

24) 梅村晋一郎，川畑健一，弓田長彦，西垣隆一郎，梅村甲子郎：“超音波による音響化学活性物質の局所活性化とがん治療への応用”，応用物理，Vol. 62, No. 3（1993）269-272

25) 日本ウォータジェット学会編：“ウォータジェット技術事典”，丸善（1993）191-202

26) 八尋暉夫：“ウォータジェット工法”，鹿島出版会（1996）72-77，195-201，214-222

索　引

（A）

AC 4 A-F 材　*191*
アコースティック・エミッション・センサ
　　　　　　　　　　　　　　240
アルミニウム　*213,229*
　───合金　*224*
　───青銅　*228,232*
　───ブロンズ　*191*
圧電セラミックス　*207,240*

（B）

バケット図　*358,360*
バタフライ弁　*223*
バリル（Burrill）のチャート　*347,355,*
　　　　　　　　　　　　358,368
バルブ　*251,258*
　───のキャビテーション限界　*259*
ブレード・フレクェンシー　*374*
　───の2次成分　*383*
ブレード・レート　*374*
ブレネン波　*256*
ベアリング・フォース　*374*
ベンチュリ管　*107,109,113,197,256*
　───試験　*209*
ベンド　*250,251*
ボイド率　*150*
ボイラ給水ポンプ　*284*
伴流　*123,124,341,352,368,369,374*
　───の不均一性　*371*
　───分布のシミュレーション法　*380*

（C）

CPP　*387*
Clausius & Clapeyron の式　*110*

（D）

ダミーモデル法　*380*
デアリング号　*3*
ディスチャージリング　*331*
デボラ数　*114*

（E）

出もどりジェットモデル　*128*
電気化学的反応　*240*
銅　*213*
　───合金　*224*

（E）

Eppler の方法　*129,350,368*
エア・クッション・タンク　*384*
エアエミッション　*186*
エルボ　*250*
エロージョン（壊食の項参照）　*2,70,71,*
　　　　　　　189,340,368,394
　───発生機構　*64*
　───の発生の実験的予測　*369*
　───の推定チャート　*371*
　───対策　*372*
液体の圧縮性　*7,26,49,64*
液体の過熱度　*112*
液体の張力　*112*
液体の蒸気圧　*17*
液体金属　*112*
液体窒素　*111*
遠心ポンプのキャビテーション特性　*282*
遠心羽根車の圧力分布　*283*
遠心羽根車のキャビテーション　*293*

（F）

フェイス・マージン　*352*
フォワードスキュー　*184*
フランシス水車　*12*
　───の模型性能　*326*
　───のキャビテーションによる壊食部位
　　　　　　　　　　　　　　327
　───のキャビテーション特性予測　*338*
　───のランナ流れ解析　*335*
フルード数　*331,346*
フローノイズ　*177*
フローライナ　*14,380*
腐食　*193*
　───性　*232*
噴流　*252*

(G)

ガス含有量　*113*
グローブ弁　*259*
擬似単層媒体モデル　*141*
凝縮　*42,127*
減圧曳航水槽　*14,178*
限界吸込比速度　*315*

(H)

HZ合金　*372*
ハイドロホン　*175,390*
　———アレイ　*180*
ハイドロタービン（水車の項参照）　*320*
ヘリカル・インデューサ　*318*
ホローフェイス翼型　*352*
ホワイトメタル　*235*
羽根車　*266*
　———の翼間流速分布　*290*
　———の渦度分布　*305*
　———入口流れ　*296*
　———入口縁形状　*285*
　———目玉周速　*302*
羽根表面の速度ベクトル　*304*
波動方程式　*49,163*
背景雑音　*181*
舶用プロペラ（プロペラの項参照）　*169,*
　　　　　　　　　　　　　　　　340
　———のキャビテーション騒音　*164*
　———翼　*189*
　———に発生するキャビテーションの種類
　　　　　　　　　　　　　　　　343
　———のキャビテーション数　*345*
発光現象　*255*
比速度　*266,269,332*
疲労破壊　*71,213,226,227*
非ニュートン流体　*114*
非擬縮性気体　*22,27*
　———の熱伝導効果　*49*
非定常キャビテーション流れの数値解析
　　　　　　　　　　　　　　　　151
非定常キャビテーション理論　*364*
偏流板　*251*
変動圧力　*365*
　———計測　*381*
　———の要因　*377*
変落差特性　*324,328,335,337*
変流量特性　*324,328,335,337*

崩壊圧　*69,71*

(I)

インデューサ　*316,317*
インレット　*391*
　———形状　*392*
　———部のキャビテーション初生　*393*
一重/二重渦モデル　*128*

(J)

ジェット　*52,58*

(K)

13クロム鋼　*230*
Kellerの式　*64*
Kuttaの条件　*133,136*
カプラン型インペラ　*184*
カプラン水車　*12*
ガス・キャビテーション　*3*
キャビテーション係数　*322*
キャビテーション・タンネル　*3,8*
　———舶用プロペラ試験用　*113*
キャビテーションの影響　*3*
キャビテーションの分類　*5*
　ガス・———　*250*
　クラウド・———　*5,124,127,214,*
　　　　223,273,275,298,344,369
　シート・———　*5,76,85,122,131,*
　　　　　　　　273,275,344,361
　スーパ・———　*120,122,214*
　ストリーク・———　*344,361*
　スポット・———　*361*
　チップ・———　*275,276,278*
　チップ・ボルテックス・———　*93,*
　　　　94,96,124,344,369,390
　トラベリング・———　*5,343*
　ハブ・ボルテックス・———　*344*
　バブル・———　*5,76,77,85,91,*
　　　　128,275,277,343,360,370
　フィックスド・———　*5*
　フェイス・———　*342,344,351,*
　　　　　　　　360,369,370
　フォーミング・———　*344*
　ボルテックス・———　*5,77,85,127*
　ルート・———　*343,345,369*
　渦———　*151,199,273,275*

渦糸―――　　*300,331*
キャビテーション
　―――による脈動・非定常現象　*305*
　―――のモデル化　*131*
　―――の初生　*28,106,121,295*
　―――の初生条件　*109*
　―――コンプライアンス　*308,312,313*
　―――サージ　*306,309,313,311,319*
　―――パターン　*121*
　―――検出法　*113*
　―――衝撃力　*416*
　―――騒音の低減　*183*
　―――長さ　*302*
　―――特性　*334*
　―――発生限界線　*326*
　―――噴流　*197,409,413,415*
　―――翼の圧力分布　*119*
　―――流の物理モデル　*140*
キャビテーションの有効利用　*416*
　医療　*418*
　化合物の生成　*410*
　漁業　*419*
　金属材料の高強度化　*412*
　金属材料の高耐食化　*414*
　結晶の再結晶化・微粒化　*410*
　建設　*419*
　高分子の解重合　*410*
　脱気　*415*
　超音波洗浄　*407*
　表面改質　*415*
　滅菌　*418*
　油類の乳化　*401*
キャビテーション数　*7*
　水車の運転―――　　*330*
　ポンプ水車の―――　　*330*
キャビテータ　*408*
キャビティ　*4*
　―――後端形状（モデル）　*131,139*
　―――内の温度分布　*109*
クラウド・キャビティ　*125,143,155*
　―――発生の制御　*126*
ケージ弁　*258,260*
ケルメット　*235*
コバルト合金　*228*
コンタード型弁　*258,260*
液柱分離　*251*
加工硬化（性）　*213,228,230*
可逆ポンプ水車　*12*
壊食　*2,127,189,255,283,321*

―――に影響する因子　*193*
　キャビテーション数　*214*
　キャビテーション・パターン
　　　　　　　　　　　　221
　圧力（静圧）　*217*
　渦　*222*
　温度　*218*
　音響インピーダンス　*219*
　機器の寸法　*216*
　空気含有度　*219*
　硬さ　*224,226,229*
　弾性係数　*223*
　破壊靭性値　*224,226*
　表面張力　*217*
　噴流　*221*
　流速　*214*
　流体の粘性　*216*
　歪みエネルギ　*224*
―――の機構　*209*
―――エネルギ　*209*
―――試験（法）　*193,195,239,272*
―――抵抗　*224*
―――面の観察　*210*
―――率　*193,214,218*
―――量の予測　*239*
　―簡易式による方法　*239*
　―センサを用いる方法　*239*
感圧紙　*239*
―――法　*242*
管路　*249*
―――損失　*250*
―――抵抗　*251*
気液2相　*140*
―――媒体の状態方程式　*149*
気体の溶解度　*218*
気泡の運動方程式　*34,62,64,154*
気泡の固有振動数　*52*
気泡の成長・収縮（熱拡散による）　*37*
気泡の成長・崩壊　*55,57,59*
気泡の変形　*52*
気泡の崩壊　*52,56,199,200,201*
―――圧　*203,205*
―――時間　*52,203*
気泡の膨張・収縮　*22,24,32,35,39*
―――方程式（気体拡散による）　*37*
気泡の臨界半径　*30,32*
気泡の臨界圧力　*30,32*
気泡クラウド　*61,70*
―――の計算　*66*

─────の挙動解析　63
気泡核　5,7,8,153,274,380
気泡群からの放射雑音スペクトラム　169
気泡群の運動方程式　47
気泡群の固有振動数　50,51
気泡群の崩壊挙動　61
気泡除去装置　9
気泡内圧力　41
気泡内温度　41,44
気泡内最大圧力　71
気泡内熱・物質輸送　39,65
気泡崩壊圧の分布　207
気泡崩壊圧による衝撃エネルギ　209
気泡流　155
─────の有効粘性係数　156
─────モデル　153
共振に対する対策　385
金属材料の壊食抵抗　233
空気含有量　11,107
空気吹き込み　193
空気吹き出し　384,387
空気分離圧　253
空洞現象　1
形式数　266
高クロム鋼　228
高速気中水噴流　415,420
高速水中水噴流　415
高分子材料　237
高分子溶液　114
混合粘性係数　151
舵のキャビテーション　378,394

(L)

LCC　179
LE-7 液体酸素ポンプ　309
─────・インデューサ　312
Lauterborn の実験　56
Lighthill 方程式　163
ルイス数　45
レーザ光散乱法　365

(M)

MSS 鋼　372
Ni-Cr 鋼　230
マイクロジェット　56,200
マスフローゲイン・ファクタ　308,312
マッハ数　164

マンガン青銅　232,372
ミスト生成　44
水の物性値　19
前縁粗さ塗布　381
脈動発生　309
無拘束速度　332
模型計測と実船計測との相関　383
模型船　13,380
漏れ流れキャビテーション　331

(N)

2 次元翼型のキャビテーション　134
2 軸船のプロペラ　343
2 流体モデル　155
NPSH　266,292,322
　必要─────　266,268,314
　有効─────　268,314
Nb-Zn 合金　227
ナトリウム　112
ニッケル合金　224
ニッケルアルミ青銅　372
ニッケルマンガン青銅　372
ノズル　384
─────（ダクト）プロペラのエロージョン
　　　　　　369
鉛青銅　235
熱水　128
熱力学的キャビテーション・パラメータ
　　　　　　104
熱力学的効果　107,127
粘性の影響　49,360
粘弾性流体　115

(O)

オーステナイト鋼　228,230
オジバル形状　352
オリフィス　251,253
─────の初生キャビテーション数　255
温度降下　111
音響インピーダンス　175,203,237
音響エネルギ　209
音響化学　412
音響計測用バージ　178
音響単極子　163
音響二極子　163
音響四極子　163
音場　21

音速　*142, 150*

（P）

PVDF フィルム　*240*
Plesset の数値解析　*56*
Proof resilience　*224*
パーソンズ（Persons）　*3*
パーライト粒子　*212*
パネル法　*130, 137, 355*
パワースペクトラム　*165*
ピエゾ圧電素子　*196*
ピッチ分布　*384, 388*
ピット　*203, 210, 240*
───の分布　*205*
ピン・ゲージ法　*365*
プリカーサ　*69*
プレリーエアシステム　*186*
プロペラ・ハル・ボルテックス・キャビテーション　*379*
プロペラの種類　*348*
　　Gawn プロペラ　*352*
　　MAP プロペラ　*351*
　　MAU プロペラ　*350*
　　SRI-b プロペラ　*351*
　　ヴェーン・ホィール・プロペラ　*350*
　　スーパ・キャビテーティング・プロペラ　*353*
　　トランス・キャビテーティング・プロペラ　*353*
　　トルースト・プロペラ　*350*
　　ニュートン・レーダ・プロペラ　*352*
　　ハイブリッド型プロペラ　*353*
　　ハイリー・スキュード・プロペラ　*349, 355*
　　一般商船用プロペラ　*350*
　　可変ピッチ・プロペラ　*349*
　　高速船艇用プロペラ　*352*
　　超高速船用プロペラ　*353*
　　通常型プロペラ　*349, 355*
　　二重反転プロペラ　*348, 349*
プロペラのエロージョンの種類　*369*
プロペラ起振力　*374*
プロペラ設計　*368*
プロペラ翼面圧力分布　*355*
プロペラ翼数の変更　*385*
プロペラ翼断面形状　*350*
ペイント　*239*
───テスト　*370*

───法　*242*
ポゴ　*312*
ポリスチレン，ポリアセタール，ポリエチレン　*237*
ポリマ溶液　*114*
ポンプ　*239, 250, 265*
　　インデューサ・ポンプ　*270*
　　ターボ型ポンプ　*265*
　　ターボ型ポンプ─遠心（半径流）型　*266, 270, 272*
　　ターボ型ポンプ─斜流（混流）型　*266, 275, 278*
　　ターボ型ポンプ─軸流型　*266, 270, 280*
　　ピットバレル型ポンプ　*297*
　　遠心ポンプ　*315*
　　往復式ポンプ　*266*
　　回転式ポンプ　*266*
　　軸流型ポンプ　*292, 297*
　　斜流型ポンプ　*292, 298*
　　多段遠心ポンプ　*296*
　　容積型ポンプ　*265*
　　両吸込みポンプ　*266*
　　両吸込渦巻ポンプ　*296, 299*
　　───のキャビテーション損傷　*295, 298*
　　───のキャビテーション試験装置　*11*
　　───キャビテーションの発生状況　*272*
　　───のキャビテーション防止　*314*
　　───の不安定現象　*305*
　　───水車　*319*
　　───水車のキャビテーション試験装置　*12*
　　───比速度　*329*

（R）

Reyleigh　*21*
───Plesset の方程式　*26, 32, 34, 48, 104, 156, 362*
Riabouchinsky の鏡像モデル　*128, 132*
re-entrant jet　*125*
ラバーコーティング　*58*
ランナ　*322*
───羽根面　*332*
リバウンド　*43, 53, 66, 70, 168*
リング渦キャビテーション　*221*
ルート・エロージョン　*373*
レイノルズ数　*107, 346*

ロックカッタ・バルブ　189
流体機械・機器のキャビテーション試験
　　　　　　　　　　　　　250
流体機械の相似則　324,329
流体騒音　163
流量比速度　329
臨界キャビテーション数　325,332
累積壊食率　194

(S)

1/3 オクターブバンド　165
3 ％食塩水　230,231
3 ％揚程降下点　268,270,279,295
S 15 C 炭素鋼　209,213
SRJN 断面　353
Si_3N_4　236
SiC　236
Spraker の B ファクタ　109
Stepanoff　103
─────の方法　271
サージ現象　320
サージ発生領域　326
サーフェス・フォース　374,383
サイドスラスタ　183,186
サブ・キャビテーション状態　214
シャフト・フォース　374,375
ショックフリー　130
スキュー　384,349
ステライト　224,228,229,233
ステレオ写真法　365,367
ステンレス鋼　191,224,229,230,340,
　　　　　　　　　　　　　372
ストローハル数　125,152
セラミックス　226,236
ソナー　385
吸込速度比　391
吸込比速度　292,270,283,288
吸出し高さ　322
隙間キャビテーション　276
細隙部に生じるキャビテーション損傷　298
仕切弁　262
質量欠損　216
質量減少率　209
斜流羽根車のキャビテーション　293
─────初生時の NPSH　288
遮音　186
瞬間壊食率　194
衝撃エネルギの分布　215

衝撃圧　61,69,264
衝撃波　21,61,69,71,151,171,200
─────のスペクトラム　167
─────管　63
─────伝播　62,64
衝撃力　61,127
振動　318
─────翼　126
水銀　107,113
水撃現象　251
水車　193,250,319
　　カプラン水車　320,322
　　チューブラ水車　322
　　デリア型水車　322
　　バルブ水車　322,331
　　フランシス型水車　320,322,326,
　　　　　　　　　　　　328,331
　　プロペラ型水車　322,331
　　ペルトン水車　320
　　可動羽根車水車　331
　　斜流型水車　322,331
　　衝動型水車　320
　　反動型水車　320
　　反動型立軸水車　322
─────で使用される材料の耐壊食性　340
─────のキャビテーション試験　324
─────のキャビテーション特性　325
─────のキャビテーション予測技術　332
─────の壊食と対策　338
─────の効率特性　326
─────の流れ解析手法　333
─────の模型性能試験　322
─────の流量特性　326
─────比速度　329
水中マイクロホン　240
水頭　268
静置試験片法　197
旋回キャビテーション　305,311
旋回渦領域　326
船尾振動　374
─────低減策　383
船尾変動圧力　340,374
─────分布　376
─────の実験的予測　379
塑性変形　209
─────ピット　240
─────深さ　194
相当 2 次元翼　355
相変態　228,229

索　引　　　429

騒音　　2,127,365,385
　───のスペクトラム　　170
　───の計測　　175
　───の周波数　　170
　───の推定　　2,168,172
　───の相似則　　170
　───の模型試験からの推定　　170
損傷　　284,318
　───の推定法　　301
　───限界　　339
　───試験　　298
焼結金属　　235

(T)

タービニア号　　3
タングステン工具鋼　　229
チタン　　213,228,232
　───合金　　232
チップ・クリアランス　　384
トーマのキャビテーション数　　269,322
トムズ効果　　114
トランジション流モデル　　128
多孔ケージ弁　　258,260
体積減少率　　224
単位回転速度　　324
単位流量　　324
単一気泡の固有振動数　　51
単一気泡の騒音スペクトラム　　168
単一気泡の計算　　66
単一球形気泡の基礎方程式　　22
炭素鋼　　228,231,340
鋳鉄　　224,227,231
調節弁　　258
超音波キャビテーション　　418
超音波洗浄　　21
超音波法　　196
低周波数騒音　　168
低周波の脈動　　309
低騒音プロペラの設計　　387
低騒音化対策　　385
低炭素鋼　　224,229
鉄　　228

(U)

Ultimate resilience　　224,225,226
Ultimate resistance　　230
ウエーバー数　　30

ウォータ・ハンマ効果　　219,223
ウォータ・ジェット　　415,419,420
　───・ポンプ　　340,391
ウルトラジェット　　203
渦キャビテーション　　222

(W)

ワイセンベルク数　　114
ワイヤメッシュ法　　380

(Y)

有効落差　　324
予旋回　　297
揚程ブレークダウン点　　268
揚程曲線　　279,282
揚力等価法　　362
翼の設計　　128
翼型　　2,297
　　E. N. 翼型　　143
　　Johnson 5 項翼型　　353
　　NACA 0012 翼型　　142,156
　　NACA 0015 翼型　　154
　　NACA 16006 翼型　　136
　　NACA 16009 翼型　　136
　　NACA 16-012 翼型　　121
　　NACA 66 翼型　　147
　　SC 翼型　　394
　　Tulin 翼型　　353
　　カルマン-トレフツ翼型　　137,138
　　クラーク Y 翼型　　119
　　スーパ・キャビテーティング翼型　　353
翼通過周波数　　164
翼面積　　371
　───の増加　　372

(Z)

Z-factor 理論　　112
ZrO_2　　236
ジェットフロー型仕切弁　　262
磁歪振動子　　196
磁歪振動キャビテーション　　207
磁歪振動試験　　209
自由音場　　177
自由流線　　123
　───の理論　　128,131
軸受　　235

———メタル　227
軸振動　311
軸流ポンプのキャビテーション騒音の推定
　　169
軸流ポンプに発生するキャビテーションのタイ
　プ　280
軸流ポンプのキャビテーション特性　285,
　　290
軸流羽根車のキャビテーション　293
軸流型スーパ・キャビテーション・ポンプ
　　315

実機のキャビテーション騒音　172
———計測法　180
実船との相関　382
実船計測　389
実船水中騒音と模型計測との比較　391
循環　126
———分布　388
蒸気圧　123
蒸気濃度　44
蒸発　43

加藤洋治（かとうひろはる）

1961 年　東京大学工学部船舶工学科卒業
1966 年　東京大学工学系大学院機械工学専修修了，工学博士
1966 年　東京大学工学部船舶工学科専任講師
1968 年　同，助教授
1979 年　同，教授
1999 年　東京大学大学院工学系研究科環境海洋工学専攻教授定年退官
1999 年　東洋大学工学部機械工学科教授
2009 年　同，退職
　　　　　東京大学名誉教授

新版 キャビテーション　　　　　POD　© 加藤洋治　2016
2016 年 6 月 30 日　発行　　　　【本書の無断転載を禁ず】

編 著 者　加藤洋治
発 行 者　森北博巳
発 行 所　森北出版株式会社
　　　　　東京都千代田区富士見 1-4-11（〒102-0071）
　　　　　電話 03-3265-8341／FAX 03-3264-8709
　　　　　http://www.morikita.co.jp/
　　　　　日本書籍出版協会・自然科学書協会　会員
　　　　　JCOPY　<（社）出版者著作権管理機構　委託出版物>

落丁・乱丁本はお取替えいたします.　　　　印刷・製本／創栄図書印刷

Printed in Japan／ISBN978-4-627-60239-7